U0382679

高职高专建筑工程专业系列教材

# 建筑构造与设计基础

韩建绒　白　雪　孔玉琴　主　编

杨心毅　韩　洁　韩晓玲　吴　珊　副主编

田树涛　主　审

中国建筑工业出版社

图书在版编目（CIP）数据

建筑构造与设计基础/韩建绒等主编. —北京：中国
建筑工业出版社，2013.2
（高职高专建筑工程专业系列教材）
ISBN 978-7-112-15001-4

Ⅰ. ①建⋯　Ⅱ. ①韩⋯　Ⅲ. ①建筑构造-高等职业
教育-教材②建筑设计-高等职业教育-教材　Ⅳ.①TU2

中国版本图书馆 CIP 数据核字（2012）第 304640 号

本书是根据全国高职高专土建类专业教学指导委员会颁布的建筑工程技术专业《高等
职业教育——建筑工程技术专业教育标准和培养方案及主干课程教学大纲》进行编写的，
能够适应高职高专建筑工程技术专业教学及课程改革的需要，并可以作为其他相关专业教
学的辅助用书。

本书注重把建筑设计基础与建筑构造的知识融会贯通，把培养学生的专业及岗位能力
作为重心，把为其他相关课程提供支撑和服务作为责任，把工程性、应用性、通俗性和直
观性作为特色。

本书主要介绍建筑设计基础及建筑构造的有关知识，并根据职业教育的特色，以及专
业岗位的要求展开教材的内容。全书主要内容有绪论和建筑构造及建筑设计基础等篇，包
括建筑构造概论，基础和地下室，墙体，楼地层，楼梯，门与窗，屋顶，建筑抗震与防
火，民用工业化建筑体系，工业建筑，单层厂房构造，多层厂房简介，建筑设计概述，民
用建筑设计原理，住宅建筑设计等。

本书可作为高等职业学校、高等专科学校、成人高校及本科院校举办的二级职业技术
学院、继续教育学院和民办高校的土建类各专业教材，也可供相关的工程技术人员及自学
人员参考。

\* \* \*

责任编辑：范业庶
责任设计：李志立
责任校对：党　蕾　赵　颖

高职高专建筑工程专业系列教材
### 建筑构造与设计基础
韩建绒　白　雪　孔玉琴　主编
杨心毅　韩　洁　韩晓玲　吴　珊　副主编
田树涛　主　审

\*
中国建筑工业出版社出版、发行（北京西郊百万庄）
各地新华书店、建筑书店经销
霸州市顺浩图文科技发展有限公司制版
北京市密东印刷有限公司印刷
\*
开本：787×1092 毫米　1/16　印张：25½　插页：5　字数：640 千字
2013 年 3 月第一版　　2015 年 4 月第二次印刷
定价：**50.00** 元
ISBN 978-7-112-15001-4
（23067）

# 前　　言

　　本书是根据全国高职高专土建类专业教学指导委员会颁布的《高等职业教育——建筑工程技术专业教育标准和培养方案及主干课程教学大纲》进行编写的，并参照执行了国家现行的有关规范、规程和技术标准。

　　本书主要介绍建筑设计的基础知识，一般民用建筑和工业建筑的构造原理和常见构造的基本做法等。其中，以民用建筑构造为重点。

　　在本课程内容的设计上，充分考虑了当前高职高专学生在就业方面的实际需求，把培养建筑生产一线的基层技术及管理人员应当具备的基本知识、岗位知识、能力和技能等作为本书定位的核心。本书在编写时充分注意了不同地域、不同经济状况地区对建筑专业人才需求的个性要求，尽力提高教材的兼容性和通用性。把内容新颖、技术先进、重点突出、通俗易懂和图文并茂作为本教材的特色。努力反映我国当前建筑施工领域新技术、新工艺、新材料、新技术发展的动态和趋势。

　　为了便于学生学习，本书在每一章的开始列有学习目标与提示，在每一章的结尾附有小结与复习思考题。

　　本书由甘肃建筑职业技术学院韩建绒担任主编并编写第三、五章；白雪编写第十四、十五章；孔玉琴编写第二、十一、十二、十三章；副主编韩晓玲编写绪论、第一、八章；韩洁编写第四、七、九章；吴珊编写第六、十章；杨心毅编写了课程设计任务书及图纸。甘肃建筑职业技术学院田树涛研究员担任主审，审阅了全部书稿，并对本书的编写提出了有益的建设性意见，在此表示衷心的感谢。

　　由于建筑的地域特征明显，工程水平发展不一，编者的水平所限，以及对新信息和资料的收集不够完善，本书难免会存在不足，希望使用本书的各位读者批评指正，以便在以后修订时得以及时改正。

# 目　　录

## 第一篇　建筑构造

## 第二篇　建筑设计基础

# 绪　论

---

**学习目标**

通过学习绪论的基本知识，掌握建筑的含义及构成要素。了解建筑的起源和 21 世纪建筑发展趋势，了解建筑的节能。通过学习建筑设计概述的基本知识，掌握建筑设计的要求及设计依据，了解建筑设计内容及设计程序。

**提示**

本章的内容涉及全书各章节，是影响建筑形式与内容的客观因素。通过本章的学习，对建筑施工图的图纸和文件，更进一步的加深理解，要求能够熟悉一些规范和规定。

学习本课程前需要了解建筑的含义及中外建筑的发展史，本章节起到了一个引领的作用，引领学生加深对建筑的认识和理解。

---

## 第一节　学习"建筑构造与设计基础"的目的和意义

**一、为什么要学习"建筑构造与设计基础"课程？**

1. 建筑构造与设计基础是研究房屋各组成部分的组合原理、构造方法及建筑空间环境设计原理的一门综合性课程，是房屋建筑工程专业必修的主要课程之一。

2. 近、现代建筑科学技术的发展，离不开综合相关学科的成果，从某种意义讲，综合就是创造，现代建筑空间环境设计和建筑艺术形象的创造，仅靠建筑设计人员是不可能完成的，如果结构设计或施工技术人员不懂建筑设计，正如建筑设计人员不懂结构和施工技术一样，是不行的，而应该是建筑材料、建筑、结构、施工等工种共同协调创作的结果。

3. 建筑构造与设计基础是房屋建筑工程专业的一门承上启下的应用型课程，是在学习"建筑制图"、"建筑材料"等课程的基础上开设的，同时也为后续开设的"建筑结构"、"建筑施工技术"等专业课程的学习打下良好的基础。

**二、怎么学好"建筑构造与设计基础"课程？**

1. 本课程的教材中插图很多。而图就是"工程的语言"，学习中不仅要阅读文字，而且仔细阅读"工程语言"也是不可缺少的。

2. 本课程实践性强。学习中应注意理论联系工程实践，多看、多想、多问、多练。应认真完成 4～5 次课后绘图作业及最后的课程设计。

3. 要以发展的观点，因地制宜，不断充实、更新教材内容，关心新教材、新构造、新技术和本学科的发展动向。建筑节能是建筑技术进步的一个重要方面，是执行节约能源、保护环境基本国策的重要组成部分。增强建筑人员的节能意识和有关知识有利于改善人民生活和工作环境，保证国民经济持续稳定发展，是发展我国建筑事业的重要工作。

本书包括建筑构造和建筑设计两大部分内容。具有如下特点：

1. 增加信息量，强化实用性知识，如构造篇中强调了建筑节能技术，设计篇中补充了单体设计与建筑节能的关系，同时削减了建筑体型和立面设计，还有部分工业建筑构造等。内容上尽量增加信息量，并突出新材料、新结构、新科技和新实例。

2. 加强了实践性教学内容，如全书布置了4～5个课后作业及一个课程设计，并附有住宅设计的实例题目供参考。

3. 每章前面都有本章提要，每章后面有小结、复习思考题及作业，便于学生课后复习、讨论及自学。

**三、"建筑构造与设计基础"课程学习些什么内容？**

学习内容参见下表，课程设计内容根据教学的具体要求选定。

**本课程的主要内容、设计作业及学时分配表**

| 序号 | 教材内容 | | 课堂讲授学时数 |
| --- | --- | --- | --- |
| | 讲授内容 | 课程设计作业（必做） | |
| 1 | 0　绪论 | | 2 |
| 2 | 1　建筑构造概论 | | 6 |
| 3 | 2　基础和地下室 | | 6 |
| 4 | 3　墙体 | 三、外墙节能构造设计 | 8 |
| 5 | 4　楼地层 | | 4 |
| 6 | 5　楼梯 | 四、楼梯构造设计 | 8 |
| 7 | 6　门与窗 | | 2 |
| 8 | 7　屋顶 | 五、平屋顶构造设计 | 6 |
| 9 | 8　建筑抗震与防火 | | 4 |
| 10 | 9　民用工业化建筑体系 | | 2 |
| 11 | 10　工业建筑 | | 4 |
| 12 | 11　单层厂房构造 | | 6 |
| 13 | 12　多层厂房简介 | | 2 |
| 14 | 13　建筑设计概述 | | 2 |
| 15 | 14　民用建筑设计原理 | 一、中小学教学楼设计 | 4 |
| 16 | 15　住宅建筑设计 | 二、单元式多层住宅设计方案 | 8 |
| | | | 实践性环节：一周 |
| 附建筑构造与设计基础课程设计任务书、指导书及工程实例 | | | |
| 合计 | | | 74学时 |

# 第二节　建筑的含义及发展

自从有了人类便有了建筑，建筑总是伴随着人类共存。从建筑的起源发展到建筑文化，经历了千万年的变迁。有许多著名的格言可以帮助我们加深对建筑的认识，如，"建筑是石头的史书"，"建筑是一切艺术之母"，"建筑是凝固的音乐"，"建筑是不朽的乐章"，"建筑是城市经济制度和社会制度的自传"，"建筑是城市的重要标志"等。在今天的信息时代，则以"语言"、"符号"来剖析建筑的构成，许多不同的认识形成了建筑的各种流派，长期以来进行着热烈的讨论。一般是将道路、桥梁、铁路、水坝等称为"土木工程"，只有"建造安全、适用和美观的住宅、公共建筑和城市艺术"才称为"建筑学"。即建筑学是研究建筑物及其所处环境的学科，它旨在总结人类建筑活动的经验，用以指导建筑设计创作。

### 一、"建筑"的含义及起源

#### 1. "建筑"的含义

"建筑"的含义，通常认为是建筑物和构筑物的总称。建筑物又通称为"建筑"。一般是将供人们生活居住、工作学习、娱乐和从事生产的建筑称为建筑物，如住宅、学校、办公楼、影剧院、体育馆等。而水塔、蓄水池、烟囱、贮油罐之类的建筑则称为构筑物。所以从本质上讲，建筑是一种人工创造的空间环境，是人们劳动创造的财富。建筑是一门集社会科学、工程技术和文化艺术于一体的综合科学。建筑是一个时代物质文明和精神文明的产物。本书所说的建筑指房屋，专门研究房屋的建筑学就是"房屋建筑学"。房屋建筑学原来是专门研究设计与建造房屋的一门综合性课程，但是由于建筑的材料、结构、施工等方面都已分别成为独立的学科，因此现在的房屋建筑学实际上只研究房屋空间环境的组合设计和构造设计两部分内容。这两部分内容也是建筑工程技术人员必备的基本知识。建筑工作者进行设计的指导方针是"适用、安全、经济、美观"。这个方针又是评价建筑优劣的基本准则。学习过程中应深入理解，并且在工作中贯彻执行。

#### 2. 建筑起源

原始人类为了避风雨、御寒暑和防止其他自然灾害或野兽的侵袭，需要有一个赖以栖身的场所——空间，这就是建筑的起源。原始社会是人类社会发展的第一个阶段，原始人类为了自身的生存与社会的发展，创造了原始人的建筑。原始人类最初栖居于树上，如马来西亚半岛的巢居（图0-1）。劳动工具进化后逐渐出现地面的居所，如新石器时代的蜂巢形石屋（图0-2）。随着原始人的定居，开始形成村落的雏形，据考查，当时已有相当水平的梁柱结构与造桥技术，这个时期还出现了不少宗教性与纪念性的巨石建筑，如石台（图0-3）。人类生存必须与自然界作斗争，从而促进了生产发展。

图 0-1 巢居

图 0-2 蜂巢形石屋

**二、国外建筑史发展简介**

1. 古代建筑的兴起与发展

随着社会生产力的发展和原始公社的瓦解，世界上先后出现了最早的奴隶制国家，如埃及、西亚的两河流域、印度、中国、爱琴海沿岸和美洲中部的国家。公元前3500年左右，建立了古埃及王国，并实行奴隶主专制统治，国王法老掌控军政大权。古埃及人迷信人死后会复活并从此得到永生，法老与贵族均千方百计地建造能保存自己躯体的陵墓，至今尚存的古埃及建筑以陵墓为主，如吉萨金字塔群（图0-4）。古埃及奴隶主陵墓，其中最大的一座为胡夫金字塔，平面呈边长约230m的正方形，高约146m，用230万块巨石块干砌而成，每块石料重2.5t。塔内有三层墓室，上层为法老墓室，中层为王后墓室，地下室存放殉葬品。此塔动用十多万人工，历时30年建成。金字塔以其庞大、沉重、稳定的体形屹立在一望无垠的沙漠上，充分体现了劳动人民创造世界的聪明才智。

图 0-3　石台　　　　　　　　　　　　　图 0-4　吉萨金字塔群

古希腊是欧洲文化的摇篮，其建筑对欧洲建筑发展具有极大的影响。在公元前5世纪雅典大规模建设中，除神庙外已有剧场、议事厅等公共建筑。雅典卫城的帕提农神庙（图0-5）代表着希腊多立克柱式的最高成就。它建成于公元前431年，除屋顶为木结构外，柱子、额枋等全用白色大理石砌成。其平面是回廊式，建立在三阶台基上，两坡屋顶，两端形成三角形山花。这种格式形成欧洲古典建筑的基本风格。

图 0-5　帕提农神庙

古罗马建筑继承了古希腊建筑的成就，并进一步创新，为人类建筑宝库作出了巨大贡献。公元前200年，已开始出现了由火山灰、石灰、碎石组成的天然混凝土，并用它浇筑混凝土拱券，创造了穹窿顶和十字拱。古罗马大斗兽场也是罗马建筑的代表作之一。大斗兽场用作角斗士与野兽或角斗士相互角斗的场所，建筑平面呈椭圆形，长轴188m，短轴156m，立面高48.5m，分为4层，下面3层为连续的券柱组合，第4层为实墙（图0-6）。它是建筑功能、结构和形式三者和谐统一的楷模，它有力地证明了古罗马建筑已发展到了相当成熟的地步。

在公元4～5世纪，欧洲各国先后进入到中世纪的封建社会。在这一时期宗教建筑得到了迅速的发展，能容纳上千人的大教堂、修道院等便成了这一时期建筑活动的重要内容。为了适应大空间、大跨度的要求，建筑技术也有了进一步的发展，拱肋结构、飞扶壁

(a) (b)

图 0-6　古罗马大斗兽场
(a) 外观；(b) 内部

结构相继出现，使建筑内外部空间更加丰富多彩（图 0-7）。

以法国为中心发展了以天主教堂为代表的哥特式建筑。哥特式建筑采用骨架拱肋结构，使拱顶重量大为减轻，侧向推力随之减少，这在当时是一项伟大的创举。由于采用新的结构体系，垂直线形的拱肋几乎占据了建筑内部的所有部位，再加上拱的上端和建筑细部都处理成尖形以及彩色玻璃的运用，反映了中世纪手工业水平的提高和封建教会追求神秘气氛的企图，最具代表性建筑为巴黎圣母院（图 0-8），它位于巴黎的斯德岛上，平面宽 47m，长 125m，可容纳万人，结构用柱墩承重，柱墩之间全部开窗，尖券肋骨拱顶、飞扶壁。

扶壁与飞扶壁　　　　　　尖券肋骨拱

图 0-7　扶壁与飞扶壁结构，尖券肋骨拱结构图　　　　　图 0-8　巴黎圣母院

在 14 世纪末，资产阶级在上层建筑领域里掀起了"文艺复兴运动"，即借助于古典文化来反对封建文化并建立自己的文化，在这期间，建筑家们在古希腊、古罗马的柱式的基础上，结合当时的建造技术、材料和施工方法等，总结出了一套完整的建筑构图原理，于是各种拱顶券廊、柱式成为文艺复兴时期建筑构图的主要手段。这种建筑形式在欧洲各国都占有统治地位，这个时期具有代表性的有罗马圣彼得大教堂，它是世界上最大的天主教

图 0-9　罗马圣彼得大教堂

堂，历时 120 年建成（1506～1626），罗马最优秀的建筑师都曾主持过设计与施工，它集中了 16 世纪意大利建筑、结构和施工的最高成就。它的平面为拉丁十字形，大穹顶轮廓为完整球形，内径 41.9m，从采光塔到地面为137.8m，是罗马城的最高点。这一建筑被称为意大利文艺复兴时期最伟大的纪念碑（图 0-9）。

2. 资本主义时代建筑

欧洲进入资本主义时代，带来了新的社会条件各个方面，资产阶级从政治、经济、文化等方面对建筑提出了新的要求，产生了资产阶级专政的国会、法庭和监狱，进行资产阶级经济活动的银行、交易所、市场，从事工业化生产的工厂、企业，进行文化教育的学校、图书馆、博物馆，适应现代生活方式的住宅、旅馆、购物中心等。另一方面，资本主义工业化又为建筑业提供了新材料、技术和设备等各种必要的物质条件，可是当时把在建筑领域中的却是古典主义的学院派，新的建筑要求、新的功能内容与古典建筑形式的矛盾突出。例如，英国国会大厦沿用了封建时代的古老式样（图 0-10），巴黎火车站采用新型的铸铁屋架被罩上古老的外壳（图 0-11）。旧形式和新内容的矛盾，使德、法、美等国家越来越多的建筑师认识到功能问题在建筑中的重要意义，对功能的重视、按功能进行设计的原则促进了近代建筑的进步。

图 0-10　英国国会大厦（1840～1865）

　　1874 年建成的巴黎歌剧院是折中主义建筑的代表（图 0-12），它的外形富丽堂皇，以巴洛克式的构图组成正立面，外加许多雕塑、灯具和其他装饰，打扮得花枝招展；其内部更为豪华，规模很大，观众厅共有 2000 多席，上设四层包厢，舞台也大而完善。这是一个十分阔气的歌剧院，它给巴黎增添了不少的光彩。但这样的建筑，已经到了古代建筑的终结。

　　19 世纪中叶开始，一批建筑师、工程师、艺术家纷纷提出了各自的见解，倡导"新

图 0-11　巴黎火车站

建筑"运动，到 20 世纪 20 年代形成了一套完整的理论体系，即注重建筑的使用功能与建筑形式的统一，力求体现材料和结构特性。反对虚假、繁琐的装饰，并强调建筑的经济性及规模建造。这期间，以格罗皮乌斯、勒·柯布西埃、密斯·凡·德·罗和赖特为代表的"现代建筑派"取代了复古主义学院派，形成了世界建筑的主流。

图 0-12　巴黎歌剧院

德国著名建筑师设计的"包豪斯"校舍，就是现代建筑的典型代表，校园按功能要求合理分区，平面灵活布局，立面简洁大方，体型新颖（图 0-13）。

图 0-13　德国包豪斯校舍

1889 年，正是法国大革命 100 周年，在巴黎市中心耸立起了一座高达 338m 的铁塔，全塔重达 8000 余吨，是当时全世界最高的建筑，为当时正在巴黎举办的世界博览会增色不少，也成了博览会的标志（图 0-14）。它以昂扬挺拔的气势、空前的高度和全然不同于欧洲传统石头建筑的新形象，展示出钢铁建筑技术的先进性和艺术表现的可能性，成为历史长河中划时代的标志。它是由法国铁路桥梁工程师埃菲尔设计，并以他的名字命名的。它的外观刚劲有力、美观大方，现已成为巴黎人的骄傲。

图 0-14　埃菲尔铁塔

### 3. 现代建筑的兴起

随着社会的不断发展，特别是 19 世纪以来，钢筋混凝土的应用、电梯的发明、新型建筑材料的涌现到建筑结构理论的不断完善，使高层建筑、大跨度建筑相继问世。特别是第二次世界大战以后，建筑设计思潮非常活跃，出现了设计多元化时期，同时创造出了丰富多彩的建筑形式。20 世纪以来，铝、塑材料陆续登上了建筑舞台，玻璃的品种与质量不断提高与改善，在建筑中的用途更加广泛。随着建筑材料的发展，新结构不断涌现，出现了薄壳结构、折板结构、悬索结构、网架结构、筒体结构等，从而为大跨度建筑和高层建筑提供了物质技术条件。罗马小体育馆的平面是一个直径 60m 的圆，可容纳观众 5000人，兴建于 1957 年，它是由意大利著名结构工程师奈尔维设计的。他把使用要求、结构受力和艺术效果有机地结合在一起（图 0-15）。法国巴黎国家工业与技术中心陈列馆属于薄壳结构，如图 0-16 所示。

代代木体育馆是 20 世纪 60 年代的技术进步的象征，它脱离了传统的结构和造型，被誉为划时代的作品。代代木国立室内综合体育馆的整体构成、内部空间以及结构形式，展

图 0-15 罗马小体育馆

(a)                                   (b)

图 0-16 巴黎国家工业与技术中心陈列馆
(a) 透视；(b) 平面

示出丹下健三杰出的创造力、想象力和对日本文化的独到理解，它是由奥林匹克运动会游泳比赛馆、室内球技馆及其他设施组成的大型综合体育设施。采用高张力缆索为主体的悬索屋顶结构，创造出带有紧张感、力动感的大型内部空间（图 0-17）。

澳大利亚悉尼歌剧院坐落在澳大利亚悉尼市三面环水的贝尼朗岛上，总建筑面积为 8.8 万 m²。由音乐厅、歌剧院、剧场、展览厅等组成。它的外形像一支迎风扬帆的船队，又像是一堆白色的贝壳，或者，从旁边的摩天大楼或铁桥上俯视，则活像几朵浮在碧海中的百合花（图 0-18）。

图 0-17 代代木体育馆

图 0-18 悉尼歌剧院

4. 高层建筑

为了节约城市土地，改善环境面貌，高层建筑在 20 世纪 30 年代开始蓬勃发展起来。20 世纪 70 年代以美国为代表的高层和超高层建筑多功能的综合体增多，如位于芝加哥的西尔斯大厦，它建于 1970~1974 年，建筑地上 110 层，总高为 443m，由 9 个 22.9m 见方的框架式钢框筒组成束筒结构，随着高度的增加分段收缩，是当时世界上最高建筑。到了 20 世纪后期，亚洲已经成为高层建筑发展最快的地区。提起摩天大楼，人们自然而然会想到迪拜，目前世界上最高的建筑是迪拜塔，共 160 层，总高度 818m，于 2009 年建成。然而，"世界第一高度"的争夺异常惨烈，迪拜塔尚未竣工时，其他城市已经跃跃欲试，计划打造世界新高度。环顾全球，建筑师们纷纷提出各自宏伟的建筑工程设计计划，向迪拜塔的纪录发起有力挑战，他们中有的追求高度，有的追求风格，有的注重环保，但这些建筑都有一个共同的特点，就是外观新颖、别致，让人过目不忘。以下是在建或即将开工的最具特色的摩天大楼。它们设计超前，结构环保，弥补了高度上的不足。上海塔有一帮备受全球关注的"好邻居"，它紧挨高 492m 的上海环球金融中心，上海塔还毗邻高达 421m 的金茂大厦，上海塔的高度 632m，3 幢超高层的标志性建筑，形成"品"字形的三足鼎立之势（图 0-19a）。莫斯科联邦大厦独特的外形是根据船的风帆设计的，事实上，它是由两座塔楼组成，即 506m 高的东塔楼和 242m 高的西塔楼，几条通道将它们连了起来。东塔楼将用作办公场所，西塔楼将用作酒店和公寓，两个塔楼的顶部均设有 360°观景台（图 0-19b）。

(a)

(b)

图 0-19　高层建筑
(a) 上海塔；(b) 莫斯科联邦大厦

21 世纪初期世界的高层建筑向更耀眼的高度冲刺。表 0-1 是 2010 年全世界 10 座超高层建筑的排行表。

世界 10 座超高层建筑的排行表（截至 2010 年 1 月）          表 0-1

| 序号 | 建筑名称 | 地址 | 建成时间(年) | 总高度(m) | 层数 | 主要功能 |
|---|---|---|---|---|---|---|
| 1 | 迪拜塔 | 迪拜 | 2009 | 818 | 160 | 多功能 |
| 2 | 台北 101 | 台北 | 2004 | 509 | 101 | 金融 |
| 3 | 上海环球金融中心 | 上海 | 2009 | 492 | 101 | 金融 |
| 4 | 环球贸易广场 | 香港 | 2010 | 484 | 118 | 金融 |
| 5 | 双峰塔 | 吉隆坡 | 1998 | 452 | 88 | 多功能 |
| 6 | 紫峰大厦 | 南京 | 2009 | 450 | 89 | 多功能 |
| 7 | 京基金融中心 | 深圳 | 2009 | 446 | 102 | 金融 |
| 8 | 韦莱集团大厦 | 芝加哥 | 1974 | 442 | 110 | 办公 |
| 9 | 广州国际金融中心 | 广州 | 2009 | 438 | 103 | 金融 |
| 10 | 金茂大厦 | 上海 | 1998 | 421 | 88 | 多功能 |

### 三、中国建筑史发展简介

**1. 中国古代建筑**

中国建筑具有悠久的历史和鲜明的特色，在世界建筑史上占有重要的地位。

中国的封建社会经历了 3000 多年的历史，在这漫长的岁月中，中国古建筑逐步发展成独特的建筑体系。在城市规划、园林、民居、建筑技术与艺术等方面都取得了很大的成就。我国的万里长城被誉为世界建筑史上的奇迹，它最初兴建于春秋战国时期，是各国诸侯为相互防御而修筑的城墙。秦始皇公元前 221 年灭六国后，建立起中国历史上的第一个统一的封建帝国。逐步将这些城墙增补连接起来，后经历代修缮，形成了西起嘉峪关、东至山海关，总长 6700km 的"万里长城"（图 0-20）。

图 0-20　万里长城

兴建在隋朝的河北赵县安济桥是我国古代石建筑的瑰宝，在工程技术和建筑造型上都达到了很高的水平。桥身是一道雄伟的单孔弧券，跨度达 37.37m，两端券背之上又增设两道小圆券。这种处理方式一方面可以防止雨季洪水急流对桥身的冲击，另一方面可减轻桥身的自重，并形成了桥面的缓和曲线。它是世界上现存最早的敞肩式石拱桥（图 0-21）。

唐代是我国封建社会经济文化发展的一个高潮时期，著名的山西五台山佛光寺大殿就兴建于唐朝，它是我国保存年代最久、现存最大的木构件建筑，该建筑是唐代木结构庙堂的范例，它充分地表现了结构和艺术的统一（图 0-22）。

图 0-21　河北赵县安济桥

图 0-22　山西五台山佛光寺大殿

　　到了明清时期，随着生产力的发展，建筑技术与艺术也有了突破性的发展，兴建了一些举世闻名的建筑。明清两代的皇宫紫禁城（又称故宫）就是代表性建筑之一，它采用了中国传统的对称布局的形式，格局严谨，轴线分明，整个建筑群体高低错落，起伏开阔，色彩华丽，庄严巍峨，体现了王权至上的思想。

　　在这一时期，北京颐和园、天坛也集中体现了古代园林和祭祀建筑的光辉成就，建筑技术和艺术都达到了极高的境界（图 0-23）。

图 0-23　天坛

## 2. 中国现代建筑的发展

1949 年新中国成立以来，随着国民经济的恢复和发展，建设事业取得了很大的成就，1959 年在建国 10 周年之际，北京市兴建了人民大会堂、北京火车站、民族文化宫等十大建筑，建筑规模、建筑质量、建设速度都达到了很高的水平。20 世纪 60 年代至 70 年代，我国在广州、上海、北京等地兴建了一批大型公共建筑，如 1968 年兴建的 27 层广州宾馆，1977 年兴建的 33 层广州白云宾馆；1970 年兴建的上海体育馆（图 0-24）等建筑，都是当时高层建筑和大跨度建筑的代表作。进入 20 世纪 80～90 年代以来，随着改革开放和经济建设的不断发展，我国的建设事业也出现了蓬勃发展的景象。1985 年建成的北京国际展览中心是我国最大的展览建筑，总建筑面积 7.5 万 m²。1990 年建成的国家奥林匹克体育中心游泳馆，建筑面积 3.7 万 m²，内设 6000 个座席，是北京亚运会的重要比赛场馆之一。目前，我国已兴建了深圳国贸中心、深圳发展中心、广州国际大厦、广州中信广场、北京京广中心、上海浦东的金茂大厦等一大批高层建筑（图 0-25、图 0-26）。标志着我国高层建筑的发展已达到或接近世界先进水平。

图 0-24　上海体育馆

图 0-25　深圳国际贸易中心　　　　　　图 0-26　北京奥林匹克体育中心游泳馆

国家体育场"鸟巢"，是 2008 年北京奥运会主体育场。形态如同孕育生命的"巢"，它更像一个摇篮，寄托着人类对未来的希望，2009 年入选世界 10 年十大建筑。"鸟巢"外形结构主要是由巨大的门式钢架组成，共有 24 根桁架柱。国家体育场建筑顶面呈鞍形，长轴为332.3m，短轴为296.4m，最高点高度为68.5m，最低点高度为42.8m（图0-27）。

广州电视观光塔是在以"鸟巢"为代表的中国建设浪潮的大背景下诞生的。如果从底部到针状物计算，广州电视观光塔的高度估计在610m。广州电视观光塔是双曲面结构，意即它通过其外形构成结构的完整性，正如高架桥或桥梁的拱顶的作用一样。大楼中间和屋顶有两个露天的观景台，整栋建筑共有37层高，分别用作旋转餐厅、艺术空间、会议室、商店、电影院以及广播设施（图0-28）。

图0-27　鸟巢　　　　　　　　　　　　　　　图0-28　广州电视观光塔

我国在住宅建设方面，五十多年来也取得了很大的发展，特别是1979～1988年10年间，全国城镇新建住宅12.68亿 $m^2$，平均每年竣工1.27亿 $m^2$，较大地提高了人均居住面积。20世纪90年代全国新建住宅21.5亿 $m^2$，超过历史最高水平，住宅小区建设也已产生了质的变化。人们居住水平和条件已有了一个飞跃的发展。人们基本的生活条件"衣、食、住、行"，也已随着历史的进程，跨入了崭新的21世纪。

### 四、21世纪建筑的发展趋势

1. 高层建筑的发展

近些年来，高层建筑的发展速度很快，特别是亚洲国家和地区。高层建筑要权衡利弊，其主要特点是：节省地皮，缩短城市各种工程管线，经济上比较优越；高层建筑造型独特，大致可分为标志性、高科技性、纪念性、生态性、文化性等类型。但是，从技术上讲，地震、大风对其影响很大，防火、安全隐患以及实用性都令人担忧。

2. 地下建筑的发展

地下建筑是一部分城市功能在地下空间中的具体体现和主要补充，如地铁、地下街、地下室、江底隧道、地下民防工程、地下暖路、近海城市间的海底通道等，显示其在城市中的优越性：节约城市用地；节约能源；改善城市交通；减轻环境污染等。

现在地下建筑起源于地下铁路和军事工程。从1863年伦敦建成6公里长的世界第一条地铁开始，世界各大城市相继建成了地铁。地铁客运量大，速度快，缓解了地面交通的紧张状况，也为修建地下道路开了先河。

21世纪，地下的建筑将越来越多。不仅有商店、实验室、办公大楼，而且有广场、公园、草坪等。

### 3. 智能建筑的发展

所谓"智能建筑",是综合计算机、信息通信等方面最先进的技术,使建筑内的电力、空调、照明、防灾、防盗、运输设备等,实现建筑综合管理自动化、远程通信和办公自动化的有效运作,并使这三项功能结合起来的建筑。世界第一幢智能大厦就是1984年建成的美国康涅狄格州哈特福特市的38层商业大厦,名为城市广场。

### 4. 生态与绿色建筑的发展

生态建筑基于生态学原理规划、建设和管理的群体和单体建筑及其周边的环境体系。其设计、建造、维护与管理必须以强化内外生态服务功能为宗旨,达到经济、自然和人文三大生态目标,实现生态健康的净化、绿化、美化、活化、文化五化需求。

生态建筑,是根据当地的自然生态环境,运用生态学、建筑技术科学的基本原理和现代科学技术手段等,合理安排并组织建筑与其他相关因素之间的关系,使建筑和环境之间成为一个有机的结合体,同时具有良好的室内气候条件和较强的生物气候调节能力,以满足人们居住生活的环境舒适,使人、建筑与自然生态环境之间形成一个良性循环系统。

绿色建筑是指在建筑的全寿命周期内,最大限度地节约资源(节能、节地、节水、节材),保护环境和减少污染,为人们提供健康,适用和高效的使用空间,与自然和谐共生的建筑。所谓"绿色建筑"的"绿色",并不是指一般意义的立体绿化、屋顶花园,而是代表一种概念或象征,指建筑对环境无害,能充分利用环境自然资源,并且在不破坏环境基本生态平衡条件下建造的一种建筑,又可称为可持续发展建筑、生态建筑、回归大自然建筑、节能环保建筑等。

### 5. 未来的建筑

#### (1) 仿生建筑在崛起

仿生建筑以生物界某些生物体功能组织和形象构成规律为研究对象,探寻自然界中科学合理的建造规律,并通过这些研究成果的运用来丰富和完善建筑的处理手法,促进建筑形体结构以及建筑功能布局等的高效设计和合理形成。从某个意义上说,仿生建筑也是绿色建筑,仿生技术手段也应属于绿色技术的范畴。

对于仿生建筑的研究被认为赋予了提供健康生活,改善生态环境的目标,体现了社会可持续发展意识和对人类生存环境的关怀。另外,从建筑创作研究的角度看,仿生与生态构思有相通之处,它们的过程和出发点相对于其他的构思方法或类型有自己的特点。

#### (2) 海洋城市与建筑

海上城市,构想中未来新兴城市的发展形式之一。在未来建设海上城市是解决人类居住问题的重要途径。人们设计了一种锥形的四面体,高20层左右,飘浮在浅海和港湾,用桥同陆地相连,这就成为海上城市。它实际上是一种特殊的人工岛。

这种海上城市每一座可容纳三万人左右。美国正在离夏威夷不远处的太平洋上修建一座海上城市,它的底座是一艘高70m,直径27m的钢筋混凝土浮船。日本也在积极推行人工浮岛计划。辽阔大海深处的"仙山琼阁",是古代人们的想象;海面升腾的"海市蜃楼",是令人心驰神往的美妙幻景。然而,以人工岛为依托,建立海上城市,却是有充分科学依据的构想,很可能在不久的将来会变为现实。那里有办公大楼、住宅大厦,有宽阔的街道和繁华的商场,有旅馆和饭店、图书馆和电视台、会议中心和娱乐中心,有银行和邮局、国际机场和海港码头……当然,还有陆地城市所难以企及的"海域风光"。夜晚,辉煌的灯火与周围的海面交相辉映，"海市蜃楼"真的不再是虚幻了。那里是城市的缩影，却是更加现代化的新型城市。

<h2 style="text-align:center">第三节　建　筑　节　能</h2>

当今，全球关注的两大环境问题——温室气体减排和臭氧层保护，都与人类活动有关。建筑节能就是其中的一个极为重要的热点，是建筑技术进步的一个重大标志，也是建筑界实施可持续发展战略的一个关键环节。各发达国家为此已经进行了长久的努力，并取得十分丰硕的成果。我国从 20 世纪 80 年代中期开始推行建筑节能，建筑节能已纳入1998 年 1 月 1 日施行的《中华人民共和国节约能源法》。直到现在，各个国家还在不断提高建筑能源利用效率，节能建筑的出现又带动建筑技术的发展。

**一、建筑节能的重要意义**

1. 建筑节能是世界性的大潮流

在这个潮流的引导下，建筑技术蓬勃发展，许多建材和建筑用产品不断更新换代，建筑业也产生了一系列变化，其表现是：

（1）建筑构造上的变化：房屋围护结构改用高效保温隔热复合结构及多层密封门窗。

（2）供热系统的变化：建筑供热系统采用自动化调节控制设备及计量仪表。

（3）建筑用产品结构的变化：形成众多的生产节能用材料和设备的新的工业企业群体，节能产业兴旺发达。

（4）建筑服务机构的变化：出现了许多诸如从事建筑保温隔热、密封门窗以至于供热计量等专业化的建筑安装和服务性组织。

2. 社会需要推动建筑节能

简而言之，建筑节能是经济发展的需要，减轻环境污染的需要，改善建筑热环境的需要，是发展建筑业的需要。

3. 在市场经济条件下，住房制度的改革有利于建筑节能

商品住宅使用的能源费用理所当然地由住户自己承担，节能势必逐渐成为广大居民的自觉行动。

因此，建筑节能将是大势所趋，人心所向，既是国家民族利益的需要，又是亿万群众自己的切身事业，它将克服目前存在的各种困难，在 21 世纪的可持续发展战略中不断进步。

**二、建筑节能的含义及范围**

1. 含义

建筑节能即在建筑中保持能源，意思是要减少能量的散失，要提高建筑中的能源利用效率，不是消极意义上的节省，而是从积极意义上提高利用效率，通称为建筑节能。

2. 范围

我国建筑节能的范围现已与发达国家取得一致，从实际条件出发，当前的建筑节能工作，集中于建筑采暖、空调、热水供应、照明、炊事、家用电器等方面的节能，并与改善建筑舒适性相结合。

**三、节能建筑的主要特征**

在资源得到充分有效利用的同时，使建筑物的使用功能更加符合人类生活的需要，创

造健康、舒适、方便的生活环境是人类的共同愿望，也是建筑节能的基础和目标。为此，21世纪的节能建筑应该是：

（1）高舒适度。由于围护结构的保温隔热和采暖空调设备性能的日益提高，建筑热环境将更加舒适。

（2）低能源消耗。采用节能系统的建筑，其空调及采暖设备的能源消耗量远远低于普通住宅。

（3）通风良好。自然通风与人工通风相结合，空气经过净化，新风"扫过"每个房间，通风持续不断，换气次数足够，室内空气清新。

（4）光照充足。尽量采用自然光、天然采光与人工照明相结合。

**四、我国建筑节能展望**

1. 必须使节约建筑能耗与改善热环境互相结合

（1）对于新建建筑及室温满足要求的建筑，着重在节约能源。

（2）对于冬季室温过低、结露的建筑和夏季室温过高的建筑，首先要改善建筑热环境，也要注意节约能源。

（3）在夏热冬冷区及农村，则应在节约能源条件下逐步改善建筑热环境。

各地应根据当地实际情况，根据工作进展可进行适当的调整和充实。

2. 建筑类型上逐步推开

（1）首先从居住建筑开始，其次抓公共建筑，最后是工业建筑。

（2）从新建建筑开始，接着是近期必须改造的热环境很差的结露建筑和危旧建筑，然后才是其他保温隔热条件不良的建筑。

（3）建筑围护结构节能同供热（或降温）系统节能同步进行。

3. 地域上逐步扩展

（1）从北方采暖区开始，然后发展到中部夏热冬冷地区，并扩展到南方夏热冬暖地区。

（2）从几个工作基础较好的城市（如哈尔滨、北京、上海、南京等）开始，再发展到镇，然后逐步扩展到广大农村。例如，长江中游是典型的夏热冬冷地区，已贯彻建设部2001年发布的《夏热冬冷地区居住建筑节能设计标准》（JGJ 134—2001）。2005年4月1日起，武汉市出售的商品住宅必须是节能住宅，2010年重点城市普遍推行。《公共建筑节能设计标准》2005年7月1日起正式实施，总能耗可减少50%。

4. 加强建筑节能标准化工作

发展建筑节能科学技术；积极利用自然能源；加强已有建筑的节能改造等。

我国建筑节能工作的进展，对于全球温室气体的排放，对于中国经济的持续稳定发展，对于世界建筑节能产品市场，都将产生十分显著的影响。建筑工作者必须知难而进，奋起直追，把建筑节能视为自己义不容辞的历史责任，为我国社会经济的可持续发展，为建筑科学的繁荣进步，作出自己应有的贡献。

# 第四节　建筑的构成要素

构成建筑的基本要素是指在不同历史条件下的建筑功能、建筑的物质技术条件和建筑形象。

**一、建筑功能**

1. 满足人体尺度和人体活动所需的空间尺度

因为人要在建筑空间内活动，所以人体的各种活动尺度与建筑空间有十分密切的关系。人的生活起居（如存取动作、厨房操作动作、厕浴动作等）和站立坐卧等活动所占的空间尺度就是确定建筑内部各种空间尺度的主要依据。各国、各地区人体高度有差异，而我国成年人的平均高度男为 1.67m，女为 1.56m。

2. 满足人的生理要求

要求建筑应具有良好的朝向、保温、隔声、防潮、防水、采光及通风的性能，这也是人们进行生产和生活活动所必需的条件。随着物质技术水平的提高，例如建筑材料的某些物理性能得到改进，机械通风代替自然通风，人工照明代替自然采光等，还要为人们创造一个舒适的卫生环境，以便在更大程度上满足人的生理要求。

3. 满足不同建筑有不同使用特点的要求

不同性质的建筑物在使用上有不同的特点，例如火车站要求人流、货流畅通；影剧院要求听得清、看得见和疏散快；工业厂房要求符合产品的生产工艺流程；某些实验室对温度、湿度的要求等，都直接影响着建筑物的使用功能。满足功能要求也是建筑的主要目的，在构成的要素中起主导作用。

**二、物质技术**

建筑物质技术条件是指建造房屋的手段，包括建筑材料及制品技术、结构技术、施工技术和设备技术等，所以建筑是多门技术科学的综合产物，是建筑发展的重要因素。其中，建筑材料是建造房屋必不可缺的物质基础；结构是构成建筑空间环境的骨架；设备（含水、电、通风、空调、通信、消防等）是保证建筑物达到某种要求的技术条件；施工技术则是实现建筑生产的过程和方法。

**三、建筑形象**

构成建筑形象的因素有建筑的体型、立面形式、细部与重点的处理、材料的色彩和质感、光影和装饰处理等，建筑形象是功能和技术的综合反映。建筑形象处理得当，就能产生良好的艺术效果，给人以美的享受。有些建筑使人感受到庄严雄伟、朴素大方、简洁明朗等，这就是建筑艺术形象的魅力。

不同社会和时代、不同地域和民族的建筑都有不同的建筑形象。例如，古埃及的金字塔、古希腊的神庙、欧洲中世纪的教堂、中国古代的宫殿和国外近现代的摩天大楼等，都反映了当时时代的生产水平、文化传统、民族风格、建筑文化等特点。

建筑三要素是相互联系、约束，又不可分割的。在一定功能和技术条件下，充分发挥设计者的主观作用，可以使建筑形象更加美观。历史上优秀的建筑作品，这三个要素都是辩证统一的。

适用、安全、经济、美观这一建筑方针是我国建筑工作者进行工作的指导方针，又是评价建筑优劣的基本准则。我们应深入理解建筑方针的精神，把它贯彻到工作中去。

## 本 章 小 结

1. 建筑通常认为是建筑物和构筑物的总称。建筑物又通称为"建筑"，一般是将供人们生活居住、工作学习、娱乐和从事生产的建筑称为建筑物。不直接供人使用的建筑叫做构筑物。建筑具有实用性和艺术性两重属性，既是物质产品又是精神产品。

2. 建筑起源于新石器时代，西安半坡村遗址，欧洲的巨石建筑是人类最早的建筑活动例证。商代创造的夯土版筑技术，西周创造的陶瓦屋面防水技术体现了我国奴隶社会时期建筑的巨大成就。埃及金字塔、希腊雅典卫城、罗马斗兽场和万神庙是欧洲奴隶社会的著名建筑。万里长城、赵州桥、五台山佛光寺、北京故宫、颐和园等是我国封建社会建筑的代表作，它们集中体现了中国古代建筑的五大特征（群体布局、平面布置、结构形式、建筑外形和造园艺术）。巴黎圣母院是欧洲封建社会的著名建筑，它的骨架拱肋结构是一伟大创举。意大利的圣彼得教堂和巴黎的凡尔赛宫是欧洲文艺复兴建筑的代表。19世纪末掀起的新建筑运动开创了现代建筑的新纪元，德国的包豪斯校舍、伦敦的水晶宫体现了新功能、新材料、新结构的和谐与统一。大跨度建筑和高层建筑集中反映了现代建筑的巨大成就，举世闻名的悉尼歌剧院、巴黎国家工业技术中心、芝加哥西尔斯大厦等是现代建筑的著名代表。改革开放后我国在城市建设、住宅建筑、公共建筑和工业建筑等方面取得了显著的成绩。

3. 21世纪建筑业的发展与环境、城市、科学技术、文化艺术密切相关。

4. 建筑节能已经成为世界性大潮流，同时也是客观的社会需要。

5. 建筑功能、建筑技术和建筑形象是建筑的三个基本要素，三者之间是辩证统一的。我国的建筑方针是全面贯彻适用、安全、经济、美观。

6. 建筑经济技术分析及建筑经济指标。

7. 广义的建筑设计是指设计一个建筑物或建筑群所做的全部工作，包括建筑设计、结构设计、设备设计。以上几方面的工作是一个整体，彼此分工而又密切配合，通常建筑工种是先行，常常处于主导地位。

8. 为使建筑设计顺利进行，少走弯路，少出差错，取得良好的成果，设计工作必须按照一定的程序进行。为此，设计工作的全过程包括收集资料、初步方案、初步设计、技术设计、施工图设计等几个阶段，其划分视工程的难易而定。

9. 两阶段设计是初步设计（或扩大初步设计），三阶段设计是施工图设计、技术设计和施工图设计。

## 思 考 题

1. 建筑的含义是什么？什么是建筑物和构筑物？

2. 中外建筑在发展过程的各个时期有哪些重大成就？有哪些代表性建筑？

3. 21世纪建筑的发展将受到哪些因素的影响？应遵循哪些原则？

4. 构成建筑的三要素是什么？如何正确认识三者的关系？

5. 适用、安全、经济、美观的建筑方针所包含的具体内容是什么？

6. 建筑节能的意义是什么？

7. 建筑技术经济指标包括哪些内容？

8. 建筑工程设计包括哪几个方面的设计内容？

9. 建筑设计的程序如何？

10. 两阶段设计和三阶段设计的含义及适用范围是什么？

11. 建筑施工图包括哪些内容？

12. 建筑设计的要求有哪些？

# 第一篇

▶▶▶ 建筑构造

# 第一章　建筑构造概论

---

**学习目标**

通过本章的学习，熟悉建筑物的分类和民用建筑的等级划分，掌握民用建筑的构造组成及定位轴线的标定；熟悉建筑模数协调统一标准，了解影响建筑构造的因素及设计原则。

---

## 第一节　建筑物的分类

### 一、按使用功能分类

1. 民用建筑

民用建筑即非生产性建筑，民用建筑可以分为居住建筑和公共建筑。

（1）居住建筑。指供人们工作、学习、生活、居住用的建筑物，如住宅、宿舍、公寓等。

（2）公共建筑。是人们从事政治文化活动、行政办公、商业、生活服务等公共事业所需要的建筑物。按性质不同又可分为15类之多。

1）行政办公建筑：如各类办公楼、写字楼等。

2）文教建筑：如教学楼、图书馆等。

3）托幼建筑：如托儿所、幼儿园等。

4）医疗卫生建筑：如医院、疗养院、养老院等。

5）观演性建筑：如电影院、剧院、音乐厅等。

6）体育建筑：如体育馆、体育场、训练馆等。

7）展览建筑：如展览馆、文化馆、博物馆等。

8）旅馆建筑：如宾馆、招待所、旅馆等。

9）商业建筑：如商店、商场、专卖店等。

10）电信、广播电视建筑：如邮政楼、广播电视楼、电信中心等。

11）交通建筑：如车站、航站、客运站等。

12）金融建筑：如储蓄所、银行、商务中心等。

13）饮食建筑：如餐馆、食品店等。

14）园林建筑：公园、动物园、植物园等。

15）纪念建筑：如纪念碑、纪念堂等。

2. 工业建筑

工业建筑即生产性建筑，指为工业生产服务的生产车间及为生产服务的辅助车间、动力用房、仓储建筑等。

3. 农业建筑

农业建筑指供农（牧）业生产和加工用的建筑，如种子库、温室、畜禽饲养场、农副产品加工厂、农机修理厂（站）等。

## 二、按建筑规模和数量分类

1. 大量性建筑

指建筑规模不大，但修建数量多，与人们生活密切相关的分布面广的建筑，如住宅、中小学教学楼、医院、中小型影剧院、中小型工厂等。

2. 大型性建筑

指规模大、耗资多的建筑，如大型体育馆、大型剧院、航空港（站）、博览馆、大型工厂等。与大量性建筑相比，其修建数量是很有限的，这类建筑在一个国家或一个地区具有代表性，对城市面貌的影响也较大。

## 三、按建筑层数和总高度分类：

1. 住宅按层数分

（1）低层住宅：1～3层的住宅。

（2）多层住宅：一般指4～6层的住宅。

（3）中高层住宅：一般指7～9层的住宅。

（4）高层住宅：十层及十层以上的住宅。

由于低层住宅占地较多，因此在城市中应当控制建造。按照《住宅设计规范》（GB 50096—2011）的规定，七层及七层以上或住宅入口层楼面距室外设计地面的高度超过16m以上的住宅必须设置电梯。由于设置电梯将会增加建筑的造价和使用维护费用，因此应当适当控制中高层住宅的修建。

2. 其他民用建筑按高度分类

建筑高度指自室外设计地面到建筑主体檐口顶部的垂直高度。

（1）普通建筑：建筑高层不超过24m的民用建筑和建筑高度超过24m的单层民用建筑。

（2）高层建筑：建筑高层超过24m的民用建筑和十层及十层以上的居住建筑。

（3）超高层建筑：建筑物高度超过100m时，不论住宅或公共建筑均为超高层建筑。

注：建筑高度按《建筑设计防火规范》（GB 50016）的规定确定。

建筑高度的计算：当为坡屋面时，应为建筑物室外设计地面到其檐口的高度；当为平屋面（包括有女儿墙的平屋面）时，应为建筑物室外设计地面到其屋面面层的高度；当同一座建筑物有多种屋面形式时，建筑高度应按上述方法分别计算后取其中最大值。局部凸出屋顶的瞭望塔、冷却塔、水箱间、微波天线间或设施、电梯机房、排风和排烟机房以及楼梯出口小间等，可不计入建筑高度内。

## 四、按承重结构的材料分类

1. 木结构建筑

指以木材作为房屋承重骨架的建筑。木结构具有自重轻、构造简单、施工方便等优点，我国古代建筑大多采用木结构。但木材易腐，不防火，加上我国森林资源较少，所以木结构建筑已很少采用。

## 2. 砌体结构建筑

指以砖或石材为承重墙柱和楼板的建筑。这种结构便于就地取材，能节约钢材、水泥和降低造价，但抗害性能差，自重大。

## 3. 钢筋混凝土结构建筑

指以钢筋混凝土作为承重结构的建筑。如框架结构、剪力墙结构、框架-剪力墙结构、筒体结构等，具有坚固耐久、防火和可塑性强等优点，故应用较为广泛。

## 4. 钢结构建筑

指以型钢等钢材作为房屋承重骨架的建筑。钢结构力学性能好，便于制作和安装，工期短，结构自重轻，适宜超高层和大跨度建筑中采用。随着我国高层、大跨度建筑的发展，采用钢结构的趋势正在增长。

## 5. 混合结构建筑

指采用两种或两种以上材料作为承重结构的建筑。如由砖墙、木楼板构成的砖木结构建筑；由砖墙、钢筋混凝土楼板构成的砖混结构建筑；由钢屋架和混凝土（或柱）构成的钢混结构建筑。其中砖混结构在大量性民用建筑中应用最广泛。钢混结构多用于大跨度建筑，砖木结构由于木材资源的缺乏而极少采用。

### 五、按照结构的承重方式分

## 1. 墙体承重结构建筑

由墙体作为建筑物的承重构件，承受楼板及屋顶传来的全部荷载，并把荷载传给基础的一种结构体系。有夯土墙结构、砌体墙结构、钢筋混凝土剪力墙体结构等。其特点是墙体既是承重构件又是围护或者分隔构件，由于楼板的经济跨度的影响，其房间开间和进深都受到一定限制，很难形成大空间。所以一般用于小开间建筑，如住宅、宿舍、医院、旅馆等建筑。

## 2. 骨架承重结构建筑

由钢筋混凝土或钢材制作的梁、板、柱形成的骨架来承担荷载的建筑。常用的骨架承重结构体系有框架结构、框-剪结构、框-筒结构、板柱结构、拱结构、排架结构等。在骨架承重结构体系中，内外墙体均不承重，所以墙体可以灵活布置。较为适用于灵活分隔空间的建筑物，或是内部空旷的建筑物，且建筑物立面处理也比较灵活，如商场、教学楼、工业厂房等。

## 3. 空间结构建筑

是指结构呈三维形态，具有三维受力特性并呈空间工作状态的结构体系。常用的空间结构体系有折板结构、薄壳结构、网架结构、悬索结构及膜结构等。现代以来，涌现出很多优秀建筑，如北京奥运场馆的"鸟巢"、"水立方"等就是其代表作。

# 第二节　建筑物的等级划分

建筑物的等级一般按耐久性和耐火性进行划分。

### 一、按建筑物的耐久性分类

建筑物的耐久等级的指标是设计使用年限。建筑合理使用年限主要指建筑主体设计使用年限，主要根据建筑物的重要性和规模大小划分，作为基建投资和建筑设计的重要依据。按国家标准《建筑结构可靠度设计统一标准》（GB 50068—2001）和《民用建筑设计通则》（GB 50352—2005）规定，建筑的设计使用年限分四类，见表1-1。

| 类别 | 设计使用年限（年） | 示　例 |
|---|---|---|
| 1 | 5 | 临时性建筑 |
| 2 | 25 | 易于替换结构构件的建筑 |
| 3 | 50 | 普通建筑和构筑物 |
| 4 | 100 | 纪念性建筑和特别重要的建筑 |

## 二、按建筑物的耐火性能分类

所谓耐火等级，是衡量建筑物耐火程度的标准，它是由组成建筑物的构件的燃烧性能和耐火极限的最低值所决定的。划分建筑物耐火等级的目的在于根据建筑物的用途不同提出不同的耐火等级要求，做到既有利于安全，又有利于节约基本建设投资。现行国家标准《建筑设计防火规范》（GB 50016—2006）规定，将建筑物的耐火等级划分为四级，见表1-2。

建筑物构件的燃烧性能和耐火极限（h）      表1-2

| 名称 构件 | | 耐火等级 | | | |
|---|---|---|---|---|---|
| | | 一级 | 二级 | 三级 | 四级 |
| 墙 | 防火墙 | 不燃烧体 3.00 | 不燃烧体 3.00 | 不燃烧体 3.00 | 不燃烧体 3.00 |
| | 承重墙 | 不燃烧体 3.00 | 不燃烧体 2.50 | 不燃烧体 2.00 | 难燃烧体 0.50 |
| | 非承重外墙 | 不燃烧体 1.00 | 不燃烧体 1.00 | 不燃烧体 0.50 | 燃烧体 |
| | 楼梯间的墙电梯井的墙<br>住宅单元之间的墙<br>住宅分户墙 | 不燃烧体 2.00 | 不燃烧体 2.00 | 不燃烧体 1.50 | 难燃烧体 0.50 |
| | 疏散走道两侧的隔墙 | 不燃烧体 1.00 | 不燃烧体 1.00 | 不燃烧体 0.50 | 难燃烧体 0.25 |
| | 房间隔墙 | 不燃烧体 0.75 | 不燃烧体 0.50 | 难燃烧体 0.50 | 难燃烧体 0.25 |
| 柱 | | 不燃烧体 3.00 | 不燃烧体 2.50 | 不燃烧体 2.00 | 难燃烧体 0.50 |
| 梁 | | 不燃烧体 2.00 | 不燃烧体 1.50 | 不燃烧体 1.00 | 难燃烧体 0.50 |
| 楼板 | | 不燃烧体 1.50 | 不燃烧体 1.00 | 不燃烧体 0.50 | 燃烧体 |
| 屋顶承重构件 | | 不燃烧体 1.50 | 不燃烧体 1.00 | 燃烧体 | 燃烧体 |
| 疏散楼梯 | | 不燃烧体 1.50 | 不燃烧体 1.00 | 不燃烧体 0.50 | 燃烧体 |
| 吊顶（包括吊顶搁栅） | | 不燃烧体 0.25 | 难燃烧体 0.25 | 难燃烧体 0.15 | 燃烧体 |

注：1. 除本规范另有规定者外，以木柱承重且以不燃烧材料作为墙体的建筑物，其耐火等级应按四级确定；

    2. 二级耐火等级建筑的吊顶采用不燃烧体时，其耐火极限不限；

    3. 在二级耐火等级的建筑中，面积不超过100m² 的房间隔墙，如执行本表的规定确有困难时，可采用耐火极限不低于 0.3h 的不燃烧体；

    4. 一、二级耐火等级建筑疏散走道两侧的隔墙，按本表规定执行确有困难时，可采用 0.75h 不燃烧体。

### 1. 建筑构件的燃烧性能

建筑构件的燃烧性能分为如下三类：

（1）非燃烧体：指用非燃烧材料做成的建筑构件，如天然石材、人工石材、金属材料等。

（2）燃烧体：指用容易燃烧的材料做成的建筑构件，如木材、纸板、胶合板等。

（3）难燃烧体：指用不易燃烧的材料做成的建筑构件，或者用燃烧材料做成，但用非燃烧材料作为保护层的构件，如沥青混凝土构件、木板条抹灰等。

2. 建筑构件的耐火极限

所谓耐火极限，是指任一建筑构件在规定的耐火试验条件下，从受到火的作用时起，到失去支持能力或完整性被破坏或失去隔火作用时为止的这段时间，用小时表示。只要以下三个条件中任一个条件出现，就可以确定是否达到其耐火极限。

（1）失去支持能力。指构件在受到火焰或高温作用下，由于构件材质性能的变化，使承载能力和刚度降低，承受不了原设计的荷载而破坏。例如受火作用后的钢筋混凝土梁失去支承能力，钢柱失稳破坏，非承重构件自身解体或垮塌等，均属失去支持能力。

（2）完整性被破坏。指薄壁分隔构件在火中高温作用下，发生爆裂或局部塌落，形成穿透裂缝或孔洞，火焰穿过构件，使其背面可燃物燃烧起火。例如，受火作用后的板条抹灰墙，内部可燃板条先行自燃，一定时间后，背火面的抹灰层龟裂脱落，引起燃烧起火；预应力钢筋混凝土楼板使钢筋失去预应力，发生炸裂，出现孔洞，使火苗蹿到上层房间。在实际中这类火灾相当多。

（3）失去隔火作用。指具有分隔作用的构件，背火面任一点的温度达到220℃时，构件失去隔火作用。例如，一些燃点较低的可燃物（纤维系列的棉花、纸张、化纤品等）烤焦后以致起火。

# 第三节  建筑物的构造组成及其作用

一幢建筑，一般是由基础、墙或柱、楼地层、楼梯、屋顶和门窗六大部分所组成（图1-1）。

图 1-1  房屋的构造组成

## 一、基础

基础是建筑物最下部的承重构件，其作用是承受建筑物的全部荷载，并将这些荷载传给地基。因此，基础必须具有足够的强度，并能抵御地下各种有害因素的侵蚀。

## 二、墙（或柱）

墙体是建筑物的承重构件和围护构件。作为承重构件的外墙，其作用是抵御自然界各种因素对室内的侵袭；内墙主要起分隔空间及保证舒适环境的作用。框架或排架结构的建筑物中，柱起承重作用，墙仅起围护作用。因此，要求墙体具有足够的强度、稳定性，保温、隔热、防水、防火、耐久及经济等性能。

## 三、楼板层和地坪

楼板是水平方向的承重构件，按房间层高将整幢建筑物沿水平方向分为若干层，楼板层承受家具、设备和人体荷载以及本身的自重，并将这些荷载传给墙或柱，同时对墙体起着水平支撑的作用。因此要求楼板层应具有足够的抗弯强度、刚度和隔声、防潮、防水的性能。

地坪是底层房间与地基土层相接的构件，起承受底层房间荷载的作用。要求地坪具有耐磨、防潮、防水、防尘和保温的性能。

## 四、楼梯

楼梯是楼房建筑的垂直交通设施。供人们上下楼层和紧急疏散之用。故要求楼梯具有足够的通行能力，并且防滑、防火，能保证安全使用。

## 五、屋顶

屋顶是建筑物顶部的围护构件和承重构件。抵抗风、雨、雪霜、冰雹等的侵袭和太阳辐射热的影响；又承受风雪荷载及施工、检修等屋顶荷载，并将这些荷载传给墙或柱。故屋顶应具有足够的承载力、刚度及防水、保温、隔热等性能。

## 六、门与窗

门与窗均属于非承重构件，也称为配件。门主要供人们出入内外和分隔房间用，窗主要起通风、采光、分隔、眺望等围护作用。处于外墙上的门窗又是围护构件的一部分，要满足热工及防水的要求。某些有特殊要求的房间，门、窗应具有保温、隔声、防火的能力。

一座建筑物除上述六大基本组成部分以外，对不同使用功能的建筑物，还有许多特有的构件和配件，如阳台、雨篷、台阶、排烟道等。

# 第四节　建筑模数协调统一标准

为了实现工业化大规模生产，使不同材料、不同形式和不同制造方法的建筑构配件、组合件具有一定的通用性和互换性，在建筑业中必须共同遵守《建筑模数协调统一标准》（GBJ 2-86），以下简称模数标准。

建筑模数是指选定的尺寸单位，作为尺度协调中的增值单位，也是建筑设计、建筑施工、建筑材料与制品、建筑设备、建筑组合件等各部门进行尺度协调的基础，其目的是使构配件安装吻合，并有互换性。建筑模数分为基本模数和导出模数，导出模数分为扩大模数和分模数。

## 一、基本模数

基本模数的数值规定为 100mm，表示符号为 M，即 1M 等于 100mm，整个建筑物或其中一部分以及建筑组合件的模数化尺寸均应是基本模数的倍数。

## 二、导出模数

导出模数分为扩大模数和分模数

### 1. 扩大模数

指基本模数的整倍数。扩大模数的基数应符合下列规定：

（1）水平扩大模数为：3M、6M、12M、15M、30M、60M 6 个，其相应的尺寸分别为 300mm、600mm、1200mm、1500mm、3000mm、6000mm。

（2）竖向扩大模数的基数为 3M、6M 两个，其相应的尺寸为 300mm、600mm。

### 2. 分模数

指整数除基本模数的数值。分模数的基数为 M/10、M/5、M/2 三个，其相应的尺寸为 10mm、20mm、50mm。

## 三、模数数列

模数数列指由基本模数、扩大模数、分模数为基础扩展成的一系列尺寸。

水平基本模数的数列幅度为（1～20）M。主要适用于门窗洞口和构（配）件断面尺寸。

竖向基本模数的数列幅度为（1～36）M。主要适用于建筑物的层高、门窗洞口、构（配）件等尺寸。

水平扩大模数数列的幅度：3M 为（3～75）M；6M 为（6～96）M；12M 为（12～120）M；15M 为（15～120）M；30M 为（30～360）M；60M 为（60～360）M，必要时幅度不限。主要适用于建筑物的开间或柱距、进深或跨度、构（配）件尺寸和门窗洞口尺寸。

竖向扩大模数数列的幅度不受限制。主要适用于建筑物的高度、层高、门窗洞口尺寸。

分模数数列的幅度。M/10 为（1/10～2）M，M/5 为（1/5～4）M；M/2 为（1/2～10）M。主要适用于缝隙、构造节点、构配件断面尺寸。

## 四、三种尺寸

### 1. 标志尺寸

标志尺寸应符合模数数列的规定，用以标注建筑物定位轴线之间的距离（如跨度、柱距、层高等），以及建筑制品、构（配）件、有关设备位置界限之间的尺寸。

### 2. 构造尺寸

构造尺寸是建筑制品、构（配）件等生产的设计尺寸。一般情况下，构造尺寸加上缝隙尺寸等于标志尺寸。缝隙尺寸的大小，宜符合模数数列的规定。

### 3. 实际尺寸

实际尺寸是建筑制品、建筑构（配）件等的实有尺寸。实际尺寸与构造尺寸之间的差数，应由允许偏差值加以限制。

标志尺寸、构造尺寸与两者之间缝隙尺寸的关系如图 1-2 所示。

图 1-2　三种尺寸间的关系

# 第五节　定位轴线

定位轴线是确定建筑物主要承重构件位置的基准线,是施工定位、放线的重要依据。用于平面时称为平面定位轴线;用于竖向时称为竖向定位线。定位轴线之间的距离(如开间、进深、层高等)应符合模数数列的规定。规定定位轴线的布置以及结构构件与定位轴线联系的原则,是为了统一与简化结构或构件尺寸和节点构造,减少规格类型,提高互换性和通用性,满足建筑工业化生产要求。

## 一、平面定位轴线的编号

平面定位轴线分为横向定位轴线和纵向定位轴线,横向定位轴线的编号应从左至右用阿拉伯数字注写;纵向定位轴线的编号应自下向上用大写拉丁字母编写,如图 1-3 所示。其中 I、O、Z 不得用于轴线编号,以免与数字 1、0、2 混淆。字母数字不够,可用 AA、BB······或 A1、B1 等标注。定位轴线分区注写,注写形式为"分区号—该区轴线号"如图 1-4 所示。

图 1-3　定位轴线编号

图 1-4　定位轴线分区编号

在建筑设计中经常把一些次要的建筑构件用附加轴线进行编号,如非承重墙、装饰柱等。附加轴线应以分数表示,如图 1-5 所示。

## 二、平面定位轴线

(一)砖混结构建筑

1. 承重外墙的定位轴线

承重外墙平面定位轴线与外墙内缘相距为 120mm,如图 1-6 (a) 所示。

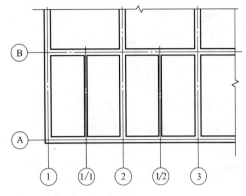

①/① 表示1轴线之后附加的第一条轴线

②/② 表示2轴线之后附加的第一条轴线

图 1-5　附加定位轴线编号

## 2. 承重内墙的定位轴线

承重内墙的平面定位轴线应与顶层墙体中线重合，如图 1-6（b）所示。当内墙厚度 ≥370mm 时，为了便于圈梁或墙内竖向孔道的通过，往往采用双轴线形式，如图 1-6（c）所示；有时根据建筑空间的要求，也可以把平面定位轴线设在距离内墙某一外缘 120mm 处，如图 1-6（d）所示。

## 3. 非承重墙定位轴线

由于非承重墙没有支撑上部水平承重构件的任务，因此，平面定位轴线的定位就比较灵活。非承重墙除了可按承重墙定位轴线的规定定位之外，还可以使墙身内缘与平面定位轴线重合。

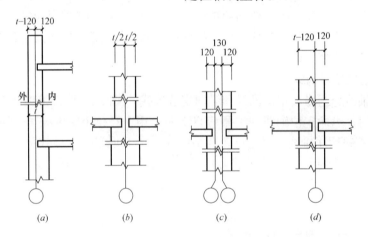

| (a) | (b) | (c) | (d) |

图 1-6　承重墙的定位轴线

（a）承重外墙的定位轴线；（b）承重内墙定位轴线中分顶层墙身；

（c）承重内墙采用双轴线；（d）承重内墙采用偏轴线

## 4. 带壁柱外墙的定位轴线

带壁柱外墙的墙体内缘与平面定位轴线重合，如图 1-7（a）、（b）所示。或距墙体内缘 120mm 处与平面定位轴线重合，如图 1-7（c）、（d）所示。

## 5. 变形缝处定位轴线

为了满足变形缝两侧结构处理的要求，变形缝处通常设置双轴线。

（1）当变形缝处一侧为墙体，另一侧为墙垛时，墙垛的外缘应与平面定位轴线重合。当墙体是外承重墙时，平面定位轴线距顶层墙内缘 120mm，如图 1-8（a）所示；当墙体是非承重墙时，平面定位轴线应与顶层墙内缘重合，如图 1-8（b）所示。

（2）当变形缝两侧均为墙体时，如两侧墙体均为承重墙时，平面定位轴线应分别设在距顶层墙内缘 120mm 处，如图 1-9（a）所示；当两侧墙体均按非承重墙处理时，平面定位轴线应分别与顶层墙体内缘重合，如图 1-9（b）所示。

图 1-7　带壁柱外墙的定位轴线

（a）内壁柱时；（b）外壁柱时；（c）内壁柱时；（d）外壁柱时

图 1-8　变形缝外墙与墙垛交界处定位轴线

（a）墙体是承重外墙；（b）墙体是非承重外墙

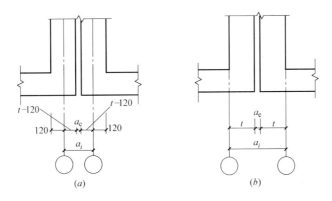

图 1-9　变形缝处双墙的定位轴线

（a）按两侧为承重墙处理；（b）按两侧为非承重墙处理

（3）当变形缝处两侧墙体带联系尺寸时，其平面定位轴线的划分与上述原则相同，如图 1-10 所示。

6. 高低层分界处的墙体定位轴线

当高低层分界处不设变形缝时，应按高层部分承重外墙定位轴线处理，平面定位轴线应距离墙身内缘 120mm，并与底层定位轴线重合，如图 1-11 所示。当高低层分界处设置变形缝时，应按变形缝处墙体平面定位轴线处理。

图 1-10　变形缝处双墙带联系尺寸的定位轴线

（a）按外承重墙处理；（b）按非承重墙处理

图 1-11　高低层分界处无变形缝时的定位轴线

（二）框架结构建筑

框架结构建筑中柱定位轴线一般与顶层柱截面中心线相重合，如图 1-12（a）所示。边柱定位轴线一般与顶层柱截面中心线重合（图 1-12b）或距柱外缘 250mm 处（图 1-12c）。

图 1-12　框架结构中柱定位轴线

**三、砖墙的竖向定位**

1. 楼地面

砖墙楼地面竖向定位应与楼（地）面面层上表面重合，如图 1-13 所示。由于结构构件的施工先于楼（地）面面层进行，因此，要根据建筑专业的竖向定位确定结构构件的控

图 1-13　砖墙楼地面的竖向定位轴线

图 1-14　屋面的竖向定位

（a）距墙 120 定位；（b）与墙内缘重合定位

制高程。一般情况下，建筑标高减去楼（地）面面层构造厚度等于结构标高。

2. 屋面

平屋面竖向定位应标在屋面结构层上表面；坡屋顶的建筑标高标在屋顶结构层上表面与外墙定位轴线的相交处，如图1-14所示。

# 第六节　影响建筑构造的因素及设计原则

**一、影响建筑构造的因素**

1. 荷载因素的影响

作用在建筑物上的各种外力统称为荷载。荷载分为恒荷载（如结构自重）和活荷载（如人群、家具、风、雪荷载及地震作用）两类。荷载的大小是建筑结构设计的主要依据，也是结构选型及构造设计的重要基础，起着决定构件尺度、用料多少的重要作用。

2. 自然因素的影响

自然因素的影响是指自然界的风、雨、雪、霜、地下水、地震等因素给建筑物带来的影响，为了防止自然因素对建筑物的破坏和保证建筑物的正常使用，故在进行构造设计时，应该针对建筑物所受影响的性质与程度，对各有关构（配）件及部位采取必要的防范措施，如防潮、防水、保温、隔热、设伸缩缝、设隔蒸汽层等，以防患于未然。

3. 各种人为因素的影响

人们在生产和生活活动中，往往遇到火灾、爆炸、机械振动、化学腐蚀、噪声等人为因素的影响，故在进行建筑构造设计时，必须针对这些影响因素，采取相应的防火、防爆、防振、防腐、隔声等构造措施，以防止建筑物遭受不应有的损失。

4. 建筑技术条件的影响

由于建筑材料技术的日新月异，建筑结构技术的不断发展，建筑施工技术的不断进步，建筑构造技术也不断翻新、丰富多彩。例如悬索、薄壳、网架等空间结构建筑，点式玻璃幕墙，彩色铝合金等新材料的吊顶，采光天窗中庭等现代建筑设施的大量涌现，可以看出，建筑构造没有一成不变的固定模式，因而在构造设计中要以构造原理为基础，在利用原有的、标准的、典型的建筑构造的同时，不断发展或创造新的构造方案。

5. 经济条件的影响

随着建筑技术的不断发展和人们生活水平的日益提高，人们对建筑的使用要求也越来越高。建筑标准的变化带来建筑的质量标准、建筑造价等也出现较大差别。对建筑构造的要求也将随着经济条件的改变而发生着很大的变化。

**二、建筑构造的设计原则**

在满足建筑物各项功能要求的前提下，必须综合运用有关技术知识，并遵循以下设计原则。

1. 结构坚固、耐久

在确定构造方案时，首先必须考虑坚固、耐久、实用，保证建筑有足够的强度和刚度，并且有足够的整体性，安全可靠，经久耐用。

2. 技术先进

在进行建筑构造设计时，应大力改进传统的建筑方式，从材料、结构、施工等方面引入先进技术，并注意因地制宜。

### 3. 经济合理

各种构造设计，均要注重整体建筑物的经济、社会和环境三个效益，即综合效益。在经济上注意节约建筑造价，降低材料的能源消耗，必须保证工程质量，不能单纯追求效益而偷工减料，降低质量标准，应做到合理降低造价。

### 4. 美观、大方

建筑物的形象除了取决于建筑设计中的体型组合和立面处理外，一些建筑细部的构造设计对整体美观也有很大影响。

## 本 章 小 结

本章对房屋建筑的构造组成、分类分级、建筑模数、变形缝及定位轴线等内容作了较为详细的阐述。

1. 建筑物主要由基础、墙和柱、楼地层、屋盖、楼梯、门窗等部分组成。

2. 不同类别的建筑物常按其耐久年限和耐火程度分级。

3. 建筑标准化包括建筑设计的标准和建筑设计的标准化两个方面。建筑模数分为基本模数、扩大模数及分模数。

4. 我国《建筑模数协调统一标准》中规定的基本模数为 1M＝100mm。在建筑设计和建筑模数协调中涉及标志尺寸、构造尺寸和实际尺寸等几种尺寸。

5. 定位轴线是确定建筑构（配）件位置及相互关系的基准线。建筑物分水平和竖向两个方向进行定位，应合理选择定位轴线。

本章的教学目标是使学生具备划分民用建筑的等级及类型，熟悉建筑模数协调统一标准，掌握民用建筑的构造组成，定位轴线的确定。

## 思 考 题

1. 什么是建筑模数？建筑模数分为哪几种？其中 1M 的值为多少？

2. 建筑物的耐火等级是根据什么确定的？建筑构件按照燃烧性能分为哪几种？

3. 建筑构造的设计原则有哪些？

4. 建筑物由哪几部分组成？各自有什么作用？其中属于非承重构件的是什么？最下部的承重构件是什么？

5. 民用建筑主要有哪几部分组成？各部分有什么作用？

6. 什么是耐火极限？

7. 什么是定位轴线？

8. 标志尺寸、构造尺寸和实际尺寸的相互关系是什么？

9. 承重墙的定位轴线如何标定划分？并画图表示。

# 第二章　基础和地下室

**学习目标**

通过学习基础和地下室的基本知识，掌握地基和基础的区别以及它们的作用和设计要求；掌握基础埋置深度的概念及影响因素；掌握基础的分类及基础构造。了解地下室的组成，掌握地下室防潮与防水要求和构造。

**引例**

某工程位于甘肃省兰州市，为一高层住宅，地上二十八层，地下一层为人防地下室兼库房，总建筑面积 27765.8m$^2$，基础为筏板基础。下面介绍有关基础与地下室的内容。

## 第一节　基础和地基的基本概念

**一、基础和地基的基本概念**

在建筑工程中，建筑物与土层直接接触的部分称为基础，支承建筑物重量的土层叫做地基。基础是建筑物的组成部分，属于隐蔽工程。基础承受着建筑物的全部荷载，并将其传给地基。而地基则不是建筑物的组成部分，它只是承受建筑物荷载的土层。其中，具有一定的地耐力，直接支承基础，持有一定承载能力的土层称为持力层；持力层以下的土层称为下卧层。地基土层在荷载作用下产生的变形，随着土层深度的增加而减少，到了一定深度则可忽略不计（图 2-1）。

图 2-1　基础与地基

**二、地基的分类**

地基按土层性质不同，分为天然地基和人工地基两类。凡天然土层具有足够的承载能力，不须经人工改良或加固，可直接在上面建造房屋的称为天然地基。当建筑物上部的荷载较大或地基土层的承载能力较弱，缺乏足够的稳定性，须预先对土壤进行人工加固后才能在上面建造房屋的称为人工地基。人工加固地基通常采用压实法、换土法、化学加固法和打桩法。

**三、地基与基础的设计要求**

1. 地基应具有足够的承载力和均匀程度

建筑物的场址应尽可能选在承载能力高且分布均匀的地段。如果地基土质分层不均匀或处理不好，极易使建筑物发生不均匀沉降，引起墙身开裂、房屋倾斜甚至破坏。

**2. 基础应具有足够的材料强度和耐久性**

基础是建筑物的重要承重构件，又是埋于地下的隐蔽工程，易受潮，且很难观察、维修、加固和更换。所以，在构造形式上必须且有足够的材料强度和与上部结构相适应的耐久性。

**3. 经济要求**

基础工程约占总造价的 10%～40%，要使工程总投资降低，首先要降低基础工程的投资。

## 第二节　基础的埋置深度

### 一、基础的埋置深度

室外设计地面至基础底面的垂直距离称为基础的埋置深度，简称基础的埋深（图 2-2）。

图 2-2　基础的埋深

基础按埋置深度的大小分为深基础、浅基础和不埋基础，埋深大于或等于 4m 的称为深基础；埋深小于 4m 的称为浅基础；当基础直接做在地表面上的称不埋基础。在保证安全使用的前提下，应优先选用浅基础，可降低工程造价。但当基础埋深过小时，有可能在地基受到压力后，会把基础四周的土挤出，使基础产生滑移而失去稳定，同时易受到自然因素的侵蚀和影响，使基础破坏，故基础的埋深在一般情况下，不要小于 0.5m。

### 二、影响基础埋深的因素

**1. 建筑物上部荷载的大小和性质**

多层建筑一般根据地下水位及冻土深度等来确定埋深尺寸。一般高层建筑的基础埋置深度为地面以上建筑物总高度的 1/10。

**2. 工程地质条件**

基础底面应尽量选在常年未经扰动而且坚实平坦的土层或岩石上，俗称"老土层"。对现有土层不宜选作地基。

**3. 水文地质条件**

确定地下水的常年水位和最高水位，以便选择基础的埋深。一般宜将基础落在地下常年水位和最高水位之上，这样可不需进行特殊防水处理，节省造价，还可防止或减轻地基土层的冻胀。对于地下水位较高地区，应将基础底面置于最低地下水位之下 200mm 处（图 2-3）。

**4. 土壤冻胀深度**

土层的冻结深度即冰冻线，是地面以下冻结土与不冻结土的分界线。冰冻线的深度称为冻结深度。应根据当地的气候条件，了解土层的冻结深度，一般将基础的垫层部分做在土层冻结深度以下，否则，冬天土层的冻胀力会把房屋拱起，产生变形；天气转暖，冻土解冻时又会产生陷落，在这个过程中，冻融是不均匀的，致使建筑物周期性出于不均匀的升降中，势必会导致建筑物产生变形、开裂、倾斜等一系列的冻害。

一般情况下，基础底面应置于冰冻线以下 100～200mm，当冻土深度小于 500mm 时，基础埋深不受影响（图 2-4）。

图 2-3  基础的埋深和地下水位的关系

图 2-4  基础的埋深和冰冻线的关系

5. 相邻建筑物基础的影响

新建建筑物的基础埋深不宜深于相邻的原有建筑物的基础，但当新建基础深于原有基础时，应使两基础间留出相邻基础底面差的 1～2 倍距离，以保证原有房屋的安全（图 2-5）。即 $L=2\Delta H$（式中 $L$ 为两基础间保持一定的距离，$\Delta H$ 为两基础底面的高差）。若新旧建筑间不能满足此条件时，则要采用其他的措施加以处理，以保证原有建筑的安全和正常使用。

图 2-5  相邻基础埋深的影响

# 第三节  基础的类型

## 一、按材料及受力特点分类

1. 刚性基础

由刚性材料制作的基础称为刚性基础。一般指抗压强度高，而抗拉、抗剪强度较低的材料称为刚性材料。常用的有砖、灰土、混凝土、三合土、毛石等。

为满足地基容许承载力的要求，基底宽 $B$ 一般大于上部墙宽，为了保证基础不被拉力、剪力而破坏，基础必须具有相应的高度。通常按刚性材料的受力状况，基础在传力时只能在材料的允许范围内控制，这个控制范围的夹角称为刚性角，用 $\alpha$ 表示。砖、石基础的刚性角控制在 （1:1.25）～（1:1.50），即 （26°～33°）以内，混凝土基础刚性角控制在 1:1，即 45°以内。刚性基础在刚性角范围内传力如图 2-6 （$a$）所示，基础底面宽超过刚性角范围而破坏的受力、传力如图 2-6 （$b$）所示。

常用的刚性基础有砖石基础、毛石基础、灰土基础、混凝土基础（图 2-7）。

（1）砖基础。砖基础一般由垫层、大放脚和基础墙三部分组成。大放脚的做法有间隔式和等高式两种，如图 2-7 （$a$）、（$b$）所示。

（2）毛石基础。毛石基础是用毛石和水泥砂浆砌筑而成，其剖面形状多为阶梯形，如图 2-7 （$c$）所示。用于地下水位较高，冻结深度较深的单层民用建筑。

（3）灰土基础。灰土基础用于地下水位低，冻结深度较浅的南方 4 层以下民用建筑，

图 2-6  刚性基础的受力、传力特点

(a) 基础在刚性角范围内传力；(b) 基础在刚性角范围外受力、传力

如图 2-7（d）所示。

（4）混凝土基础。混凝土基础是用不低于 C15 的混凝土浇捣而成，其剖面形式有阶梯形和锥形两种如图 2-7（e）、（f）所示。用于潮湿的地基或有水的基槽中。

图 2-7  刚性基础类型

(a) 间隔式砖基础；(b) 等高式砖基础；(c) 毛石基础；(d) 灰土基础；

(e) 阶梯形混凝土基础；(f) 锥形混凝土基础

2. 柔性基础

当建筑物的荷载较大而地基承载能力较小时，基础底面 $B$ 必须加宽，如果仍采用混凝土材料作基础，势必加大基础的深度，这样很不经济，如图 2-8 所示。如果在混凝土基础的底部配以钢筋，利用钢筋来承受拉应力，使基础底部能够承受较大的弯矩，这时，基础宽度不受刚性角的限制，故称钢筋混凝土基础为非刚性基础或柔性基础 [图 2-9（a）]。

钢筋混凝土基础的底板是基础主要受力构件，厚度和配筋均由计算确定。但受力筋直

径不得小于 8mm，间距不大于 200mm；混凝土强度等级不宜低于 C20。

另外，为保证基础钢筋和地基之间有足够的距离，以免钢筋锈蚀，可在钢筋混凝土底板之下做垫层，垫层还可以作为绑扎钢筋的工作面。当采用等级较低的混凝土作垫层时，一般采用 C10 素混凝土，厚度 70～100mm。其两边应伸出底板各 100mm［图 2-9（b）］。

图 2-8　刚性基础与柔性基础的比较

钢筋混凝土基础其剖面形式有阶梯形和锥形两种。锥形基础要求底板边缘厚度不小于 200mm，且不宜大于 500mm（图 2-10）。钢筋混凝土阶梯形基础每阶厚度为 300～500mm。当基础高度在 500～900mm 时采用两阶，当基础高度超过 900mm 时采用三阶（图 2-11）。

图 2-9　钢筋混凝土基础

（a）钢筋混凝土基础直观图；（b）钢筋混凝土基础剖面图

图 2-10　钢筋混凝土锥形基础

图 2-11　钢筋混凝土阶梯形基础

### 二、按构造形式分类

#### 1. 条形基础

当建筑物上部结构采用墙承重时，基础沿墙身设置，多做成长条形，这类基础称为条形基础或带形基础，是墙承式建筑基础的基本形式，如图 2-12（a）所示。当房屋为骨架承重或内骨架承重，且地基条件较差时，为提高建筑物的整体性，避免各承重柱产生不均匀沉降，常将柱下基础沿纵横方向连接起来，形成柱下条形基础，如图 2-12（b）所示。

图 2-12　条形基础
(a) 墙下条形基础示意图；(b) 柱下条形基础

#### 2. 独立式基础

当建筑物上部结构采用框架结构或单层排架结构承重时，基础常采用方形或矩形的独立式基础，这类基础称为独立式基础或柱式基础，如图 2-13 所示。独立式基础是柱下基础的基本形式。

当柱采用预制构件时，则基础做成杯口形，然后将柱子插入并嵌固在杯口内，故称杯形基础。

图 2-13　独立式基础
(a) 阶梯形；(b) 锥形；(c) 杯形基础

#### 3. 井格式基础

当地基条件较差，为了提高建筑物的整体性，防止柱子之间产生不均匀沉降，常将柱下基础沿纵横两个方向扩展连接起来，做成十字交叉的井格式基础（图 2-14）。

#### 4. 筏形基础

当建筑物上部荷载较大，而地基又较弱，这时采用简单的条形基础或井格基础已不能适应地基变

图 2-14　井格式基础

形的需要，通常将墙或柱下基础连成一片，使建筑物的荷载承受在一块整板上，成为筏形基础。筏形基础有平板式和梁板式两种（图 2-15）。

图 2-15　筏形基础
(a) 平板式筏形基础；(b) 梁板式筏形基础；(c) 某工程筏形基础

5. 箱形基础

当板式基础做得很深时，常将基础改做成箱形基础。箱形基础是由钢筋混凝土底板、顶板和若干纵、横隔墙组成的整体结构（图 2-16），基础的中空部分可用作地下室（单层或多层的）或地下停车库。箱形基础整体空间刚度大，整体性强，能抵抗地基的不均匀沉降，较适用于高层建筑或在软弱地基上建造的重型建筑物。

图 2-16　箱形基础

6. 桩基础

当建筑物的荷载较大，而地基的弱土层较厚，地基承载力不能满足要求，采取其他措施又不经济时，可采用桩基础。桩基础由承台和桩柱组成，如图 2-17（a）、(b) 所示。

桩按受力可以分为端承桩和摩擦桩。摩擦桩是通过桩侧表面与周围土的摩擦力来承担荷载。适用于软土层较厚，坚硬土层较深，荷载较小的情况。端承桩是通过桩端传给地基深处的坚硬土层。这种桩适用于软土层较浅，荷载较大的情况（图2-18）。

图 2-17  桩基础
(a) 墙下桩基础；(b) 柱下桩基础

图 2-18  桩基础受力形式
(a) 端承桩和摩擦桩基础示意图；(b) 端承桩和摩擦桩基础示意图

# 第四节  地下室的构造

建筑物下部的地下使用空间称为地下室。地下室是建筑物首层平面以下的房间。利用地下空间，可节约建筑用地。地下室可用作设备间、储藏房间、商场、车库以及用作战备人防工程。高层建筑常利用深基础，如箱形基础建造一层或多层地下室，既增加了使用面积，又省去了室内填土的费用。

## 一、地下室的分类

1. 按埋入地下深度的不同分

（1）全地下室：全地下室是指地下室地面低于室外地坪的高度超过该房间净高的1/2。

（2）半地下室：半地下室是指地下室地面低于室外地坪的高度为该房间净高的1/3～1/2。

2. 按使用功能不同分

(1) 普通地下室：一般用作高层建筑的地下停车库、设备用房；根据用途及结构需要可做成一层或二三层、多层地下室，地下室示意如图 2-19 所示。

图 2-19　地下室示意图

(2) 人防地下室：结合人防要求设置的地下空间，用以应付战时情况下人员的隐蔽和疏散，并有具备保障人身安全的各项技术措施。

**二、地下室的构造组成**

地下室一般由墙身、底板、顶板、门窗、楼梯等部分组成（图 2-20）。

图 2-20　地下室的构造组成

1. 地下室墙体

地下室的墙体不仅要承受上部的垂直荷载，还要能承受土、地下水及土层冻胀时产生的侧压力。

2. 地下室底板

当地下水位高于地下室地面时，地下室底板不仅承受作用在它上面的垂直荷载，还要承受地下水的浮力。

3. 地下室顶板

可用预制板、现浇板或者预制板上做现浇层（装配整体式楼板）。如为防空地下室，必须采用现浇板，并按有关规定决定厚度和混凝土强度等级。

4. 地下室门窗

普通地下室门窗同地上部分。防空地下室应符合相应等级的防护和密闭要求，一般采用钢门或混凝土门，防空地下室一般不容许设窗。

5. 地下室楼梯

可与地面上房间结合设置，层高小或用作辅助房间的地下室，可设置单跑楼梯。

有防空要求的地下室至少要设置两部楼梯通向地面的安全出口，并且必须有一个是独立的安全出口。且安全出口与地面以上建筑应有一定距离，一般不小于地面建筑物高度的一半。

6. 采光井

采光井由底板和侧墙构成，侧墙可以用砖墙或钢筋混凝土板墙制作，底板一般为钢筋混凝土浇筑。采光井底板应有 1‰～3‰ 的坡度，上部应有铸铁箅子或尼龙瓦盖，以防止人员、物品掉入采光井内。采光井底板距窗台低 250～300mm（图 2-21）。

图 2-21　地下室采光井

## 三、地下室防潮构造

当地下水的常年水位和最高水位均在地下室地坪标高以下时，须在地下室外墙外面设垂直防潮层。其做法是在墙体外表面先抹一层 20mm 厚的 1∶2.5 水泥砂浆找平，再涂一道冷底子油和两道热沥青；然后在外侧回填低渗透性土壤，如黏土、灰土等，并逐层夯实，土层宽度为 500mm 左右，以防地面雨水或其他地表水的影响。另外，地下室的所有墙体都应设两道水平防潮层，一道设在地下室地坪附近，另一道设在室外地坪以上 150～200mm 处，使整个地下室防潮层连成整体，以防地潮沿地下墙身或勒脚处进入室内（图 2-22）。

图 2-22　地下室防潮处理

(a) 地下室受潮示意；(b) 墙身防潮处理；(c) 地坪防潮处理

**四、地下室防水构造**

当设计最高水位高于地下室地坪时，地下室的外墙和底板都浸泡在水中，应考虑进行防水处理。常采用的防水措施有三种。

1. 沥青卷材防水

沥青卷材防水是以防水卷材和相应的胶粘剂分层粘贴，铺设在地下室底板垫层至墙体顶端的基面上，形成封闭防水层的做法。

根据防水层铺设位置的不同分为外包防水和内包防水（图2-23）。

图 2-23　地下室卷材防水构造
（*a*）外包防水；（*b*）内包防水

（1）外防水。外防水是将防水层贴在地下室外墙的外表面，这对防水有利，但维修困难。外防水构造要点是：先在墙外侧抹20mm厚的1∶3水泥砂浆找平层，并刷冷底子油一道，然后选定油毡层数，分层粘贴防水卷材，防水层须高出最高地下水位500～1000mm为宜。油毡防水层以上的地下室侧墙应抹水泥砂浆，涂两道热沥青，直至室外散水处。垂直防水层外侧砌半砖厚的保护墙一道。

（2）内防水。内防水是将防水层贴在地下室外墙的内表面，这样施工方便，容易维修，但对防水不利，故常用于修缮工程。

地下室地坪的防水构造是先浇混凝土垫层，厚约100mm；再以选定的油毡层数在地坪垫层上做防水层，并在防水层上抹20～30mm厚的水泥砂浆保护层，以便于上面浇筑钢筋混凝土。为了保证水平防水层包向垂直墙面，地坪防水层必须留出足够的长度以便与垂直防水层搭接，同时要做好转折处油毡的保护工作，以免因转折交接处的油毡断裂而影响地下室的防水。

2. 防水混凝土防水

当地下室地坪和墙体均为钢筋混凝土结构时，应采用抗渗性能好的防水混凝土材料，常采用的防水混凝土有普通混凝土和外加剂混凝土。普通混凝土主要是采用不同粒径的骨料进行级配，并提高混凝土中水泥砂浆的含量，使砂浆充满于骨料之间，从而堵塞因骨料间不密实而出现的渗水通路，以达到防水目的。外加剂混凝土是在混凝土中掺入加气剂或密实剂，以提高混凝土的抗渗性能。构件自防水如图2-24所示。

最高水位

2:8灰土

常年水位

钢筋防水混凝土
水泥砂浆找平
冷底子油一道
热沥青两道

地面面层
钢筋防水混凝土板
1:3水泥砂浆找平层
100厚C10混凝土垫层

图 2-24　混凝土构件自防水

### 3. 弹性材料防水

随着新型高分子合成防水材料的不断涌现，地下室的防水构造也在更新，如我国目前使用的三元乙丙橡胶卷材，能充分适应防水基层的伸缩及开裂变形，拉伸强度高，拉断延伸率大，能承受一定的冲击荷载，是耐久性极好的弹性卷材；又如聚氨酯涂膜防水材料，有利于形成完整的防水涂层，对在建筑内有管道、转折和高差等特殊部位的防水处理极为有利。涂料防水构件如图 2-25 所示。

20厚1:2.5水泥砂浆面层
100厚C10混凝土散水
明沟详见单体设计
室外地坪

防潮层

室内地坪

≥800
-5%
≥300

-5%

500

防潮层

b

防潮层

回填土分层夯实
黏土或2:8灰土分层
20厚1:2水泥砂浆保护层
涂料防潮层
20厚1:2水泥砂浆找平层
承重结构
防水砂浆面层
防水砂浆面层
60厚C20细石混凝土
涂料防潮层
20厚1:2水泥砂浆找平层
100厚C10混凝土垫层
素土夯实

图 2-25　涂料防水

## 本 章 小 结

1. 基础是建筑物与土壤层直接接触的结构构件，承受着建筑物的全部荷载并均匀地传给地基。而地基则是承受建筑物由基础传来荷载的地下土层。基础是建筑物的组成构件，地基则不属于建筑物的组成部分。

地基有天然地基与人工地基之分。

2. 室外设计地面到基础底面的垂直距离称为基础的埋深。当埋深大于 4m 时称为深基础；小于 4m 时称为浅基础；直接做在地表面上的称为不埋基础。

3. 基础按所用材料及受力特点分为刚性基础和柔性基础；按构造形式不同分为条形基础、独立式基础、井格式基础、筏形基础、箱形基础和桩基础。

4. 地下室是建筑物下部的地下使用空间，要重视地下室的防潮和防水处理。

5. 当地下水的常年水位和最高水位均在地下室地坪标高以下时，须在地下室外墙、地坪做防潮处理。

6. 当设计最高水位高于地下室地坪时，地下室的外墙和底板都浸泡在水中，这时必须对地下室进行防水处理。防水处理有柔性防水和防水混凝土防水。当前柔性防水以卷材防水运用最多。卷材防水又分为外防水和内防水两种。

## 思 考 题

1. 什么是地基？什么是基础？二者有什么区别？
2. 地基按土层性质不同，可分为哪两类？
3. 什么是天然地基？什么是人工地基？
4. 什么是基础的埋置深度？影响基础的埋置深度主要因素有哪些？
5. 基础按埋深的大小分为哪几类？基础的最小埋置深度为多少？
6. 基础按材料和受力可以分为哪几类？
7. 什么是刚性基础？什么是刚性角？它是如何影响刚性基础的？
8. 基础按构造形式分为哪几类？各自的适用范围怎样？
9. 什么是端承桩？什么是摩擦桩？
10. 地下室由哪几部分组成？
11. 地下室什么时候做防潮处理？并画图说明其防潮构造。
12. 地下室什么时候做防水处理？并画图说明其防水构造。

# 第三章 墙 体

**学习目标**

掌握墙体的作用、分类、构造要求和承重方案；掌握墙体细部构造并能应用；熟悉常见隔墙类型和构造；了解墙面装修的作用、分类和常见装修构造。

**提示**

某人购得一套砖混结构的商品房，对房间的布局不满意，要重新进行装修，将其中一堵墙拆除，改成大房间，但他知道承重墙体是不可随意改动的，怎样才能判断该墙体是不是承重墙呢？

墙体是建筑物中重要的组成部分。其工程量、施工周期、造价与自重通常是房屋所有构件中所占份额最大的，其造价一般占建筑物总造价的 30％～40％，它是在基础工程完成之后，建筑物上部结构开始建造的承重构件。在一项建筑过程中，采用不同材料的墙体，不同的结构布置方案，对结构的总体自重、耗材、施工周期和造价等方面都会有不同的影响，造成对施工技术、施工设备的要求不同，也导致经济效益的优劣。因此因地制宜地选择合适的墙体材料，尽量利用地方资源，合理利用工业废料，充分发挥机具设备和劳动力资源在建设中的作用就显得十分重要。

## 第一节 墙体的作用、类型及设计要求

### 一、墙体的作用

房屋建筑中的墙体一般有以下三个作用。

（1）承重作用：墙体承受屋顶、楼板传给它的荷载及本身的自重荷载和风荷载等。

（2）围护作用：墙体隔住了自然界的风、雨、雪的侵袭，防止太阳的辐射、噪声的干扰以及室内热量的散失等，起保温、隔热、隔声、防水等作用。

（3）分隔作用：墙体把房屋划分为若干个房间和使用空间。

以上关于墙体的三个作用，并不是指一面墙体会同时具有这些作用。有的墙体即起承重作用，又起围护作用。比如砌体承重的混合结构体系和钢筋混凝土墙承重体系中的外墙，有的墙体只起围护作用，比如框架结构中的外墙；而有的墙体只起分隔作用，比如骨架承重体系中的某些内墙。

### 二、墙体的分类

墙体的类型很多，分类方法也很多，根据墙体在建筑物中的位置及布置的方向、受力

情况、材料、构造方式和施工方法的不同，可将墙体分为不同类型。

1. 墙体按照位置及布置的方向分类

墙体按照所处平面位置的不同分为内墙和外墙。内墙是位于建筑物内部的墙，主要起分隔内部空间的作用。外墙是位于建筑物四周的墙，又称为外围护墙。墙体按照布置的方向不同可分为纵墙和横墙。沿建筑物长轴方向布置的墙体称为纵墙，外纵墙也称为檐墙；沿建筑物短轴方向布置的墙体称为横墙，外横墙也俗称为山墙。窗与窗之间和窗与门之间的墙称为窗间墙，窗台下面的墙称为窗下墙。墙体各部分名称如图 3-1 所示。

图 3-1　墙体各部分名称

2. 按墙体受力状况分类

在混合结构建筑中，按墙体受力方式分为两种：承重墙和非承重墙。非承重墙又可分为两种：一是自承重墙，不承受外来荷载，仅承受自身重量并将其传至基础；二是隔墙，起分隔房间的作用，不承受外来荷载，并把自身重量传给梁或楼板。框架结构中的墙称框架填充墙。

3. 按墙体构造和施工方式分类

（1）按构造方式分类：墙体可以分为实体墙、空体墙和组合墙三种。实体墙由单一材料组成，如砖墙、砌块墙等。空体墙也是由单一材料组成，可由单一材料砌成内部空腔，也可用具有孔洞的材料建造墙，如空斗砖墙、空心砌块墙等。组合墙由两种以上材料组合而成，例如混凝土、加气混凝土复合板材墙。其中混凝土起承重作用，加气混凝土起保温隔热作用。

（2）按施工方法分类：墙体可以分为块材墙、板筑墙及板材墙三种。块材墙是用砂浆等胶结材料将砖石块材等组砌而成，例如砖墙、石墙及各种砌块墙等。板筑墙是在现场立模板，现浇而成的墙体，例如现浇混凝土墙等。板材墙是预先制成墙板，施工时安装而成的墙，例如预制混凝土大板墙、各种轻质条板内隔墙等。

（3）按墙体材料分类：分为砖墙、石墙、夯土墙、钢筋混凝土墙、砌块墙。

（4）按构造方式分类：分为实体墙、空体墙、复合墙。

**三、墙体的设计要求**

1. 结构要求

对以墙体承重为主结构，常要求各层的承重墙上下必须对齐；各层的门、窗洞孔也以上、下对齐为佳。此外，还需考虑以下两方面的要求。

（1）合理选择墙体结构布置方案

墙体结构布置方案有：横墙承重；纵墙承重；纵横墙混合承重；墙与柱混合承重（图3-2）。

图 3-2　墙体的承重方案

(a) 横墙承重；(b) 纵墙承重；(c) 纵横墙混合承重；(d) 墙与柱混合承重

1）横墙承重：凡以横墙承重的，称横墙承重方案或横向结构系统。这时，楼板、屋顶上的荷载均由横墙承受，纵向墙只起纵向稳定和拉结的作用。它的主要特点是横墙间距密，加上纵墙的拉结，使建筑物的整体性好、横向刚度大，对抵抗地震作用等水平荷载有利。但横墙承重方案的开间尺寸不够灵活。适用于房间开间尺寸不大的宿舍、住宅及病房楼等小开间建筑。

2）纵墙承重：凡以纵墙承重的，称为纵墙承重方案或纵向结构系统。这时，楼板、屋顶上的荷载均由纵墙承受，横墙只起分隔房间的作用，有的起横向稳定作用。纵墙承重可使房间开间的划分灵活，多适用于需要较大房间的办公楼、商店、教学楼等公共建筑。

3）纵横墙混合承重：凡由纵向墙和横向墙共同承受楼板、屋顶荷载的结构布置，称纵横墙（混合）承重方案。该方案房间布置较灵活，建筑物的刚度亦较好。混合承重方案多用于开间、进深尺寸较大且房间类型较多的建筑和平面复杂的建筑中，如教学楼、住宅等建筑。

4）墙与内柱混合承重：在结构设计中，有时采用墙体和钢筋混凝土梁、柱组成的框架共同承受楼板和屋顶的荷载，这时，梁的一端支承在柱上，而另一端则搁置在墙上，这种结构布置称为部分框架结构或内部框架承重方案。它较适合于室内需要较大使用空间的建筑，如商场等。

（2）具有足够的承载力和稳定性

1）承载力：是指墙体承受荷载的能力，它与所采用的材料以及同一材料的强度等级有关。作为承重墙的墙体，必须具有足够的承载力，以确保结构的安全。

墙体的稳定性与墙的高度、长度和厚度有关。高而薄的墙稳定性差，矮而厚的墙稳定性好；长而薄的墙稳定性差，短而厚的墙稳定性好。

提高砌体承载力有以下方法：选用适当的墙体材料，加大墙体截面积，在截面积相同的情况下，提高构成墙体的砖、砂浆的强度等级。

2）稳定性：墙体高厚比的验算是保证砌体结构在施工阶段和使用阶段的稳定性的重要措施。

提高墙体稳定性可采取以下方法：增加墙体的厚度，但这种方法有时不够经济。提高墙体材料的强度等级，增加墙垛、壁柱、圈梁等构件。

2. 热工要求

（1）墙体的保温要求

对有保温要求的墙体，须提高其构件的热阻，通常采取以下措施。

1）增加墙体的厚度：墙体的热阻与其厚度成正比，欲提高墙身的热阻，可增加其厚度。

2）选择导热系数小的墙体材料：要增加墙体的热阻，常选用导热系数小的保温材料，如泡沫混凝土、加气混凝土、陶粒混凝土、膨胀珍珠岩、膨胀蛭石、浮石及浮石混凝土、泡沫塑料、矿棉及玻璃棉等。其保温构造有单一材料的保温结构和复合保温结构之分。

3）做复合保温墙体及热桥部位的保温处理：单纯的保温材料，一般强度较低，大多无法单独作为墙体使用。利用不同性能的材料组合就构成了既能承重又可保温的复合墙体，在这种墙体中，轻质材料如泡沫塑料专起保温作用，强度高的材料如黏土砖等专门负责承重（图3-3、图3-4）。

图 3-3　组合砖墙的构造

（a）中填保温材料外墙；（b）内保温外墙；（c）外保温外墙

图 3-4　复合保温墙体

提高墙体保温性能的途径：

热（冷）桥：由于结构上的需要，外墙中常嵌有钢筋混凝土柱、梁、垫块、圈梁、过梁等构件，钢筋混凝土的传热系数大于砖的传热系数，热量很容易从这些部位传出去，因此它们的内表面温度比主体部分的温度低，这些保温性能低的部位通常称为冷桥或热桥（图3-5）。

图 3-5　冷桥示意图

为防止冷桥部分外表面结露，应采取局部保温措施：

在寒冷地区，外墙中的钢筋混凝土过梁可做成 L 形，并在外侧加保温材料。

对于框架柱，当柱子位于外墙内侧时，可不必另做保温处理；当柱子外表面与外墙平齐或突出时，应做保温处理（图3-6）。

图 3-6　冷桥做局部保温处理

4）采取隔蒸汽措施

为防止墙体产生内部凝结，常在墙体的保温层靠高温一侧，即蒸汽渗入的一侧，设置一道隔蒸汽层。隔蒸汽材料一般采用沥青、卷材、隔汽涂料以及铝箔等防潮、防水材料。

防止外墙出现空气渗透：

① 蒸汽渗透：冬季，室内空气的温度和绝对湿度都比室外高，因此，在围护结构两侧存在着水蒸气压力差，水蒸气分子由压力高的一侧向压力低的一侧扩散，这种现象叫做蒸汽渗透。

② 结露：在渗透过程中，水蒸气遇到露点温度时，蒸汽含量达到饱和，并立即凝结成水，称为结露。

隔汽措施常在墙体保温层靠高温一侧，即蒸汽渗入的一侧，设置隔汽层。以防止水蒸气内部凝结。隔汽层一般采用沥青、卷材、隔汽涂料以及铝箔等防潮、防水材料（图3-7）。

（2）墙体的隔热要求

隔热措施有：

1）外墙采用浅色而平滑的外饰面，如白色外墙涂料、玻璃马赛克、浅色墙地砖、金属外墙板等，以反射太阳光，减少墙体对太阳辐射热的吸收。

2）在外墙内部设通风间层，利用空气的流动带走热量，降低外墙内表面温度。

3）在窗口外侧设置遮阳设施，以遮挡太阳光直射室内。

4）在外墙外表面种植攀缘植物使之遮盖整个外墙，吸收太阳辐射热，从而起到隔热作用。

图 3-7　隔蒸汽措施

3. 建筑节能要求

为贯彻国家的节能政策，改善严寒和寒冷地区居住建筑采暖能耗大，热工效率差的状况，必须通过建筑设计和构造措施来节约能耗，如外挂保温板等。

4. 隔声要求

声音的传递有两种形式。

1）空气传声在墙体中的传播途径：一是通过墙体的缝隙和微孔传播，二是在声波的作用下，墙体受到振动，声音通过墙体而传播。

2）固体传声：是直接撞击墙体或楼板，发出的声音再传递到人耳，叫做固体传声。

墙体主要隔离由空气直接传播的噪声。一般采取以下措施：

① 加强墙体缝隙的填密处理。

② 增加墙厚和墙体的密实性。

③ 采用有空气间层式多孔性材料的夹层墙。

④ 尽量利用垂直绿化降噪声。

5. 其他要求

防火要求，防水、防潮的要求，建筑工业化的要求，建筑工业化的关键是墙体改革，采用轻质高强的墙体材料，减轻自重，降低成本，通过提高机械化程度来提高功效。

## 第二节　墙　体　构　造

**一、砖墙材料**

砖墙是用砂浆将一块块砖按一定技术要求砌筑而成的砌体，其材料是砖和砂浆。

1. 砖

砖按材料不同，有黏土砖、页岩砖、粉煤灰砖、灰砂砖、炉渣砖等；按形状分有实心砖、多孔砖和空心砖等。其中常用的是普通黏土砖。

普通黏土砖以黏土为主要原料，经成型、干燥焙烧而成。有红砖和青砖之分。青砖比红砖强度高，耐久性好。

我国标准砖的规格为 240mm×115mm×53mm ，砖长：宽：厚＝4：2：1（包括 10mm 宽灰缝），标准砖砌筑墙体时是以砖宽度的倍数，即 115＋10＝125mm 为模数。这与我国现行《建筑模数协调统一标准》中的基本模数 M＝100mm 不协调，因此在使用中，须注意标准砖的这一特征。

砖的强度以强度等级表示，分别为 MU30、MU25、MU20、MU10、MU7.5 五个级别。如 MU30 表示砖的极限抗压强度平均值为 30MPa，即每平方毫米可承受 30N 的压力。

烧结多孔砖：是以黏土、页岩、煤矸石为主要原料经焙烧而成，孔洞率不小于 15%，孔形为圆孔或非圆孔，孔的尺寸小而数量多，主要适用于承重部位的砖，简称多孔砖。

多孔砖分为 P 型砖和 M 型砖

P 型多孔砖：外形尺寸为 240mm×115mm×90mm

M 型多孔砖：外形尺寸为 190mm×190mm×90mm

多孔砖的强度等级分别为 MU30、MU25、MU20、MU15、MU10 共五个级别（图 3-8）。

图 3-8 多孔砖规格示意

蒸压砖：蒸压灰砂砖是以石灰和砂为主要原料，经坯料制备、压制成型、蒸压养护而成的实心砖，简称灰砂砖。

蒸压粉煤灰砖是以粉煤灰为主要原料，掺加适量石膏和集料，经坯料制备、压制成型、高压蒸汽养护而成的实心砖。

2. 砂浆

砂浆是砌块的胶结材料。常用的砂浆有水泥砂浆、混合砂浆、石灰砂浆和黏土砂浆。

（1）水泥砂浆。由水泥、砂加水拌合而成，属水硬性材料，强度高，但可塑性和保水性较差，适应砌筑湿环境下的砌体，如地下室、砖基础等。

（2）石灰砂浆。由石灰膏、砂加水拌合而成。由于石灰膏为塑性掺合料，所以石灰砂浆的可塑性很好，但它的强度较低，且属于气硬性材料，遇水强度即降低，所以适宜砌筑次要的民用建筑的地上砌体。

（3）混合砂浆。由水泥、石灰膏、砂加水拌合而成。既有较高的强度，也有良好的可塑性和保水性，故民用建筑地上砌体中被广泛采用。

（4）黏土砂浆。是由黏土加砂加水拌合而成，强度很低，仅适于土坯墙的砌筑，多用于乡村民居。它们的配合比取决于结构要求的强度。

砂浆强度等级有 M15、M10、M7.5、M5、M2.5、M1、M0.4 七个级别。

## 二、砖墙的组砌方式

砖墙的组砌是指砌块在砌体中的排列（图 3-9）。

几个概念：丁砖：在砖墙组砌中，把砖的长方向垂直于墙面砌筑的砖叫做丁砖。

顺砖：在砖墙组砌中，砖的长方向平行于墙面砌筑的砖叫做顺砖 。

横缝：上下皮之间的水平灰缝称横缝。

竖缝：左右两块砖之间垂直缝称竖缝。

图 3-9　砖墙组砌名称及通缝

为了保证墙体的承载力，砖砌体的砖缝必须横平竖直，错缝搭接，避免通缝。同时砖缝砂浆必须饱满，厚薄均匀。常用的错缝方法是将丁砖和顺砖上下皮交错砌筑。每排列一层砖称为一皮。常见的砖墙组砌方式有全顺式（120mm 墙），一顺一丁式、三顺一丁式或多顺一丁式、每皮顶顺相间式也叫做十字式（240mm 墙），两平一侧式（180mm 墙）等（图 3-10）。

图 3-10　砖墙的组砌方式

（a）全顺式；（b）每皮丁顺相间式；（c）一丁一顺式；（d）两平一侧式

### 1. 砖墙组砌方式

（1）一顺一丁式；丁砖和顺砖隔层砌筑，这种砌筑方法整体性好，主要用于砌筑一砖以上的墙体。

（2）每皮丁顺相间式 ；又称为"梅花丁"、"沙包丁"，在每皮之内，丁砖和顺砖相间砌筑而成，优点是墙面美观，常用于清水墙的砌筑。

（3）全顺式：每皮均为顺砖，上下皮错缝 120mm，适用于砌筑 120mm 厚砖墙。

（4）两平一侧式：每层由两皮顺砖与一皮侧砖组合相间砌筑而成，主要用来砌筑180mm厚砖墙。

2. 烧结多孔砖墙的组砌方式

（1）P型多孔砖宜采用一顺一丁式或梅花丁的砌筑。

（2）多顺一丁式：多层顺砖、一皮丁砖相间形式，M型多孔砖应采用全顺式的砌筑形式。

3. 空斗墙

用实心砖侧砌，或平砌与侧砌相结合砌成的空体墙。

（1）眠砖：平砌的砖。

（2）斗砖：侧砌的砖。

（3）无眠空斗墙：全由斗砖砌筑成的墙。

（4）有眠空斗墙：每隔一至三皮斗砖砌一皮眠砖的墙（图3-11）。

*(a)*     *(b)*     *(c)*

图 3-11　空斗墙的砌式

*(a)* 无眠空斗墙；*(b)* 一眠一斗空斗墙；*(c)* 一眠三斗空斗墙

（5）空斗墙加固部位示意（图3-12）。

（6）空心砖墙：用各种空心砖砌筑的墙体，有承重和非承重两种。

砌筑承重空心砖墙一般采用竖孔的黏土多孔砖，因此也称为多孔砖墙。

（7）砌筑方式：全顺式、一顺一丁式和丁顺相间式，DM型多孔砖一般多采用整砖顺砌的方式，上下皮错开1/2砖。如出现不足一块空心砖的空隙，用实心砖填砌（图3-12）。

4. 墙的厚度及局部尺寸

（1）砖墙厚度：以标准砖砌筑墙体，常见的厚度为115mm、178mm、240mm、365mm、490mm等，简称为12墙（半砖墙）、18墙（3/4墙）、24墙（一砖墙）、37墙（一砖半墙）、49墙（二砖墙）（图3-13）。

（2）砖墙局部尺寸：

砖墙砌筑模数：115mm＋10mm＝125mm

图 3-12　空斗墙的加固部位示意

图 3-13　墙厚与砖规格的关系

当墙体长度小于1m时，为避免砍砖过多影响砌体强度，设计、施工时应符合砖墙砌筑模数为125mm的倍数，

在抗震设防地区，砖墙的局部设防尺寸限值应符合现行国家标准《建筑抗震设计规范》（GB 50011—2010）的规定，具体尺寸见表3-1。

房屋局部尺寸限值　　　　　　　　　　　表 3-1

| 部　　位 | 设 防 烈 度 | | | 备　　注 |
|---|---|---|---|---|
| | 6、7 度 | 8 度 | 9 度 | |
| 承重窗间墙最小宽度 | 1.0m | 1.2m | 1.5m | |
| 承重外墙尽端至门窗洞边最小距离 | 1.0m | 1.2m | 1.5m | |
| 非承重外墙尽端至门窗洞边最小距离 | 1.0m | 1.0m | 1.0m | 在墙角设钢筋混凝土构造柱时，不受此限制 |
| 内墙阳角至门窗洞边的最小距离 | 1.0m | 1.5m | 2.0m | |
| 无锚固女儿墙（非出入口）的最大高度 | 0.5m | 0.5m | 0.0m | |

### 三、砌块墙

1. 砌块墙材料

砌块墙是采用预制块材按一定技术要求砌筑而成的墙体。

砌块按重量及幅面大小可分为：小型砌块：高度为 115～380mm，单块重量 20kg。

中型砌块：高度为 380～980mm，单块重量在 20～35kg。

大型砌块：高度大于 980mm，重 35kg。

混凝土小型空心砌块：由普通混凝土或轻骨料混凝土制成，主规格尺寸为 390mm× 190mm×190mm，空心率在 25％～50％ 的空心砌块，其强度等级为 MU20、MU15、MU10、MU7.5、MU5。

砌筑砂浆宜选用专用小砌块砌筑砂浆，其强度等级为 M15、M10、M7.5、M5。

2. 砌块砌筑要求

砌块必须在多种规格间进行排列设计，即设计时需要在建筑平面图和立面图上进行砌块的排列，并注明每一砌块的型号；砌块排列设计应正确选择砌块规格尺寸，减少砌块规格类型，优先选用大规格的砌块做主要砌块，以加快施工速度；上下皮应错缝搭接，内外墙和转角处砌块应彼此搭接，以加强整体性；空心砌块上下皮应孔对孔、肋对肋，上下皮搭接长度不小于 90mm，保证有足够的受压面积。

### 四、墙体细部构造

墙体的细部构造包括勒脚、散水、明沟、窗台、门窗过梁、变形缝、圈梁、构造柱和防火墙等（图 3-14）。

（一）墙脚

底层室内地面以下，基础以上的墙体称为墙脚。墙脚包括勒脚、散水和明沟、墙身防潮层等。墙脚位置如图 3-15 所示。

图 3-14　外檐墙构造详图

图 3-15　墙脚位置

1. 勒脚

勒脚是外墙墙身接近室外地面的部分，为防止雨水溅上墙身和机械力等的影响，所以要求勒脚坚固、耐久、防潮，并具有美观作用。

勒脚的高度：当仅考虑防水和机械碰撞时，应不低于 500mm，从美观的角度考虑，应结合立面处理或延至窗台下。

一般采用以下几种构造做法（图 3-16、图 3-17）。

图 3-16　勒脚构造做法

（1）抹灰：可采用 20mm 厚 1∶3 水泥砂浆抹面，1∶2 水泥白石子浆水刷石或斩假石抹面。此法多用于一般建筑。为了保证抹灰层与砖墙粘结牢固，施工时应注意清扫墙面，浇水润湿，也可在墙面上留槽，使抹灰嵌入，称为咬口。

（2）贴面：可采用天然石材或人工石材，如花岗石、水磨石板等。其耐久性强、装饰效果好，用于高标准建筑。

（3）勒脚部位的墙体可采用天然石材砌筑，如条石或混凝土。

图 3-17　勒脚示意图

2. 防潮层

（1）防潮层的位置（图 3-18）：

1）当室内地面垫层为混凝土等密实材料时，内、外墙防潮层应设在垫层范围内，一般位于低于室内地坪下 60mm 处。

2）室内地面为透水材料时（如炉渣、碎石），水平防潮层的位置应平齐或高于室内地面 60mm。

3）当室内地面垫层为混凝土等密实材料，且内墙面两侧地面出现高差时，高低两个墙脚处分别设一道水平防潮层。

在土壤一侧的墙面设垂直防潮层，垂直防潮层的做法为：20mm 厚 1：2.5 水泥砂浆找平，外刷冷底子油一道，热沥青两道，或用建筑防水涂料、防水砂浆作为防潮层。

图 3-18　墙身防潮层的位置

（2）墙身水平防潮层的构造做法常用的有以下几种（图 3-19）：

1）防水砂浆防潮层。采用 1：2 水泥砂浆加水泥用量 3％～5％防水剂，厚度为 20～25mm 或用防水砂浆砌三皮砖作防潮层。此种做法构造简单，但砂浆开裂或不饱满时影响防潮效果。

2）细石混凝土防潮层。采用 60mm 厚的细石混凝土带，内配三根 $\phi6$ 钢筋，其防潮性能好。

3）油毡防潮层。先抹 20mm 厚水泥砂浆找平层，上铺一毡二油，此种做法防水效果好，但有油毡隔离，削弱了砖墙的整体性，不应在刚度要求高或地震区采用。

图 3-19 防潮层的做法

4）如果墙脚采用不透水的材料（如条石或混凝土等），或设有钢筋混凝土地圈梁时，可以不设防潮层，而由圈梁代替防潮层。

3．散水与明沟

房屋四周可采取散水或明沟排除雨水。

（1）散水：是沿建筑物外墙设置的倾斜坡面，又称排水坡或护坡。当屋面为有组织排水时一般设明沟或暗沟，也可设散水。屋面为无组织排水时一般设散水，但应加滴水砖（石）带。散水的做法通常是在素土夯实上铺三合土、混凝土等材料，厚度 60～70mm。散水应设不小于 3％的排水坡。散水宽度一般 0.6～1.0m。当屋面排水方式为自由排水时，散水应比屋面檐口宽 200mm。散水与外墙交接处应设分格缝，分格缝用弹性材料嵌缝，防止外墙下沉时将散水拉裂。散水整体面层纵向距离每隔 6～12m 做一道伸缩缝（图 3-20、图 3-21）。

图 3-20 散水构造

图 3-21　散水示意图

（2）明沟：在建筑物四周设排水沟，将水有组 织地导向集水井，然后流入排水系统。

做法：明沟一般用混凝土浇筑而成，或用砖砌、石砌。沟底应做纵坡，坡度为 0.5‰～1‰，坡向集水井。外墙与明沟之间须做散水，宽度为 220～350mm。（图 3-22）

图 3-22　明沟构造

（二）窗洞口构造

1. 窗台（图 3-23）窗台按位置和构造做法不同分为外窗台和内窗台，外窗台设于室外，内窗台设于室内。

图 3-23　窗台的构造

（a）不悬挑窗台；（b）滴水窗台；（c）侧砌砖窗台；（d）预制钢筋混凝土窗台

（1）外窗台：外窗台是窗洞下部的排水构件，它排除窗外侧流下的雨水，防止雨水积聚在窗下侵入墙身和向室内渗透。

窗台分悬挑窗台和不悬挑窗台。

外窗台构造要点：

1）窗台表面应做不透水面层，如抹灰或贴面处理。

2）窗台表面应做一定的排水坡度，并应注意抹灰与窗下槛交接处的处理，防止雨水向室内渗入。

3）挑窗台下做滴水或斜抹水泥砂浆，引导雨水垂直下落，不致影响窗下墙面。

（2）内窗台：内窗台一般水平放置，通常结合室内装修做成水泥砂浆抹面、贴面砖、木窗台板、预制水磨石窗台板等形式。

在我国严寒地区和寒冷地区，室内为暖气采暖时，为便于安装散热器，窗台下留凹龛，称为暖气槽。

暖气槽进墙一般 120mm，此时应采用预制水磨石窗台板或木窗台板，形成内窗台。预制窗台板支撑在窗两边的墙上，每端伸入墙内不小于 60mm。暖气槽与内窗台如图 3-24 所示。

图 3-24 暖气槽与内窗台

（3）窗套与腰线：窗套是由带挑檐的过梁、窗台、窗边挑出立砖构成（图 3-25）。腰线是指将带挑檐的过梁或窗台连接起来形成的水平线条。

图 3-25 窗套构造

2. 门窗过梁

什么是过梁？当墙体开设洞口时，为了承受上部砌体传来的各种荷载，并把这些荷载传给两侧的墙体，常在门窗洞口上设置横梁，即门窗过梁。

过梁的形式有砖拱过梁、钢筋砖过梁和钢筋混凝土过梁三种。

（1）砖拱过梁。砖拱过梁分为平拱和弧拱。由竖砌的砖作拱券，一般将砂浆灰缝做成上宽下窄，上宽不大于 20mm，下宽不小于 5mm。砖不低于 MU7.5，砂浆不能低于 M2.5，砖砌平拱过梁净跨宜小于 1.2m，弧拱的跨度较大些但不应超过 1.8m，中部起拱高约为 1/50L。砖拱过梁节约钢材和水泥，但施工麻烦，整体性差，不宜用于上部有集中荷载、振动较大或地基承载力不均匀以及地震区的建筑（图 3-26）。

图 3-26　砖拱过梁

(a) 平拱；(b) 弧拱

（2）钢筋砖过梁。钢筋砖过梁用砖不低于 MU7.5，砌筑砂浆不低于 M2.5。一般在洞口上方先支木模，砖平砌，设 3～4 根 φ6 钢筋要求伸入两端墙内不少于 240mm，间距不大于 120mm。并设 90°直弯埋在墙体的竖缝中。

梁高砌 5～7 皮砖或 ≥L/4，钢筋砖过梁净跨宜为 1.5～2m（图 3-27）。

高度一般不小于 5 皮砖，且不小于门窗洞口宽度的 1/4。

图 3-27　钢筋砖过梁构造示意

（3）钢筋混凝土过梁。钢筋混凝土过梁有现浇和预制两种，梁高及配筋由计算确定。为了施工方便，梁高应与砖的皮数相适应，以方便墙体连续砌筑，故常见梁高为 60mm、120mm、180mm、240mm，即 60mm 的整倍数。梁宽一般同墙厚，梁两端支承在墙上的长度不少于 240mm，以保证足够的承压面积。

过梁断面形式有矩形和 L 形。矩形截面的过梁一般用于内墙以及部分外混水墙，L 形过梁多用于清水墙，以及有保温要求的外墙。为简化构造，节约材料，可将过梁与圈梁、悬挑雨篷、窗楣板或遮阳板等结合起来设计。如在南方炎热多雨地区，常从过梁上挑出 300～500mm 宽的窗楣板，既保护窗户不淋雨，又可遮挡部分直射太阳光。

当洞口上部有圈梁时，洞口上部的圈梁可兼作过梁，但过梁部分的钢筋应按计算用量另行增配（图 3-28、图 3-29）。

（三）变形缝

在某些变形敏感部位先沿整个建筑物的高度设置预留缝，将建筑物分成独立的单元，或是分为简单、规则、均一的段，以避免应力集中，并给变形留下适当的余地。这种将建

图 3-28　钢筋混凝土过梁

(a) 平墙过梁；(b) 带窗套过梁；(c) 带窗楣过梁

图 3-29　钢筋混凝土过梁形式

(a) 矩形截面；(b) L 形截面；(c) 组合式截面

筑物垂直分开的缝称为变形缝（图 3-30）。

变形缝包括伸缩缝、沉降缝、防震缝三种。

图 3-30　变形缝示意图

**五、墙体的加固构造及抗震构造**

1. 壁柱和门垛

（1）壁柱：当墙体的高度或长度超过一定限值，如 240mm 厚砖墙长度超过 6m，影响到墙体的稳定性；或墙体受到集中荷载的作用，而墙厚较薄不足以承担其荷载时，应增设凸出墙面的壁柱（又称扶壁柱），提高墙体的刚度和稳定性，并与墙体共同承担荷载。

壁柱凸出墙面的尺寸一般为 120mm×370mm、240mm×370mm、240mm×490mm 或根据结构计算确定。

当在较薄的墙体上开设门洞时，为便于门框的安置和保证墙体的稳定，须在门靠墙转角处或丁字接头墙体的一边设置门垛，门垛凸出墙面不少于 120mm，宽度同墙厚如图 3-31（a）所示。

(2) 门垛：当墙上开设的门窗洞口处于两墙转角处或丁字墙交接处时，为保证墙体的承载能力及稳定性和便于门框的安装，应设门垛，门垛的尺寸不应小于 120mm，如图 3-31（b）所示。

图 3-31 壁柱与门垛

2. 圈梁

圈梁是沿外墙四周及部分内墙设置在同一水平面上的连续闭合交圈的按构造配筋的梁。

圈梁作用是与楼板配合加强房屋的空间刚度和整体性，减少由于基础的不均匀沉降、振动荷载而引起的墙身开裂，在抗震设防地区，利用圈梁加固墙身更为必要。

(1) 圈梁的设置位置及数量：

1) 装配式钢筋混凝土楼（屋）盖或木楼（屋）盖的砖房，横墙承重时应按表 3-2 要求设置圈梁。

现浇钢筋混凝土圈梁设置要求 表 3-2

| 墙　类 | 烈　度 | | |
| --- | --- | --- | --- |
| | 6、7 | 8 | 9 |
| 外墙和内纵墙 | 屋盖处及每层楼盖处 | 屋盖处及每层楼盖处 | 屋盖处及每层楼盖处 |
| 内横墙 | 同上；<br>屋盖处间距不应大于 4.5m；<br>楼盖处间距不应大于 7.2m；<br>构造柱对应部位 | 同上；<br>各层所有横墙，且间距不<br>应大于 4.5m；<br>构造柱对应部位 | 同上；<br>各层所有横墙 |

2) 采用多孔砖砌筑住宅、宿舍、办公楼等民用建筑，当墙厚为 190mm，且层数在四层以下时，应在底层和檐口标高处各设置一道圈梁；当层数超过四层时，除顶层必须设置圈梁外，宜层层设置。

3) 采用现浇钢筋混凝土楼（屋）盖的多层砌体房屋，当层数超过五层，抗震设防烈度<7 度时，除在檐口标高处设置一道圈梁外，可隔层设圈梁，并与楼板现浇。当抗震设

防烈度≥7度时，宜层层设置。未设置圈梁处的楼面板嵌入墙内的长度不小于120mm，并沿墙长配置不小于2ϕ10的纵向钢筋。

圈梁宜设在基础部位、楼板部位、屋盖部位

（2）圈梁的构造。圈梁有钢筋砖圈梁和钢筋混凝土圈梁两种。

钢筋砖圈梁就是将前述的钢筋砖过梁沿外墙和部分内墙一周连通砌筑而成。钢筋混凝土圈梁的高度不小于120mm，宽度与墙厚相同，圈梁的构造如图3-32所示。

图 3-32　圈梁的构造

（a）钢筋砖过梁；（b）板底圈梁；（c）板平圈梁

图 3-33　圈梁的搭接（附加圈梁）

（3）附加圈梁。当圈梁被门窗洞口截断时，应在洞口上部增设相同截面的附加圈梁，其配筋和混凝土强度等级均不变。附加圈梁与圈梁的搭接长度不应小于两者中心线间的垂直间距的2倍，且不得小于1m，如图3-33所示。

（4）圈梁宽度一般同墙厚，在寒冷地区可略小于墙厚，当墙厚不小于190mm时，其宽度不宜小于2/3墙厚。圈梁的高度不宜小于120mm，对于多孔砖墙应不小于200mm，且应为砖厚的整倍数，配筋应符合表3-3要求。

现浇钢筋混凝土圈梁配筋设置　　　　　　　　　　表3-3

| 配　　筋 | 烈　　度 | | |
| --- | --- | --- | --- |
| | 6度,7度 | 8度 | 9度 |
| 最小纵筋 | 4ϕ10 | 4ϕ12 | 4ϕ14 |
| 最大箍筋间距 | ϕ6@250mm | ϕ6@200mm | ϕ6@150mm |

**3. 构造柱**

钢筋混凝土构造柱是从构造角度考虑设置的，是防止房屋倒塌的一种有效措施。构造柱必须与圈梁及墙体紧密相连，从而加强建筑物的整体刚度，提高墙体抗变形的能力。

（1）构造柱的设置要求。

由于建筑物的层数和地震烈度不同，构造柱的设置要求也不相同。

构造柱设置的位置，多层砌体构造柱一般设置在建筑物的四角；外墙的错层部位横墙与外纵墙的交接处；较大洞口的两侧；大房间内外墙的交接处；楼梯间、电梯间以及某些较长墙体的中部。

由于房屋层数和地震烈度不同，构造柱的设置要求见表 3-4。

构造柱设置要求 表 3-4

| 房屋层数 | | | | 设 置 部 位 | |
|---|---|---|---|---|---|
| 6度 | 7度 | 8度 | 9度 | | |
| 四、五 | 三、四 | 二、三 | | 楼、电梯间四角，楼梯斜梯段上下端对应的墙体处； | 隔12m或单元横墙与外纵墙交接处；楼梯间对应的另一侧内横墙与外纵墙交接处 |
| 六 | 五 | 四 | 二 | 外墙四角和对应转角；错层部位横墙与外纵墙交接处； | 隔开间横墙（轴线）与外墙交接处；山墙与内纵墙交接处 |
| 七 | ≥六 | ≥五 | ≥三 | 大房间内外墙交接处；较大洞口两侧 | 内墙（轴线）与外墙交接处；内墙的局部较小墙垛处；内纵墙与横墙（轴线）交接处 |

注：较大洞口，内墙指不小于 2.1m 的洞口；外墙在内外墙交接处已设置构造柱时应允许适当放宽，但洞侧墙体应加强。

（2）构造柱的构造做法（如图 3-34～图 3-36）：

1）构造柱最小截面为 180mm×240mm，纵向钢筋宜用 4$\phi$12，箍筋间距不大于 250mm，且在每层楼面柱的上下端宜适当加密；设防烈度 7 度时超过六层、8 度时超过五层和 9 度时，纵向钢筋宜用 4$\phi$14，箍筋间距不大于 200mm；房屋角部的构造柱可适当加大截面及配筋。

2）施工时，应先放构造柱的钢筋骨架，再砌砖墙，最后浇筑混凝土。构造柱与墙连接处应砌成马牙槎，即每 300mm 高伸出 60mm，每 300mm 高再缩进 60mm，沿墙高每 500mm 设 2$\phi$6 拉结钢筋，每边伸入墙内不小于 1m。

图 3-34 构造柱做法
（a）墙体转角处；（b）墙体 T 字接头处；（c）构造柱截面

图 3-35  构造柱做法

(a) 外墙转角构造柱；(b) 内外墙丁字角构造柱

图 3-36  构造柱马牙槎构造图

3）构造柱可不单独设基础，但应伸入室外地面下 500mm，或与埋深不小于 500mm 的基础梁相连。构造柱顶部应与顶层圈梁或女儿墙压顶拉结。

六、防火墙

防火墙的作用在于截断火灾区域，防止火灾蔓延。作为防火墙，其耐火极限应不小于 4.0h。防火墙的最大间距应根据建筑物的耐火等级而定，当耐火等级为一、二级时，其间距为 150m；三级时为 100m；四级时为 75m。

防火墙应截断燃烧体或难燃烧体的屋顶，并高出非燃烧体屋顶 400mm；高出难燃烧体屋面 500mm（图 3-37）。

### 七、节能复合墙体的构造

建筑节能的主要措施之一是加强围护结构的节能，发展高效、节能的外保温墙体。外保温墙主体，采用混凝土空心砌块，非黏土砖、黏土多孔砖，以及现浇混凝土墙体。墙外侧采用轻质保温隔热层和耐候饰面层。

图 3-37　防火墙的设置

## 第三节　骨　架　墙

骨架墙系指填充或悬挂于框架或排架柱间，并由框架或排架承受其荷载的墙体。它在多层、高层民用建筑和工业建筑中应用较多。

### 一、框架外墙板的类型

按所使用的材料，外墙板可分为三类，即单一材料墙板、复合材料墙板、玻璃幕墙。

（1）单一材料墙板：用轻质保温材料制作，如加气混凝土、陶粒混凝土等。

（2）复合材料墙板：通常由三层组成，即内外壁和夹层。外壁选用耐久性和防水性均较好的材料，如石棉水泥板、钢丝网水泥、轻骨料混凝土等。内壁应选用防火性能好，又便于装修的材料，如石膏板、塑料板等。夹层宜选用容积密度小、保温隔热性能好、价廉的材料，如矿棉、玻璃棉、膨胀珍珠岩、膨胀蛭石、加气混凝土、泡沫混凝土、泡沫塑料等。

（3）玻璃幕墙：通常由三层组成，包括内外层玻璃和中间密闭气层，具有较好透明、隔热和保温性能的现代化墙体材料，多用于大型公共建筑装饰墙面。

### 二、外墙板的布置方式

外墙板可以布置在框架外侧，或框架之间，或安装在附加墙架上（图 3-38）。轻型墙板通常安装在附加墙架上，以使外墙具有足够的刚度，保证在风力和地震作用下不会变形。

图 3-38　外墙板的布置方式

### 三、外墙板与框架的连接

外墙板可以采用上挂或下承两种方式支承于框架柱、梁或楼板上。根据不同的板材类型和板材的布置方式，可采取焊接法、螺栓连接法、插筋锚固法等将外墙板固定在框架上。

无论采用何种方法，均应注意以下构造要点：

(1) 外墙板与框架连接应安全可靠。

(2) 不要出现"冷桥"现象，防止产生结露。

(3) 构造简单，施工方便。

## 第四节　隔墙构造

隔墙是分隔建筑物内部空间的非承重构件，本身重量由楼板或梁来承担。设计要求隔墙自重轻，厚度薄，有隔声和防火性能，便于拆卸，浴室、厕所的隔墙能防潮、防水。常用隔墙有块材隔墙、轻骨架隔墙和板材隔墙三大类。

块材隔墙是用普通黏土砖、空心砖、加气混凝土等块材砌筑而成，常采用普通砖隔墙和砌块隔墙两种。

隔墙应满足以下要求：

1) 自重轻，有利于减轻楼板的荷载。

2) 厚度薄，可增加建筑的有效空间。

3) 便于拆卸，能随使用要求的改变而变化。

4) 具有一定的隔声能力，使各房间互不干扰。

5) 按使用部位不同，有不同的要求，如防潮、防水、防火。

### 一、块材隔墙

#### 1. 砖砌隔墙

普通砖隔墙一般采用1/2砖（120mm）隔墙。1/2砖墙用普通黏土砖采用全顺式砌筑而成。砌筑砂浆强度等级通常不低于M5，砌筑较大面积墙体时，长度超过6m应设砖壁柱，高度超过5m时应在门过梁处设通长钢筋混凝土带。当采用M2.5级砂浆砌筑时，其高度不宜超过3.6m，长度不宜超过5m。

为了保证砖隔墙不承重，在砖墙砌到楼板底或梁底时，将立砖斜砌一皮，或将空隙塞木楔打紧，然后用砂浆填缝。地震设防烈度8度和9度时长度大于5.1m的后砌非承重砌体隔墙的墙顶，应与楼板或梁拉结。砖砌隔墙构造如图3-39、图3-40所示。

#### 2. 砌块隔墙

为减轻隔墙自重，可采用轻质砌块，墙厚一般为90～120mm。加固措施同1/2砖隔墙的做法。砌块不够整块时宜用普通黏土砖填补。因砌块墙重量轻、孔隙率大、隔热性能好，但吸水性强，故在砌筑时先在墙下部实砌3～5皮实心黏土砖再砌砌块。

常采用的砌块有加气混凝土砌块、矿渣空心砖、陶粒混凝土砌块等。砌块较薄，需要采取措施加强其稳定性，其方法与普通砖隔墙相同。砌块墙构造如图3-41、图3-42所示。

### 二、轻骨架隔墙

轻骨架隔墙由骨架和面板层两部分组成。骨架有木骨架和金属骨架之分，面板有板条抹灰、钢丝网板条抹灰、胶合板、纤维板、石膏板等。由于先立墙筋（骨架），再做面层，故又称为立筋式隔墙。

图 3-39 砖砌隔墙构造

图 3-40 普通砖隔墙构造图

图 3-41 砌块隔墙构造图

图 3-42　砌块隔墙构造图

(a) 内外墙交接处构造柱；(b) 外墙转角处构造柱

1. 板条抹灰隔墙

板条抹灰隔墙是由上槛、下槛、墙筋斜撑或横档组成木骨架，其上钉以板条再抹灰而成（图 3-43）。

图 3-43　板条抹灰隔墙构造图

2. 立筋面板隔墙

立筋面板隔墙系指面板用人造胶合板、纤维板或其他轻质薄板，骨架为木质或金属组合而成。

（1）骨架。墙筋间距视面板规格而定。金属骨架一般采用薄型钢板、铝合金薄板或拉眼钢板网加工而成，并保证板与板的接缝在墙筋和横档上。

（2）饰面层。常用类型有：胶合板、硬质纤维板、石膏板等。

采用金属骨架时，可先钻孔，用螺栓固定，或采用膨胀铆钉将板材固定在墙筋上。立筋面板隔墙为干作业，自重轻，可直接支撑在楼板上，施工方便，灵活多变，故得到广泛应用，但隔声效果较差。

### 三、板材隔墙

板材隔墙是指各种轻质板材的高度相当于房间净高，不依赖骨架，可直接装配而成，目前多采用条板，如碳化石灰板、加气混凝土条板、多孔石膏条板、纸蜂窝板、水泥刨花板、复合彩色钢板等。具有自重轻、安装方便、施工速度快、工业化程度高等特点（图 3-44）。

图 3-44　板材隔墙构造图

预制条板的厚度大多为 60～100mm，宽度为 600～1000mm。长度略小于房间净高。安装时条板下部选用小木楔顶紧，然后用细石混凝土堵严板缝，用胶粘剂粘接，并用水泥钢丝网夹芯板复合墙板。

水泥钢丝网夹芯板复合墙板（又称为泰柏板）是以 50mm 厚的阻燃型聚苯乙烯泡沫塑料整板为芯材，两侧钢丝网间距 70mm，钢丝网格间距 50mm，每个网格焊一根腹丝，腹丝倾角 45°，两侧喷抹 30mm 厚水泥砂浆或小豆石混凝土，总厚度为 110mm。定型产品规格为 1200mm×2400mm×70mm。

水泥钢丝网夹芯板复合墙板安装时，先放线，然后在楼面和顶板处设置锚筋或固定 U 形码，将复合墙板与之可靠连接，并用锚筋及钢筋网加强复合墙板与周围墙体、梁、柱的连接（图 3-45）。

### 四、隔断

1. 屏风式隔断

隔断与顶棚保持一定距离，起到分隔空间和遮挡视线的作用。

图 3-45　水泥钢丝网夹芯复合墙板

屏风式隔断的分类：按其安装架立方式不同，可分为固定式屏风隔断和活动式屏风隔断。固定式隔断又可分为立筋骨架式（图 3-46）和预制板式。

图 3-46　屏风式隔断

2. 移动式隔断

移动式隔断可以随意闭合或打开，使相邻的空间随之独立或合成一个空间。这种隔断使用灵活，在关闭时也能起到限定空间、隔声和遮挡视线的作用。

移动式隔断种类有拼装式、滑动式、折叠式、悬吊式、卷帘式和起落式等多种形式。

3. 漏空式隔断

漏空花格式隔断是公共建筑门厅、客厅等处分隔空间常用的一种形式。有竹、木制的，也有混凝土预制构件的，形式多样（图 3-47）。隔断与地面、顶棚的固定也因材料不同而变化，可用钉、焊等方式连接。

4. 帷幕式隔断

帷幕式隔断占地使用面积小，能满足遮挡视线的功能，使用方便，便于更新。一般多用于住宅、旅馆和医院。

5. 家具式隔断

家具式隔断是巧妙地把分隔空间与储存物品两功能结合起来，这种形式多用于住宅的

图 3-47 漏空式隔断

室内设计以及办公室的分隔等。

# 第五节 墙 面 装 修

## 一、墙面装修的作用

（1）保护墙体。增强墙体的坚固性、耐久性，延长墙体的使用年限。

（2）改善墙体的使用功能。提高墙体的保温、隔热和隔声能力。

（3）美化和装饰作用。提高建筑的艺术效果，美化环境。

## 二、墙面装修的分类

（1）按装修所处部位不同，有室外装修和室内装修两类。室外装修要求采用强度高、抗冻性强、耐水性好以及具有抗腐蚀性的材料。室内装修材料则因室内使用功能不同，要求有一定的强度、耐水及耐火性。

（2）按饰面材料和构造不同，有清水勾缝、抹灰类、贴面类、涂刷类、裱糊类、条板类、玻璃（或金属）幕墙等（表 3-5）。

墙面装修分类 表 3-5

| 类别 | 室 外 装 修 | 室 内 装 修 |
|---|---|---|
| 抹灰类 | 水泥砂浆、混合砂浆、聚合物水泥砂浆、拉毛、水刷石、干粘石、斩假石、假面砖、喷涂、滚涂等 | 纸筋灰、麻刀灰粉面、石膏粉面、膨胀珍珠岩灰浆、混合砂浆、拉毛、拉条等 |
| 贴面类 | 外墙面砖、马赛克、水磨石板、天然石板等 | 釉面砖、人造石、天然石板等 |
| 涂料类 | 石灰浆、水泥浆、溶剂型涂料、乳液涂料、彩色胶砂涂料、彩色弹涂等 | 大白浆、石灰浆、油漆、乳胶漆、水溶性涂料、弹涂等 |
| 裱糊类 | | 塑料墙纸、金属面墙纸、木纹壁纸、花纹玻璃纤维布、纺织面墙纸及绵锻等 |
| 铺钉类 | 各种金属饰面板、石棉水泥板、玻璃 | 各种木夹板、木纤维板、石膏板及各种装饰面板等 |

## 三、抹灰类墙面装修

抹灰又称粉刷，是我国传统的饰面做法，是由水泥、石灰膏为胶结材料加入砂或石渣与水拌合成砂浆或石渣浆，抹到墙面上的一种操作工艺，属湿作业。抹灰分为一般抹灰和装饰抹灰两类。

1. 一般抹灰

有石灰砂浆、混合砂浆、水泥砂浆等。外墙抹灰厚度一般为 20～25mm，内墙抹灰为 15～20mm，顶棚为 12～15mm。在构造上和施工时须分层操作，一般分为底层、中层和面层，各层的作用和要求不同。

1）底层抹灰主要起到与基层墙体粘结和初步找平的作用。

2）中层抹灰在于进一步找平，以减少打底砂浆层干缩后可能出现的裂纹。

3）面层抹灰主要起装饰作用，因此要求面层表面平整、无裂痕、颜色均匀。

抹灰按质量及工序要求分为三种标准，常用抹灰标准见表3-6。

抹灰类三种标准　　　　　　　　　　　　　　　　　　　　　　　　　　表 3-6

| 标准 ＼ 层次 | 底层<br>（mm） | 中层<br>（mm） | 面层<br>（mm） | 总厚度<br>（mm） | 适用范围 |
| --- | --- | --- | --- | --- | --- |
| 普通抹灰 | 1 |  | 1 | ≤18 | 简易宿舍、仓库等 |
| 中级抹灰 | 1 | 1 | 1 | ≤20 | 住宅、办公楼、学校、旅馆等 |
| 高级抹灰 | 1 | 若干 | 1 | ≤25 | 公共建筑、纪念性建筑如剧院、展览馆等 |

2. 装饰抹灰

装饰抹灰有水刷石、干粘石、斩假石、水泥拉毛等。装饰抹灰一般是指采用水泥、石灰砂浆等抹灰的基本材料，除对墙面作一般抹灰之外，利用不同的施工操作方法将其直接做成饰面层。

（1）基层处理：

1）砖石基层：做饰面前，应除去浮灰，必要时用水冲净。

2）混凝土及钢筋混凝土基层：除去混凝土表面的脱模剂，还必须将表面打毛，用水除去浮尘。

3）加气混凝土表面：抹灰前应将加气混凝土表面清扫干净，除去浮灰，浇水润湿并涂刷一遍 108 胶水溶液或其他加气混凝土界面剂。

（2）抹灰构造层次。底灰又称"刮糙"，主要起与基层的粘结及初步找平的作用。

1）对砖、石墙：水泥砂浆或石灰水泥混合砂浆打底。基层为板条基层时，应采用石灰砂浆作底灰，并在砂浆中掺入麻刀或其他纤维。

2）轻质混凝土砌块墙：混合砂浆或聚合物砂浆。混凝土墙或湿度大的房间或有防水、防潮要求的房间，底灰宜选用水泥砂浆。底灰厚 5～15mm，中层抹灰主要起找平作用，厚度一般为 5～10mm。

面层抹灰主要起装修作用，要求表面平整、色彩均匀、无裂缝，可以做成光滑、粗糙等不同质感的表面（图 3-48）。

3. 墙面局部处理

包括：墙裙、踢脚、装饰线、护角、木引条。

（1）墙裙：在室内抹灰中，对人群活动频繁、易受碰撞的墙面，或有防水、防潮要求的墙身，如门厅、走廊、厨房、浴室、厕所等处的墙面。高 1.5m 或 1.8m（图 3-49）。

具体做法：1∶3 水泥砂浆打底，1∶2 水泥砂浆或水磨石罩面，也可贴面砖、刷油漆、或铺钉胶合板等。

图 3-48　外墙抹灰的分层构造

（2）踢脚：在内墙面和楼地面的交接处，为了遮盖地面与墙面的接缝，保护墙身，以及防止擦洗地面时弄脏墙面，常做踢脚线，其高 $H=120mm$、$150mm$。

（3）装饰线：为了增加室内美观，在内墙面与顶棚的交接处做成各种装饰线（图 3-50）。

（4）护角：对于易被碰撞的内墙阳角或门窗洞口，通常抹 1∶2 水泥砂浆做护角，并用素水泥浆抹成圆角，高度 2 m，每侧宽度不小于 50mm。

（5）木引条：外墙面因抹灰面积较大，由于材料干缩和温度变化，容易产生裂缝，常在抹灰面层做分格处理，称为引条线。

引条线的做法是在底灰上埋放不同形式的木引条，面层抹灰完毕后及时取下引条，再用水泥砂浆勾缝，以提高抗渗能力。

图 3-49　墙裙

**四、贴面类墙面装修**

贴面类装修指在内外墙面上粘贴各种天然石板、人造石板、陶瓷面砖等。通过绑、挂或直接粘贴于基层表面的装修做法。

材料有花岗石板和大理石板等天然石板；水磨石板、水刷石板、剁斧石板等人造石板；以及面砖、瓷砖、锦砖等陶瓷和玻璃制品。

1. 面砖饰面构造

（1）铺贴方法：面砖应先放入水中浸泡，安装前取出晾干或擦干净，安装时先抹 15mm 1∶3 水泥砂浆找底并划毛，再用 1∶0.3∶3 水泥石灰混合砂浆或用掺有 108 胶（水泥用量 5%～7%）的 1∶2.5 水泥砂浆满刮 10mm 厚面砖背面紧粘于墙上。对贴于外

图 3-50 装饰线做法

图 3-51 面砖饰面构造

基层
15厚1:3水泥砂浆打底
10厚1:0.2:2.5水泥石灰混合砂浆
面砖贴面
1:1水泥砂浆勾缝

(a)

面砖

粘结砂浆 背部凹槽

(b)

墙的面砖常在面砖之间留出一定缝隙（图 3-51）。

（2）面砖材料：釉面砖：精陶制品，内墙。墙地砖：炻器，贴外墙面砖为面砖；铺地面砖为地砖，分无釉及釉面砖。劈离砖：以黏土为原料烧制而成（图 3-52）。

2. 陶瓷马赛克饰面

陶瓷马赛克尺寸较小，根据其花色品种，可拼成各种花纹图案。马赛克的安装：铺贴时先按设计的图案将小块材正面向下贴在 500mm×500mm 大小的牛皮纸上，然后牛皮纸面向外将马赛克整块粘贴在 1∶1 水泥细砂浆上，用木板压平。

图 3-52 面砖饰面构造示意

砂浆硬结后，洗去牛皮纸，修整。饰面基层上，待半凝后将纸洗掉，同时修整饰面，其构造如图 3-53 所示。

玻璃马赛克与陶瓷马赛克相似（图 3-54），是透明的玻璃质饰面材料，它质地坚硬、色泽柔和，具有耐热、耐蚀、不龟裂、不褪色、造价低的特点。

**3. 天然石材和人造石材饰面**

石材按其厚度分有两种，通常厚度为30～40mm为板材，厚度为40～130mm以上称为块材。常见天然板材饰面有花岗石、大理石和青石板等，具有强度高、耐久性好等特点，多作高级装饰用。常见人造石板有预制水磨石板、人造大理石板等。

基层
15厚1:3水泥砂浆打底找平
3～4厚1:1水泥砂浆粘结层
玻璃马赛克背面刮1～2厚水泥色浆后贴面
用同种水泥色浆擦缝

图 3-53　玻璃马赛克饰面构造

图 3-54　陶瓷马赛克饰面效果图

埋入φ6铁箍
φ8～φ10立筋和横筋
凿边
大理石板
铜丝或钢丝
钻孔

图 3-55　石材拴挂法构造（湿法挂贴）

（2）干挂石材法（连接件挂接法）。

（1）石材拴挂法（湿法挂贴）。

天然石材和人造石材的安装方法相同，先在墙内或柱内预埋φ6铁箍，间距依石材料规格而定，而铁箍内立φ6～φ10竖筋，在竖筋上绑扎横筋，形成钢筋网。在石板上下边钻小孔，用双股16号钢丝绑扎固定在钢筋网上。上下两块石板用不锈钢卡销固定。板与墙面之间预留20～30mm缝隙，上部用定位活动木楔做临时固定，校正无误后，在板与墙之间浇筑1:3水泥砂浆，待砂浆初凝后，取掉定位活动木楔，继续上层石板的安装，其构造如图3-55所示。

干挂石材的施工方法是用一组高强耐腐蚀的金属连接件，将饰面石材与结构可靠地连接，其间形成空气间层不作灌浆处理，其构造如图 3-56 所示。

干挂法的特点：

1）装饰效果好，石材在使用过程中表面不会泛碱。

2）施工不受季节限制，无湿作业，施工速度快，效率高，施工现场清洁。

3）石材背面不灌浆，减轻了建筑物自重，有利于抗震。

4）饰面石材与结构连接（或与预埋件焊接）构成有机整体，可用于地震区和大风地区。

5）采用干挂石材法造价比湿挂法高 15%～25%。

图 3-56　干挂石材法

（3）干挂法构造方案：

1）无龙骨体系：根据立面石材设计要求，全部采用不锈钢的连接件，与墙体直接连接（焊接或栓接），通常用于钢筋混凝土墙面，如图 3-57（a）所示。

2）有龙骨体系：由竖向龙骨和横向龙骨组成。主龙骨可选用镀锌方钢、槽钢、角钢，该体系适用于各种结构形式。

用于连接件的舌板、销钉、螺栓一般均采用不锈钢，其他构件视具体情况而定。

密封胶应具有耐水、耐溶剂和耐大气老化及低温弹性、低气孔率等特点，且密封胶应为中性材料，不对连接件构成腐蚀，如图 3-57（b）、图 3-58 所示。

图 3-57　天然石板干挂工艺

（a）无龙骨体系；（b）有龙骨体系

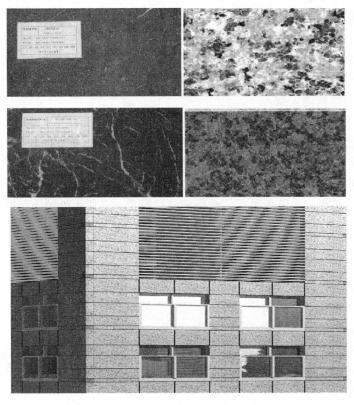

图 3-58　天然石材效果图

### 4. 饰面板（砖）类饰面

利用各种天然或人造板、块，通过绑、挂或直接粘贴于基层表面的装饰装修做法。主要有粘贴和挂贴两种做法。

（1）饰面板（砖）的粘贴构造：水泥砂浆粘贴构造一般分为底层、粘结层和块材面层三个层次。

（2）建筑胶粘贴的构造做法：将胶凝剂涂在板背面的相应位置，然后将带胶的板材经就位、挤紧、找平、校正、扶直、固定等工序，粘贴在清理好的基层上（图 3-59）。

图 3-59　粘贴法构造图

### 五、涂料类墙面装修

涂料系指喷涂、刷于基层表面后，能与基层形成完整而牢固的保护膜的涂层饰面装修。

涂料按其主要成膜物的不同，具有造价低、装饰性好、工期短、工效高、自重轻，以及操作简单、维修方便、更新快等特点，因而在建筑上得到广泛的应用和发展。涂料分为有机涂料和无机涂料两大类。

#### 1. 无机涂料

常用无机涂料有石灰浆、大白浆、可赛银浆、无机高分子涂料等。普通无机涂料，如石灰浆、大白浆、可赛银浆等，多用于一般标准的室内装修。无机高分子涂料有 JH80-1 型、JH80-2 型、JHN84-1 型、F832 型、LH-82 型、HT-1 型等。无机高分子涂料有耐水、耐酸碱、耐冻融、装修效果好、价格较高等特点，多用于外墙面装修和有耐擦洗要求的内墙面装修。

#### 2. 有机涂料

有机合成涂料依其主要成膜物质和稀释剂的不同，可分为溶剂型涂料、水溶性涂料和乳液型涂料三种。

（1）溶剂型涂料：传统的油漆涂料、苯乙烯内墙涂料、聚乙烯醇缩丁醛内（外）墙涂料、过氯乙烯内墙涂料等。

（2）水溶性涂料：有聚乙烯醇水玻璃内墙涂料（即 106 涂料）、聚合物水泥砂浆饰面涂层、改性水玻璃内墙涂料、108 内墙涂料、ST-803 内墙涂料、JGY-821 内墙涂料等；801 内墙涂料等。

（3）乳液涂料：又称乳胶漆，有乙丙乳胶涂料、苯丙乳胶涂料等，多用于内墙装修。

#### 3. 构造做法

建筑涂料的施涂方法，一般分刷涂、滚涂和喷涂。

施涂溶剂型涂料时，后一遍涂料必须在前一遍涂料干燥后进行，否则易发生皱皮、开裂等质量问题。

施涂水溶性涂料时，要求与做法同上。每遍涂料均应施涂均匀，各层应结合牢固。

在湿度较大，特别是遇明水部位的外墙和厨房、厕所、浴室等房间内施涂涂料时，应选用耐洗刷性较好的涂料和耐水性能好的腻子材料（如聚醋酸乙烯乳液水泥腻子等）。

用于外墙的涂料：应具有良好的耐水性、耐碱性，还应具有良好的耐洗刷性、耐冻融循环性、耐久性和耐沾污性。

### 六、裱糊类墙面装修

裱糊类墙面装修是将各种装饰性的墙纸、墙布、织锦等材料裱糊在内墙面上的一种装修饰面。墙纸品种很多，装饰材料有 PVC 塑料壁纸、复合壁纸、玻璃纤维墙布等。

裱糊类墙体饰面装饰性强、造价较经济、施工方法简捷高效、材料更换方便，并且在曲面和墙面转折处粘贴，可以顺应基层，获得连续的饰面效果。目前国内使用最多的是塑料墙纸和玻璃纤维墙布等（图 3-60）。

裱糊类墙面装修构造：

（1）基层处理：在基层刮腻子，以使裱糊墙纸的基层表面达到平整光滑。同时为了避免基层吸水过快，还应对基层进行封闭处理，处理方法为：在基层表面满刷一遍按 1：

0.5～1：1 稀释的 108 胶水。

（2）墙面应采用整幅裱糊，裱糊的顺序为先上后下，先高后低。粘贴剂通常采用 108 胶水。其配合比为：108 胶：羧甲基纤维素（2.5%）水溶液：水＝100：（20～30）：50，108 胶的含固量为 12% 左右。

图 3-60　裱糊类墙面装修效果图

### 七、板材类墙面装修

墙面板材类装修系指采用天然木板或各种人造薄板借助于镶钉胶等固定方式对墙面进行装饰处理。板材类墙面由骨架和面板组成，骨架有木骨架和金属骨架，面板有硬木板、胶合板、纤维板、石膏板等各种装饰面板和近年来应用日益广泛的金属面板。常见的构造方法如下。

1. 木质板墙面

木质板墙面系用各种硬木板、胶合板、纤维板以及各种装饰面板等施作的装修。具有美观大方、装饰效果好，且安装方便等优点，但防火、防潮性能欠佳，一般多用作宾馆、大型公共建筑的门厅以及大厅面的装修。木质板墙面装修构造是先立墙筋，然后外钉面板（图 3-61）。

图 3-61　木质板墙面构造

2. 金属薄板墙面

金属薄板墙面系指利用薄钢板、不锈钢板、铝板或铝合金板作为墙面装修材料。以其精密、轻盈，体现着新时代的审美情趣。

金属薄板墙面装修构造，也是先立墙筋，然后外钉面板。墙筋用膨胀铆钉固定在墙上，间距为60～90mm。金属板用自攻螺钉或膨胀铆钉固定，也可先用电钻打孔后用木螺钉固定。

3. 石膏板墙面

一般构造做法是：首先在墙体上涂刷防潮涂料，然后在墙体上铺设龙骨，将石膏板钉在龙骨上，最后进行板面修饰（图3-62）。

图 3-62　石膏板墙面装修构造

(a) 木骨架；(b) 金属骨架

# 第六节　建筑幕墙

## 一、幕墙类型

（1）按幕面材料分：有玻璃、金属、轻质混凝土挂板、天然花岗石板等幕墙。其中玻璃幕墙是当代的一种新型墙体，不仅装饰效果好，而且质量轻，安装速度快，是外墙轻型化、装配化较理想的形式。

（2）玻璃幕墙按构造方式不同可分为：露框、半隐框、隐框及悬挂式玻璃幕墙等。

（3）按施工方式可分：分件式幕墙（现场组装）和板块式幕墙（预制装配）两种。

## 二、玻璃幕墙的构造组成

玻璃幕墙由玻璃和金属框组成幕墙单元，借助于螺栓和连接铁件安装到框架上。图3-63～图3-65为铝合金边框的工程实例。

1. 金属边框

有竖框、横框之分，起骨架和传递荷载作用。可用铝合金、铜合金、不锈钢等型材做成。

2. 玻璃

有单层、双层、双层中空和多层中空玻璃，起采光、通风、隔热、保温等围护作用。

图 3-63　铝合金边框的工程实例

图 3-64　幕墙铝框连接构造

（*a*）竖梃与横档的连接；（*b*）竖梃与楼板的连接

图 3-65　骨架的连接构造

（*a*）竖向骨架与梁的连接；（*b*）竖向骨架与柱的连接；（*c*）横向骨架连接件；

（*d*）竖向骨架与横向骨架的连接

通常选择热工性能好，抗冲击能力强的钢化玻璃、吸热玻璃、镜面反射玻璃、中空玻璃等。接缝构造多采用密封层、密封衬垫层、空腔三层构造层。

3. 连接固定件

有预埋件、转接件、连接件、支承用材等，在幕墙及主体结构之间以及幕墙元件与元件之间起连接固定作用。

4. 装修件

包括后衬板（墙）、扣盖件及窗台、楼地面、踢脚、顶棚等构部件，起密闭、装修、防护等作用。

5. 密缝材

有密封膏、密封带、压缩密封件等，起密闭、防水、保温、绝热等作用。此外，还有窗台板，压顶板，泛水，防止凝结水和变形缝等专用件。

# 本 章 小 结

1. 墙是建筑物空间的垂直分隔构件，起着承重和围护作用。它依受力性质的不同，有承重墙和非承重墙之分；依材料及构造的不同，有实体墙、空体墙和组合墙；依施工方式不同，有块材墙、板筑墙和装配式板材墙之分。因此，作为墙体必须满足结构、保温、隔热、节能、隔声、防火，以及适应工业化生产的要求。

2. 砖墙和砌块墙都是块材墙，均以砂浆为胶结料，按一定规律将砌块进行有机组合的砌体。砖墙若用黏土砖应严加控制，为节约土地资源，国家已作出决定，在一些大城市停止使用黏土砖。

3. 墙身的细部构造重点在门窗过梁、窗台、勒脚、防潮层、明沟与散水、变形缝、墙身加固以及防火墙等。

4. 骨架墙系指填充或悬挂于框架或排架柱间的非承重墙体。有砌体填充墙、波形瓦材墙和开敞式外墙之分。

5. 隔墙一般是指分隔房间的非承重墙。常见的有块材隔墙、轻骨架隔墙和板材隔墙等。

6. 墙面装修是保护墙体，改善墙体使用功能，增加建筑物美观的一种有效措施。依部位的不同，可分为外墙装修和内墙装修两类，依材料和构造不同，又可分为清水墙、抹灰类、贴面类、涂刷类、裱糊类、板材类及玻璃幕墙等。

7. 建筑幕墙的类型及一般构造组成。

在了解墙体设计要求和各部分构造的基础上，完成墙体构造作业，按要求绘制构造详图。

## 思 考 题

1. 墙体依其所处位置不同、受力不同、材料不同、构造不同、施工方法不同可分为哪几种类型？

2. 墙体在设计上有哪些要求？

3. 标准砖自身尺度之间有何关系？

4. 常见的砖墙组砌方式有哪些？

5. 常见的过梁有哪几种？它们的适用范围和构造特点是什么？

6. 窗台构造中应考虑哪些问题？

7. 勒脚的处理方法有哪几种？试说出各自的构造特点。

8. 墙身水平防潮层有哪几种做法？各有何特点？水平防潮层应设在何处为好？

9. 在什么情况下设垂直防潮层？其构造做法如何？

10. 墙体的加固措施有哪些？有何设计要求？

11. 什么叫做圈梁？有何作用？

12. 什么叫做构造柱？有何作用？

13. 砌块的组砌要求是什么？

14. 常见隔墙有哪些？简述各种隔墙的特点及构造做法。

15. 墙面装修有哪些作用？基层处理原则是什么？

16. 墙面装修有哪几类？试举例说明每类墙面装修的一至两种构造做法及适用范围。

17. 什么是建筑幕墙？什么是玻璃幕墙？玻璃幕墙如何分类？其构造组成如何？


## 实训设计作业1：外墙身节能构造设计

### 墙体构造设计任务书

一、设计题目：某建筑物外墙节能构造设计。

二、构造设计的目的及要求

通过本次设计，使学生掌握墙体中的各节点，如墙脚、窗台、窗上口、墙与楼板连接处等的设计方法，进一步理解建筑设计的基本原理，了解初步设计的步骤和方法。

三、设计条件

某教学楼的办公区层高为3.30m，共6层，耐火等级为二级。室内外地面高差为0.45m，窗台距室内地面900mm高，室内地坪从上至下分别为20mm厚1:2水泥砂浆面层，C10素混凝土80mm厚，100mm厚3:7灰土，素土夯实。窗洞口尺寸为1800mm×1800mm，结构为砖混结构（局部可用框架）；外墙为砖墙，厚度不小于240mm（考虑节能要求）；楼板采用现浇板或预制钢筋混凝土空心板；设计所需的其他条件由学生自定。

四、设计内容及图纸要求

要求沿外墙窗纵剖，从楼板以下至基础以上，绘制墙身剖面图，重点表示清楚以下部位：

1. 窗过梁与窗；

2. 窗台；

3. 勒脚及其防潮处理；

4. 明沟或散水；

5. 外墙节能构造设计。

各种节点的构造做法很多，可任选一种做法绘制。图中必须标明材料、做法、尺寸。图中线条、材料符号等，按建筑制图标准表示。字体应工整，线型粗细分明。比例：1:10。用一张竖向3号图纸完成。

五、节点绘制辅导

1. 墙脚和地坪层构造的节点详图

（1）画出墙身、勒脚、散水或明沟、防潮层、室内外地坪、踢脚板和内外墙面抹灰，剖切到的部分用材料图例表示。

（2）标注定位轴线及编号圆圈，标注墙体厚度（在轴线两边分别标注）和室内外地面标高，注写图名和比例。

2. 窗台构造的节点详图

（1）画出墙身、内外墙面抹灰、内外窗台和窗框等。用引出线注明内外窗台的饰面做法，标注细部尺寸，标注外窗台的排水方向和坡度值。

（2）按开启方式和材料表示出窗框，表示清楚窗框与窗台饰面的连接，标注定位轴线，标注窗台标高（结构面标高），注写图名比例。

3. 过梁和楼板层构造的节点详图

（1）画出墙身、内外墙面抹灰、过梁、窗框、楼板层和踢脚板等。表示清楚过梁的断面形式，标注有关尺寸；用多层构造引出线注明楼板层做法，表示清楚楼板的形式以及板与墙的相互关系；标注踢脚板的做法和尺寸。

（2）标注定位轴线。标注过梁底面（结构面）标高和楼面标高，注写图名和比例。

图 3-66　墙体设计示意图

# 第四章 楼 地 层

**学习目标**

掌握楼板层的组成、类型和设计要求；掌握常见楼板的构造特点和适用范围；熟悉常见地坪层的构造；了解顶棚、雨篷和阳台的分类并熟悉各类型的构造。

**提示**

楼板是在竖向将建筑物分成若干个楼层的水平承重构件。施工时先砌好四面墙，再将楼板，搭在墙上，楼板分为现浇板和预制板，预制板由于抗震性能差，经过灾难，我们还能选用预制板吗？应该广泛推广现浇板。我国在房屋建造中已加强了建筑物的抗震设防。

## 第一节 楼地层的构造组成、类型及设计要求

楼地层包括楼板层与地坪层，是分隔建筑空间的水平承重构件。它一方面承受着楼板层上的全部活荷载和恒荷载，并把这些荷载合理有序地传给墙或柱；另一方面对墙体起着水平支撑作用，以减少风力和地震作用的水平力对墙体的影响，加强建筑物的整体刚度。此外，还应具备一定的隔声、防火、防水、防潮等能力。

**一、楼地层的构造组成**

为了满足楼板层使用功能的要求，楼地层形成了多层构造的做法，而且其总厚度取决于每一构造层的厚度。通常楼板层由以下几个基本部分组成（图 4-1）：

图 4-1　楼地层的组成
(*a*)、(*b*) 楼板层；(*c*) 地坪层

1. 楼板面层

位于楼板层的最上层，起着保护楼板层、分布荷载和绝缘的作用，同时对室内起美化装饰作用。

## 2. 楼板结构层

位于楼板层的中部，是承重构件（包括板和梁）。主要功能在于承受楼板层上的全部荷载并将这些荷载传给墙或柱。同时还对墙身起水平支撑作用，以加强建筑物的整体刚度。实际上就是保证楼板层的强度和刚度要求。

## 3. 附加层

附加层又称功能层，根据楼板层的具体要求而设置，主要作用是隔声、隔热、保温、防水、防潮、防腐蚀、防静电等。根据需要，有时和面层合二为一，有时又和吊顶合为一体。

## 4. 楼板顶棚层

位于楼板层最下层，主要作用是保护楼板、安装灯具、遮挡各种水平管线，改善室内光照条件，装饰美化室内空间。

### 二、楼板层的类型

根据所用材料不同，楼板可分为木楼板、钢筋混凝土楼板和钢衬板组合楼板等多种类型（图 4-2）。

（1）木楼板：是我国传统做法，是在由墙或梁支撑的木搁栅上铺钉木板，木搁栅之间有剪刀撑，下做板条抹灰顶棚。木楼板自重轻，保温隔热性能好、舒适、有弹性，只在木材产地采用较多，但耐火性和耐久性均较差，且造价偏高，为节约木材和满足防火要求，现采用较少。

（2）钢筋混凝土楼板：具有强度高，刚度好，耐火性和耐久性好，还具有良好的可塑性，在我国便于工业化生产，应用最广泛。

（3）压型钢板组合楼板：是在钢筋混凝土基础上发展起来的，利用钢衬板作为楼板的受弯构件和底模，既提高了楼板的强度和刚度，又加快了施工进度，是目前正大力推广的一种新型楼板。

图 4-2 楼板的类型
(a) 木楼板；(b) 钢筋混凝土楼板；
(c) 压型钢板组合楼板

### 三、楼板层的设计要求

#### 1. 具有足够的强度和刚度

强度要求是指楼板层应保证在自重和活荷载作用下安全可靠，不发生任何破坏。这主要是通过结构设计来满足要求。刚度要求是指楼板层在一定荷载作用下不发生过大变形，以保证正常使用状况。结构规范规定，楼板的允许挠度不大于跨度的 1/250，可用板的最小厚度（1/40～1/35）L（L 为板跨度）来保证其刚度。

#### 2. 具有一定的隔声能力

为了避免上下层房间的相互影响，要求楼板应具有一定的隔绝噪声的能力。不同使用性质的房间对隔声的要求不同，如我国对住宅楼板的隔声标准中规定：一级隔声标准为 65dB，二级隔声标准为 75dB 等。对一些特殊性质的房间如广播室、录音室、演播室等隔声要求则更高。楼板隔声主要是隔绝固体传声，如人的脚步声、拖动家具、敲击楼板等都属于固体传声，给楼下住户带来很大不便，防止固体传声可采取以下措施：

（1）在楼板表面铺设地毯、橡胶板、塑料毡等柔性材料，或在面层镶软木砖，从而减弱撞击楼板层的声能，减弱楼板本身的振动。此措施隔声效果好，又便于工业化和机械化施工。

（2）在楼板与面层之间加弹性垫层以降低楼板的振动，即"浮筑式楼板"。弹性垫层可做成片状、条状和块状，使楼板与面层完全隔离，起到较好的隔声效果（图4-3），但施工麻烦，采用较少。

图4-3 浮筑楼板

（3）在楼板下加设吊顶，使固体噪声不直接传入下层空间，而用隔绝空气声的办法来降低固体传声。吊顶的面层应很密实，不留缝隙，以免降低隔声效果。吊顶与楼板的连接采用弹性连接，其隔声效果更好（图4-4）。

图4-4 隔声吊顶

（a）弹性连接；（b）铺吸声材料

3. 防火设计

规范中规定：一级耐火等级建筑的楼板应采用非燃烧体，耐火极限不少于1.5h；二级时耐火极限不少于1h；三级时耐火极限不少于0.5h；四级时耐火极限不少于0.25h。保证在火灾发生时，在一定时间内不至于是因楼板塌陷而给生命和财产带来损失。

4. 具有防潮、防水能力

对有水的房间（如卫生间、盥洗室、厨房或学校的实验室、医院的检验室等），都应该进行防潮防水处理，以防水的渗漏，影响下层空间的正常使用或者渗入墙体，使结构内部产生冷凝水，破坏墙体和内外饰面。

5. 满足各种管线的设置

在现代建筑中，由于各种服务设施日趋完善，家用电器更加普及。有更多的管道、线路将借楼板层来敷设。为保证室内平面布置更加灵活，空间使用更加完整；在楼板层的设计中，必须仔细考虑各种设备管线的走向。

在多层房屋中楼板层的造价约占总造价的20%～30%；因此在进行结构选型、结构布置和确定构造方案时，应与建筑物的质量标准和房间使用要求相适应，减少材料消耗，降低工程造价，满足建筑经济的要求。

# 第二节　钢筋混凝土楼板构造

钢筋混凝土楼板按其施工方法不同。可分为现浇式、装配式和装配整体式三种。

## 一、现浇式钢筋混凝土楼板

现浇钢筋混凝土楼板是在施工现场支模、绑扎钢筋、浇筑混凝土而成型的楼板结构。由于楼板系现场整体浇筑成型，整体性好，特别适用于有抗震设防要求的多层房屋和对整体性要求较高的其他建筑，对有管道穿过的房间、平面形状不规整的房间、尺度不符合模数要求的房间和防水要求较高的房间，都适合采用现浇钢筋混凝土楼板。

### 1. 平板式楼板

在墙体承重建筑中，当房间较小，楼面荷载可直接通过楼板传给墙体，而不需要另设梁，这种厚度一致的楼板称为平板式楼板，多用于厨房、卫生间、走廊等较小空间。楼板根据受力特点和支承情况，分为单向板和双向板。为满足施工要求和经济要求，对各种板式楼板的最小厚度和最大厚度，规定如下：

单向板时（板的长边与短边之比＞2）；

屋面板板厚 60mm～80mm；

民用建筑楼板厚 70mm～100mm；

工业建筑楼板厚 80mm～180mm；

双向板时（板的长边与短边之比≤2）：板厚为 80mm～160mm。

此外，板的支承长度也有具体规定：当板支承在砖石墙体上，其支承长度不小于 120mm 或板厚；当板支承在钢筋混凝土梁上时，其支承长度不小于 60mm；当板支承在钢梁或钢屋架上时，其支承长度不小于 50mm，如图 4-5 所示。

图 4-5　单向板和双向板

(a) 单向板；(b) 双向板

### 2. 肋梁楼板

肋梁楼板是最常见的楼板形式之一，当板为单向板时称为单向板肋梁楼板，当板为双向板时称为双向板肋梁楼板。

(1) 单向板肋梁楼板：由板、次梁和主梁组成（图 4-6）。其荷载传递路线为板-次梁-

主梁-柱（或墙）。主梁的经济跨度为5～8m，主梁高为主梁跨度的1/14～1/8，主梁宽与高之比为1/3～1/2；次梁的经济跨度为4～6m，次梁高为次梁跨度的1/18～1/12，宽度为梁高的1/3～1/2，次梁跨度即为主梁间距；板的厚度确定同板式楼板，由于板的混凝土用量约占整个肋梁楼板混凝土用量的50%～70%，因此板宜取薄些，通常板跨不大于3m，其经济跨度为1.7～2.5m，板厚为单向板肋梁楼板主次梁的布置，不仅由房间大小、平面形式来决定，而且还应从采光效果来考虑。当次梁与窗口光线垂直时［图4-7（a）］，光线照射在次梁上使梁在顶棚上产生较多的阴影，影响亮度和采光均匀度。当次梁和光线平行时采光效果较好［图4-7（b）］。

图4-6　单向板肋梁楼板

图4-7　单向板肋梁楼板的布置

（a）次梁与窗口光线垂直布置；（b）次梁与窗口光线平行布置

（2）双向板肋梁楼板（井式楼板透视图）：双向板肋梁楼板常无主次梁之分，由板和梁组成，荷载传递路线为板-梁-柱（或墙）。

当双向板肋梁楼板的板跨相同，且两个方向的梁截面也相同时，就形成了井式楼板。井式楼板适用于长宽之比不大于1.5的矩形平面，井式楼板中板的跨度在3.5～6m之间，梁的跨度可达20～30m，梁截面高度不小于梁跨的1/15，宽度为梁高的1/4～1/2，且不少于120mm。井式楼板可与墙体正交放置或斜交放置（图4-8）。由于井式楼板可以用于较大的无柱空间，而且楼板底部的井格整齐划一，很有韵律，稍加处理就可形成艺术效果很好的顶棚，所以常用在门厅、大厅、会议室、餐厅、小型礼堂、歌舞厅等处。也有将井式楼板中的板去掉，将井格设在中庭的顶棚上，采光和通风效果很好，也很美观。

3. 无梁楼板

无梁楼板为等厚的平板，直接支承在柱上，分为有柱帽和无柱帽两种。当楼面荷载比

透视

图 4-8  井式楼板透视图

较小时，可采用无柱帽楼板；当楼面荷载较大时，为提高楼板的承载能力、刚度和抗冲切能力，必须在柱顶加设柱帽。无梁楼板的柱可设计成方形、矩形、多边形和圆形；柱帽可根据室内空间要求和柱截面形式进行设计；板的最小厚度不小于 150mm 且不小于板跨的 1/35～1/32。无梁楼板的柱网一般布置为正方形或矩形，间跨一般不超过 6m。无梁楼板四周应设圈梁，梁高不小于 2.5 倍的板厚和 1/15 的板跨。

图 4-9  无梁楼板

无梁楼板具有净空高度大，顶棚平整，采光通风及卫生条件均较好，施工简便等优点。适用于商店、书库、仓库等荷载较大的建筑（图 4-9）。

4. 压型钢板组合楼板

压型钢板组合楼板是利用截面为凹凸相间的压型钢板作衬板与现浇混凝土面层浇筑在一起支承在钢梁上的板，成为整体性很强的一种楼板。

钢衬板组合楼板主要由楼面层、组合板和钢梁三部分所构成，组合板包括现浇混凝土和钢衬板，此外可根据需要吊顶棚。

由于混凝土、钢衬板共同受力，即混凝土承受剪力与压力，钢衬板承受下部的压弯应力，因此，压型钢衬板起着模板和受拉钢筋的双重作用。这样组合楼板受正弯矩部分不需放置或绑扎受力钢筋，仅需部分构造钢筋即可。此外，还可利用压型钢板肋间的空隙敷设室内电力管线；亦可在钢衬板底部焊接架设悬吊管道、通风管和吊顶棚的支柱，从而充分利用了楼板结构中的空间。在国内外高层建筑中得到广泛的应用（图 4-10）。

图 4-10  压型钢板组合楼板

(a) 立体图；(b) 基本组成

钢衬板与钢梁之间的连接，一般采用焊接、自攻螺栓连接、膨胀铆钉固接和压边咬接等方式。

**二、装配式钢筋混凝土楼板**

装配式钢筋混凝土楼板系指在构件预制加工厂或施工现场外预先制作，然后运到工地现场进行安装的钢筋混凝土楼板。预制板的长度一般与房屋的开间或进深一致，为 3M 的倍数；板的宽度根据制作、吊装和运输条件以及有利于板的排列组合确定，一般为 1M 的倍数；板的截面尺寸须经结构计算确定。

1. 板的类型

预制钢筋混凝土楼板有预应力和非预应力两种。

预制钢筋混凝土楼板常用类型有：实心平板、槽形、空心板三种。

预应力楼板是指在预制加工中，预先给它一压应力，在安装受荷以后，板所受到的拉应力和预先给的压应力平衡。预应力楼板的抗裂性和刚度均好于非预应力楼板，且板型规整，节约材料，自重减轻，造价降低。预应力楼板和非预应力楼板相比，可节约钢材30%～50%，节约混凝土 10%～30%。

预制钢筋混凝土楼板常用类型有：实心平板、槽形板、空心板三种（图 4-11）

图 4-11　预制钢筋混凝土板的类型

(*a*) 平板；(*b*) 空心板；(*c*) 正放槽形板；(*d*) 倒放槽形板

（1）实心平板。

实心平板规格较小，跨度一般在 1.5m 左右，板厚一般为 60mm（图 4-12），各地的规格不同，如中南地区标准图集中规定平板板宽为 500mm、600mm、700mm 三种规格，板长为 1200mm、1500mm、1800mm、2100mm、2400mm 五种规格。平板支承长度：搁

图 4-12　实心平板

置在钢筋混凝土梁上时不小于80mm，搁置在内墙时不小于100mm，搁置在外墙时不小于120mm。

预制实心平板由于其跨度小，板面上下平整，隔声差，常用于过道和小房间、卫生间的楼板，亦可作为架空搁板、管沟盖板、阳台板、雨篷板等处。

（2）槽形板。

槽形板是一种肋板结合的预制构件，即在实心板的两侧设有边肋，作用在板上的荷载都由边肋来承担，板宽为500~1200mm，非预应力槽形板跨长通常为3~6m。板肋高为120~240mm，板厚仅30mm。槽形板减轻了板的自重，具有省材料，便于在板上开洞等优点；但隔声效果较差。

槽形板作楼板时，正置槽形板由于板底不平，通常用吊顶遮盖，为避免板端肋被压坏，可在板端伸入墙内部分堵砖填实 [图4-13（a）]。倒置槽板受力不如正置槽板合理，但可在槽内填充轻质材料，以解决楼板的隔声和保温隔热问题，还可以获得平整的顶棚 [图4-13（b）]。

图4-13　槽形板构造
（a）槽形板板端支承在墙上；（b）反槽形板的楼面

槽形板的板面较薄，自重较轻，可以根据需要打洞穿管，而不影响板的强度和刚度，常用于管道较多的房间，如厨房、卫生间、库房等。

（3）空心板。

空心板也是一种梁板结合的预制构件，其结构计算理论与槽形板相似，两者的材料消耗也相近，但空心板上下板面平整，且隔声效果优于槽形板，因此是目前广泛采用的一种形式。

空心板根据板内抽孔形状的不同，分为方孔板、椭圆孔板和圆孔板，方孔板比较经济，但脱模困难；圆孔板的刚度较好，制作也方便，节省材料，隔热较好，因此广泛采用，但板面不能任意打洞。根据板的宽度，圆孔板的孔数有单孔、双孔、三孔、多孔。目前我国预应力空心板的跨度可达到6m、6.6m、7.2m等，板的厚度为120~300mm（图4-14）。

2. 板的结构布置方式

板的结构布置方式应根据房间的平面尺寸及房间的使用要求进行结构布置，可采用墙承重系统和框架承重系统。

（1）当预制板直接搁置在墙上时，称为板式结构布置（图4-14）；

（2）当预制板搁置在梁上时，称为梁板式结构布置（图4-15）。前者多用于横墙较密的住宅、宿舍、办公楼等建筑中，而后者多用于教学楼、实验楼等开间进深都较大的建

图 4-14　空心楼板在墙上的搁置

图 4-15　楼板在梁上的搁置
（a）梁板结构平面图；（b）板搁置在矩形梁上；（c）板搁置在花篮梁上

筑中。

在选择板型时，一般要求板的规格、类型越少越好。因为板的规格过多，不仅给板的制作增加麻烦，而且施工也较复杂，甚至容易搞错。此外，在空心板安装前，应在板端的圆孔内填塞 C15 混凝土短圆柱（即堵头），以避免板端被压坏。

3. 板的搁置要求

预制板直接搁置在墙上或梁上时，均应有足够的搁置长度。支承于梁上时，其搁置长度应不小于 80mm；支承于内墙上时，其搁置长度应不小于 100mm；支承于外墙上时，其搁置长度应不小于 120mm。铺板前，先在墙或梁上用 10～20mm 厚 M5 水泥砂浆找平（即坐浆），然后再铺板，使板与墙或梁有较好的连接，同时也使墙体受力均匀。

当采用梁板式结构时，板在梁上的搁置方式一般有两种，一种是板直接搁置在梁顶上 ［图 4-15 （a）］；另一种是板搁置在花篮梁或十字梁上，这时，板的顶面与梁顶面平齐。在梁高不变的情况下，梁底净高相应也增加了一个板厚 ［图 4-15 （b）］。

4. 板缝处理

为了便于板的安装，板的标志尺寸和构造尺寸之间有 10～20mm 的差值，这样就形成了板缝。为了加强其整体性，必须在板缝填入水泥砂浆或细石混凝土（即灌缝）。图 4-16 为三种常见的板间侧缝形式："V" 形缝具有制作简单的优点，但易开裂，连接不够牢

图 4-16　侧缝接缝形式
（a）V 形缝；（b）U 形缝；（c）凹槽缝

固；"U"形缝上面开口较大，易于灌浆，但仍不够牢固；"凹"槽缝连接牢固，但灌浆捣实较困难。

预制板板缝起着连接相邻两块板协同工作的作用，使楼板成为一个整体。在具体布置房间的楼板时，往往出现不足以排一块板的缝隙。①当缝隙小于 60mm 时，可调节板缝；当缝隙在 60～120mm 之间时，可在灌缝的混凝土中加配 2Φ6 通长钢筋；②当缝隙在 120～200mm 之间时，设现浇钢筋混凝土板带，且将板带设在墙边或有穿管的部位；③当缝隙大于 200mm 时，调整板的规格（图 4-17）。

图 4-17　板缝的处理
（a）细石混凝土灌缝；（b）加钢筋网片；（c）墙边挑砖；（d）竖管穿越现浇板带

板的端缝处理，一般只需将板缝内填实细石混凝土，使之相互连接。为了增强建筑物抗水平力的能力，可将板端外露的钢筋交错搭接在一起，然后浇筑细石混凝土灌缝，以增强板的整体性和抗震能力。

5. 装配式钢筋混凝土楼板的抗震构造

圈梁应紧贴预制楼板板底设置，外墙则应设缺口圈梁（L 形梁），将预制板箍在圈梁内。当板的跨度大于 4.8m，并与外墙平行时，靠外墙的预制板边应设拉结筋与圈梁拉接（图 4-18）。

6. 楼板与隔墙

当房间内设有重质块材隔墙和砌筑隔墙且重量由楼板承受时，必须从结构上予以考虑。在确定隔墙位置时，不宜将隔墙直接搁置在楼板上，而应采取一些构造措施。如在隔墙下部设置钢筋混凝土小梁，通过梁将隔墙荷载传给墙体；当楼板结构层为预制槽形板时，可将隔墙设置在槽形板的纵肋上；当楼板结构层为空心板时，可将板缝拉开，在板缝内配置钢筋后浇筑 C20 细石混凝土形成钢筋混凝土小梁，再在其上设置隔墙（图 4-19）。

**三、装配整体式钢筋混凝土楼板**

1. 密肋楼板

装配整体式楼板，是在楼板中预制部分构件，然后在现场安装，再以整体浇筑的办法连接而成的楼板；或在现浇（亦可预制）密肋小梁间安放预制空心砌块并现浇面板而制成的楼板结构（图 4-20）。

图 4-18　预制板安装节点构造

图 4-19　隔墙与楼板的关系

图 4-20　密肋楼板

（a）现浇密肋楼板；（b）预制小梁密肋楼板

近年来，随着城市高层建筑和大开间建筑的不断涌现，而设计上又要求加强建筑物的整体性，施工中现浇楼板越来越多，这样会耗费大量模板，很不经济。为解决这一矛盾，于是出现了预制薄板（预应力）与现浇混凝土面层叠合而成的装配整体式楼板，又称预制薄板叠合楼板。

这种楼板以预制混凝土薄板为永久模板而承受施工荷载，板面现浇混凝土叠合层，所有楼板层中的管线等均事先埋在叠合层内，现浇层内只需配置少量支座负筋。预制薄板底面平整，不必抹灰，作为顶棚可直接喷浆或粘贴装饰墙纸。

由于预制薄板具有结构、模板、装修三方面的功能，因而叠合楼板具有良好的整体性和连续性，对结构有利。这种楼板跨度大、厚度小，结构自重可以减轻。目前已广泛应用于住宅、宾馆、学校、办公楼、医院以及仓库等建筑中。

2. 叠合楼板

预制薄板（预应力）与现浇混凝土面层叠合而成的装配整体式楼板，又称预制薄板叠合楼板。这种楼板以预制混凝土薄板为永久模板而承受施工荷载，板面现浇混凝土叠合层。

叠合楼板跨度一般为4～6m，最大可达9m，通常以5.4m以内较为经济。预应力薄板厚50～70mm，板宽1.1～1.8m。为了保证预制薄板与叠合层有较好的连接，薄板上表面需做处理，常见的有两种：一是在上表面做刻槽处理 [图 4-21 (a)]，刻槽直径50mm，深20mm，间距150mm；另一种是在薄板表面露出较规则的三角形的结合钢筋 [图 4-21 (b)]。

现浇叠合层的混凝土强度为C20级，厚度一般为100～120mm。叠合楼板的总厚度取决于板的跨度，一般为150～250mm。楼板厚度以大于或等于薄板厚度的两倍为宜 [图 4-21 (c)]。

图 4-21 叠合楼板

(a) 板面刻槽；(b) 板面露出三角形结合钢筋；(c) 叠合组合薄板

# 第三节 顶 棚 构 造

顶棚又称平顶或天花板，是楼板层的最下面部分，是建筑物室内主要饰面之一。作为顶棚则要求表面光洁、美观，能反射光线，改善室内照度以提高室内装饰效果；对某些有特殊要求的房间，还要求顶棚具有隔声、吸声或反射声音、保温、隔热、管道敷设等方面的功能，以满足使用要求。

一般顶棚多为水平式，但根据房间用途的不同，可做成弧形、折线形等各种形状。顶棚的构造形式有两种：直接式顶棚和悬吊式顶棚。设计时应根据建筑物的使用功能、装修标准和经济条件来选择适宜的顶棚形式。

**一、直接式顶棚**

直接式顶棚系指直接在钢筋混凝土屋面板或楼板下表面直接喷浆、抹灰或粘贴装修材料的一种构造方法（图4-22）。当板底平整时，可直接喷、刷大白浆或106涂料；当楼板结构层为钢筋混凝土预制板时，可用1：3水泥砂浆填缝刮平，再喷刷涂料。这类顶棚构造简单，施工方便，具体做法和构造与内墙面的抹灰类、涂刷类、裱糊类基本相同，常用于装饰要求不高的一般建筑，如办公室、住宅、教学楼等。

图 4-22　直接式顶棚

此外，有的是将屋盖结构暴露在外，不另做顶棚，称为"结构顶棚"。例如网架结构，构成网架的杆件本身很有规律，有结构自身的艺术表现力，能获得优美的韵律感。又如拱结构屋盖，结构自身具有优美曲面，可以形成富有韵律的拱面顶棚。结构顶棚的装饰重点，在于巧妙地组合照明、通风、防火、吸声等设备，以显示出顶棚与结构韵律的和谐，形成统一的、优美的空间景观。结构顶棚广泛用于体育建筑及展览大厅等公共建筑。

**二、悬吊式顶棚**

悬吊式顶棚又称"吊顶"。它离开屋顶或楼板的下表面有一定的距离，通过悬挂物与主体结构连接在一起。这类顶棚类型较多，构造复杂。

1. 吊顶的类型

（1）根据结构构造形式的不同，吊顶可分为整体式吊顶、活动式装配吊顶、隐蔽式装配吊顶和开敞式吊顶等。

（2）根据材料的不同，吊顶可分为板材吊顶、轻钢龙骨吊顶、金属吊顶等。

2. 吊顶的构造组成

吊顶一般由龙骨与面层两部分组成

（1）吊顶龙骨。

吊顶龙骨分为主龙骨与次龙骨，主龙骨为吊顶的承重结构，次龙骨则是吊顶的基层。主龙骨通过吊筋或吊件固定在屋顶（或楼板）结构上，次龙骨用同样的方法固定在主龙骨上（图4-23、图4-24）。龙骨可用木材、轻钢、铝合金等材料制作，其断面大小视材料品种、是否上人（吊顶承受人的荷载）和面层构造做法等因素而定。主龙骨断面比次龙骨大，间距约为2m。悬吊主龙骨的吊筋为$\phi 8 \sim \phi 10$钢筋，间距不超过2m。次龙骨间距视面层材料而定，间距一般不超过600mm。

（2）吊顶面层。

图 4-23　吊顶构造组成

(a)　　　　　　　　　(b)　　　　　　　　　(c)

图 4-24　吊顶构造示意图

吊顶面层分为抹灰面层和板材面层两大类。抹灰面层为湿作业施工，费工费时，从发展眼光看，趋向采用板材面层，既可加快施工速度，又容易保证施工质量。板材吊顶有植物板材、矿物板材和金属板材等。

3. 抹灰吊顶构造

抹灰吊顶的龙骨可用木材或型钢。当采用木龙骨时，主龙骨断面宽约 60～80mm，高约 120～150mm，中距约 1m。次龙骨断面一般为 40mm×60mm，中距 400～500mm，并用吊木固定于主龙骨上。当采用型钢龙骨时，主龙骨选用槽钢，次龙骨为角钢（20mm×20mm×3mm），间距同上。

抹灰面层有以下几种做法：板条抹灰、板条钢板网抹灰、钢板网抹灰。板条抹灰一般采用木龙骨，其构造做法见图 4-25，这种顶棚是传统做法，构造简单，造价低，但抹灰层由于干缩或结构变形的影响，很容易脱落，且不防火，故通常用于装修要求较低的建筑。

图 4-25　板条抹灰顶棚

板条钢板网抹灰顶棚的做法是在前一种顶棚的基础上加钉一层钢板网，以防止抹灰层的开裂脱落。这种做法适用于装修质量较高的建筑。

钢板网抹灰吊顶一般采用钢龙骨，钢板网固定在钢筋上（图4-26）。这种做法未使用木材，可以提高顶棚的防火性、耐久性和抗裂性，多用于公共建筑的大厅顶棚和防火要求较高的建筑。

图 4-26　钢板网抹灰顶棚

4. 木质板材吊顶构造

木质板材的品种甚多，如胶合板、硬质纤维板、软质纤维板、装饰吸声板、木丝板、刨花板等，其中用得最多的是胶合板和纤维板。植物板材吊顶的优点是施工速度快，干作业，故比抹灰吊顶应用更广。

吊顶龙骨一般用木材制作，龙骨布置成格子状，分格大小应与板材规格相协调。例如，胶合板的规格为 915mm×1830mm、1220mm×1830mm，硬质纤维板的规格为 915mm×1830mm、1050mm×2200mm、1150mm×2350mm，龙骨的间距最好采用 450mm。

5. 矿物板材吊顶构造

矿物板材吊顶常用石膏板、石棉水泥板、矿棉板等板材作面层，轻钢或铝合金型材作龙骨。这类吊顶的优点是自重轻、施工安装快、无湿作业、耐火性能优于植物板材吊顶和抹灰吊顶，故在公共建筑或高级工程中应用较广。

轻钢和铝合金龙骨的布置方式有两种：

（1）龙骨外露的布置方式。

这种布置方式的主龙骨采用槽形断面的轻钢型材，次龙骨为 T 形断面的铝合金型材。次龙骨双向布置，矿物板材置于次龙骨翼缘上，次龙骨露在顶棚表面成方格形，方格大小 500mm 左右，见图4-27（a）。悬吊主龙骨的吊挂件为槽形断面，吊挂点间距为 0.9～1.2m，最大不超过 1.5m。次龙骨与主龙骨的连接采用 U 形连接吊钩，图4-27（b）、图4-28 是它们之间的连接关系。

（2）不露龙骨的布置方式。

这种布置方式的主龙骨仍采用槽形断面的轻钢型材，但次龙骨采用 U 形断面轻钢型材，用专门的吊挂件将次龙骨固定在主龙骨上，面板用自攻螺钉固定于次龙骨上。图4-29（a）为主次龙骨的布置示意图，图4-29（b）、（c）为主次龙骨及面板的连接节点构造。

图 4-27　龙骨外露的吊顶

(a) 吊顶龙骨布置；(b) 细部构造

图 4-28　不露龙骨的布置方式

6. 金属板材吊顶构造

　　金属板材吊顶最常用的是以铝合金条板作面层，龙骨采用轻钢型材，当吊顶无吸声要求时，条板采取密铺方式，不留间隙，当有吸声要求时，条板上面需加铺吸声材料，条板之间应留出一定的间隙，以便投射到顶棚的声能从间隙处被吸声材料所吸收。

(a)

图 4-29　不露龙骨的金属板材吊顶（一）

(a) 主龙骨布置示意图

图 4-29　不露龙骨的金属板材吊顶（二）

(b) 节点构造；(c) 节点构造

# 第四节　地坪层与地面构造

## 一、地坪层构造

地坪层指建筑物底层房间与土层的交接处。所起作用是承受地坪上的荷载，并均匀地传给地坪以下土层。按地坪层与土层间的关系不同，可分为实铺地层和空铺地层两类。

1. 实铺地层

地坪的基本组成部分有面层、垫层和基层，对有特殊要求的地坪，常在面层和垫层之间增设一些附加层（图 4-30）。

（1）面层。

地坪的面层又称地面。和楼面一样，是直接承受人、家具、设备等各种物理和化学作用的表面层，起着保护结构层和美化室内的作用。地面的做法和楼面相同。

（2）垫层。

垫层是基层和面层之间的填充层，其作用是找平和承重传力，一般采用 60～100mm 厚的

图 4-30　地坪构造

C10 混凝土垫层。垫层材料分为刚性和柔性两大类，刚性垫层如混凝土、碎砖三合土等，有足够的整体刚度，受力后不产生塑性变形，多用于整体地面和小块块料地面。柔性垫层如砂、碎石、炉渣等松散材料，无整体刚度，受力后产生塑性变形，多用于块料地面。

（3）基层。

基层即地基，一般为原土层或填土分层夯实。当上部荷载较大时，增设 2∶8 灰土 100～150mm 厚，或碎砖、道砟三合土 100～150mm 厚。

（4）附加层。

附加层主要是为满足某些有特殊使用要求而设置的一些构造层次，如防水层、防潮层、保温层、隔热层、隔声层和管道敷设层等。

2. 空铺地层

为防止房屋底层房间受潮或满足某些特殊使用要求（如舞台、体育训练、比赛场、幼儿园等的地层需要有较好的弹性），将地层架空形成空铺地层。其构造做法是在夯实土层

或混凝土垫层上砌筑地垄墙或砖墩上架梁，在地垄墙或梁上铺设钢筋混凝土预制板。若做木地层就在地垄墙或梁设垫木、钉木龙骨，再铺木地板，这样利用地层与土层之间的空间进行通风，便可带走地潮（图 4-31）。

图 4-31　空铺地层构造
(a) 钢筋混凝土预制板空铺地层；(b) 木空铺地层

## 二、地面设计要求

地面是人们日常生活、工作和生产直接接触的部分，也是建筑中直接承受荷载，经常受到摩擦、清扫和冲洗的部分。设计地面应满足下列要求：

1. 具有足够的坚固性

家具设备等作用下不易被磨损和破坏，且表面平整、光洁，易清洁和不起灰。

2. 保温性能好

要求地面材料的导热系数小，给人以温暖舒适的感觉，冬季行走在上面不致感到寒冷。

3. 具有一定的弹性

当人们行走时不致有过硬的感觉，同时，有弹性的地面对防撞击声有利。

4. 满足某些特殊要求

对有水作用的房间，地面应防水防潮；对有火灾隐患的房间，应防火耐燃烧；对有化学物质作用的房间应耐腐蚀；对有仪器和药品的房间，地面应无毒、易清洁；对经常有油污染的房间，地面应防油渗且易清扫等，还要求地面装饰效果好，而且经济。

综上所述，即在进行地面设计或施工时，应根据房间的使用功能和装修标准，选择适宜的面层和附加层。

## 三、地面的类型

地面的名称是依据面层所用材料来命名的。按面层所用材料和施工方式不同，常见地面做法可分为以下几类：

（1）整体地面：包括水泥砂浆地面、细石混凝土地面、水泥石屑地面、水磨石地面等。

（2）块材地面：包括砖铺地面、水泥地砖等面砖地面、缸砖及陶瓷锦砖地面等。

（3）塑料地面：包括聚氯乙烯塑料地面、涂料地面。

（4）木地面：常采用条木地面和拼花木地面。

## 四、地面构造

1. 整体地面

（1）水泥砂浆地面。

水泥砂浆地面构造简单，坚固、耐磨、防水，造价低廉，但导热系数大，冬天感觉阴冷，吸水性差，易结露，易起灰，不易清洁，是一种广为采用的低档地面或进行二次装修的商品房的地面，水泥砂浆地面是在混凝土垫层或结构层上抹水泥砂浆。通常有单层和双层两种做法。单层做法只抹一层 20～25mm 厚 1：2 或 1：2.5 水泥砂浆；双层做法是增加一层 10～20mm 厚 1：3 水泥砂浆找平，表面再抹 5～10mm 厚 1：2 水泥砂浆抹平压光。虽增加了工序，但不易开裂（图 4-32）。

图 4-32　水泥砂浆地面

（a）底层地面单层做法；（b）底层地面双层做法；（c）楼层地面

（2）水泥石屑地面。

是将水泥砂浆里的中粗砂换成 3～6mm 的石屑，或称豆石或瓜米石地面。在垫层或结构层上直接做 1：2 水泥石屑 25mm 厚，水灰比不大于 0.4，刮平拍实，碾压多遍，出浆后抹光。这种地面表面光洁，不起尘，易清洁，造价是水磨石地面的 50%，但强度高，性能近似水磨石。

防滑水泥地面是将砂浆面层做成瓦垄状、齿槽状，在砂浆面层内掺一定量的氧化铁红或其他颜料即为彩色水泥地面。

（3）水磨石地面。

水磨石地面是将天然石料（大理石、方解石）的石渣做成水泥石屑面层，经磨光打蜡制成。质地美观，表面光洁，不起尘，易清洁，具有很好的耐磨性、耐久性、耐油耐碱、防火防水，通常用于公共建筑门厅、走道、主要房间地面、墙裙；住宅的浴室、厨房、厕所等处。

水磨石地面为分层构造，底层为 1：3 水泥砂浆 18mm 厚找平，面层为（1：1.5）～（1：2）水泥石碴 12mm 厚，石渣粒径为 8～10mm。施工中先将找平层做好，在找平层上按设计为 1m×1m 方格的图案嵌固玻璃塑料分格条（或铜条、铝条），分格条一般高 10mm，用 1：1 水泥砂浆固定，将拌合好的水泥石屑铺入压实，经浇水养护后磨光，一般须粗磨、中磨、精磨，用草酸水溶液洗净，最后打蜡抛光。普通水磨石地面采用普通水泥掺白石子，玻璃条分格；美术水磨石可用白水泥加各种颜料和各色石子，用铜条分格，可形成各种优美的图案，但造价比普通水磨石约高 4 倍。还可以将破碎的大理石块铺入面层，不分格，缝隙处填补水泥石碴，磨光后即成冰裂水磨石（图 4-33）。

2. 块材类地面

块材地面是利用各种人造的和天然的预制块材、板材镶铺在基层上面的地面。常用块

图 4-33　水磨石地面

(a) 底层地面；(b) 楼层地面；(c) 嵌分格条

材有陶瓷地砖、马赛克、水泥花砖、大理石板、花岗石板等，常用铺砌或胶结材料起胶结和找干作用，有水泥砂浆、油膏、细砂、细炉渣等做结合层。

(1) 铺砖地面。

铺砖地面有黏土砖地面、水泥砖地面、预制混凝土块地面等。铺设方式有两种：缝间用砂或砂浆填缝。这种做法施工简单，便于维修，造价低廉，但牢固性较差，不易平整。湿铺是在基层上铺 1：3 水泥砂浆 12～20mm 厚，用 1：1 水泥砂浆灌缝，这种做法坚实平整，但施工较复杂，造价略高于平铺砖块地面。适用于要求不高或庭园小道等处。

(2) 缸砖、地面砖及陶瓷锦砖地面。

1) 缸砖是陶土加矿物颜料烧制而成的一种无釉砖块，主要有红棕色和深米黄色两种，厚度为 10～19mm。缸砖质地细密坚硬，强度较高，耐磨、耐水、耐油、耐酸碱，易于清洁不起灰，施工简单，因此广泛应用于卫生间、盥洗室、浴室、厨房、实验室及有腐蚀性液体的房间地面。做法为 20mm 厚 1：3 水泥砂浆找平，3～4mm 厚水泥胶（水泥：108 胶：水＝1：0.1：0.2），粘贴缸砖用素水泥浆擦缝［图 4-34（a）］。

2) 地面砖的各项性能都优于缸砖，且色彩图案丰富，装饰效果好，造价也较高，多用于装修标准较高的建筑物地面，构造做法类同缸砖。

3) 陶瓷锦砖质地坚硬，经久耐用，色泽多样，耐磨、防水、耐腐蚀、易清洁，适用于有水、有腐蚀的地面。做法为 15～20mm 厚 1：3 水泥砂浆找平，3～4mm 厚水泥胶粘

图 4-34　预制块材地面

(a) 缸砖地面；(b) 陶瓷锦砖地面

108

贴陶瓷锦砖（纸胎），用滚筒压平，使水泥胶挤入缝隙，用水洗去牛皮纸，用白水泥浆擦缝［图 4-34（b）］。

（3）天然石板地面。

常用的天然石板指大理石和花岗石板，由于它们质地坚硬，色泽丰富艳丽，属高档地面装饰材料，特别是磨光花岗石板，色泽花纹丝毫不亚于大理石板，耐磨耐腐蚀等性能均优于大理石；但造价昂贵，一般多用于高级宾馆、会堂、公共建筑的大厅、门厅等处。做法是在基层上刷素水泥浆一道，30mm 厚 1∶3 干硬性水泥砂浆找平，面上撒 2mm 厚素水泥（洒适量清水），粘贴 20mm 厚大理石板（花岗石板），素水泥浆擦缝；粗琢面的花岗石板可用于纪念性建筑、公共建筑的室外台阶和踏步中，既耐磨又防滑（图 4-35）。

图 4-35　花岗石地面

3. 木地面

木地板的主要特点是有弹性、不起灰、不返潮、易清洁、保温性好，常用于高级住宅、宾馆、体育馆、健身房、剧院舞台等建筑中。木地面按其用材规格分为普通木地面、硬木条地面和拼花木地面三种。按构造方式有空铺、实铺和粘贴三种。

（1）空铺木地面常用于底层地面，由于占用空间多，费材料，因而采用较少。

（2）实铺木地面是将木地板直接钉在钢筋混凝土基层上的木搁栅上，而木搁栅绑扎后预埋在钢筋混凝土楼板内的 10 号双股镀锌钢丝上。或用 V 形铁件嵌固，木搁栅为 50mm×60mm 方木，中距 400mm，40mm×50mm 横撑中距 1000mm 与木搁栅钉牢。为了防腐，可在基层上刷冷底子油和热沥青，搁栅及地板背面满涂防腐油或煤焦油（图 4-36）。

图 4-36　实铺木地板
(a) 搁栅固定方式；(b) 通风踢脚板构造

（3）粘贴木地面的做法是先在钢筋混凝土基层上采用沥青砂浆找平，然后刷冷底子油一道，热沥青一道，用 2mm 厚沥青胶环氧树脂乳胶等随涂随铺贴 20mm 厚硬木长条地板［图 4-37（a）］。

当面层为小席纹拼花木地板时，可直接用胶粘剂涂刷在水泥砂浆找平层上进行粘贴。粘贴式木地面既省空间又省去木搁栅，较其他构造方式经济，但木地板容易受潮起翘，干燥时又易裂缝，因此施工时一定要保证粘贴质量［图 4-37（b）］。

木地板做好后应采用油漆打蜡来保护地面。普通木地板做色漆地面、硬木条地板做清漆地面。做法是用腻子将拼缝、凹坑填实刮平，待腻子干后用 1 号木砂纸打磨平滑，清除灰屑，然后刷 2～3 遍色漆或清漆，最后打蜡上光。

图 4-37　粘贴木地板

（a）硬木条地板；（b）拼花木地板面

4. 塑料地面

常用的塑料地毡为聚氯乙烯塑料地毡和聚氯乙烯石棉地板

聚氯乙烯塑料地毡（又称地板胶），是软质卷材，目前市面上出售的地毡宽度多为 2m 左右，厚度 1～2mm，可直接干铺在地面上，也可用聚氨酯等胶粘剂粘贴。

聚氯乙烯石棉地板是在聚氯乙烯树脂中掺入 60%～80% 的石棉绒和碳酸钙填料。由于树脂少，填料多，所以质地较硬，常做成 300mm×300mm 的小块地板，用胶粘剂拼花对缝粘贴。

图 4-38　塑料地毡地面

塑料地面具有步感舒适、柔软而富有弹性、轻质、耐磨、防水、防潮、耐腐蚀、绝缘、隔声、阻燃、易清洁、施工方便等特点，且色泽明亮、图案多样，多用于住宅及公共建筑，以及工业厂房中要求较高清洁环境的房间。缺点是不耐高温，怕明火，易老化（图 4-38）。

5. 涂料地面

涂料类地面耐磨性好、耐腐蚀、耐水防潮，整体性好，易清洁，不起灰，弥补了水泥砂浆和混凝土地面的缺陷，同时价格低廉，易于推广。

涂料地面常用涂料有过氯乙烯溶液涂料、苯乙烯焦油涂料、聚乙烯醇缩丁醛涂料等，这些涂料地面施工方便，造价较低，可以提高水泥地面的耐磨性、柔韧性和不透水性。但由于是溶剂型涂料，在施工中会逸散出有害气体污染环境，同时涂层较薄，磨损较快。表 4-1 反映了各种常用地面面层特性，在设计时可根据各个房间的使用功能要求选择适宜的地面构造。

常用地面面层特性　　　　　　　　　　表 4-1

| 面层特性<br>地面名称 | 感热度 | 耐火性 | 起尘性 | 耐磨性 | 消声度 | 光滑度 | 耐水性 | 透水性 | 耐油性 | 发火性 | 备注 |
|---|---|---|---|---|---|---|---|---|---|---|---|
| 素土夯实地面 | × | √ | √ | × | √ | × | × | √ | √ | × | |
| 3：7灰土地面 | × | √ | √ | — | — | × | — | √ | √ | × | |
| 普通黏土砖地面 | × | √ | √ | — | × | × | √ | √ | √ | √ | |
| 水泥砂浆地面 | × | √ | — | √ | × | × | √ | √ | √ | √ | |
| 水泥铁屑地面 | × | √ | — | √ | × | × | √ | √ | √ | √ | |
| 混凝土地面 | × | √ | — | √ | × | × | √ | √ | √ | √ | |
| 预制混凝土板地面 | × | √ | — | √ | × | × | √ | √ | √ | √ | |
| 水磨石地面 | × | √ | × | √ | × | — | √ | √ | √ | √ | |
| 水泥花砖地面 | × | √ | × | — | × | — | √ | √ | √ | √ | |
| 缸砖马赛克地面 | × | √ | × | √ | × | — | √ | √ | √ | √ | |
| 大理石、花岗石地面 | × | √ | × | √ | × | — | √ | √ | √ | √ | |
| 块石、条石地面 | × | √ | × | √ | × | — | √ | √ | √ | √ | |
| 沥青砂浆地面 | × | — | — | — | × | × | √ | × | × | √ | |
| 橡皮板地面 | — | — | × | — | √ | × | √ | × | × | × | |
| 菱苦土地面 | √ | — | × | — | — | — | × | × | √ | × | |
| 不发火砂浆地面 | × | √ | — | √ | × | × | √ | √ | × | × | |
| 耐油混凝土地面 | × | √ | — | √ | × | × | √ | × | √ | × | |
| 塑料地面 | — | — | × | — | √ | × | √ | × | × | × | |
| 金属板地面 | × | √ | × | √ | × | × | √ | √ | √ | √ | |
| 木地板地面 | √ | × | × | — | × | × | × | × | — | × | |

# 第五节　阳台与雨篷

阳台和雨篷都属于建筑物上的悬挑构件。

阳台悬挑于建筑物每一层的外墙上，是连接室内和室外平台，给居住在多（高）层建筑里的人们提供一个舒适的室外活动空间，让人们足不出户，就能享受到大自然的新鲜空气和明媚阳光，还可以起到观景、纳凉、晒衣、养花等多种作用，改变单元式住宅给人们造成的封闭感和压抑感，是多层住宅、高层住宅和旅馆等建筑中不可缺少的一部分。

雨篷位于建筑物出入口的上方，用来遮挡雨雪，保护外门免受侵蚀，给人们提供一个从室外到室内的过渡空间，并起到保护门和丰富建筑立面的作用。

**一、阳台**

（一）阳台的类型和设计要求

阳台按其与外墙面的关系，分为挑阳台、凹阳台、半挑半凹阳台；按其在建筑中所处的位置可分为中间阳台和转角阳台（图 4-39、图 4-40）。

阳台按使用功能不同，又可分为生活阳台（靠近卧室或客厅）和服务阳台（靠近厨

半挑半凹阳台(中间阳台)          凹阳台(中间阳台)          挑阳台(转角阳台)

(a)                              (b)                              (c)

图 4-39　阳台的类型

房）。阳台由承重梁、板和栏杆组成。设计时应满足下列要求：

1. 安全适用

悬挑阳台的挑出长度不宜过大，应保证在荷载作用下不发生倾覆现象，以 1～1.5m 为宜，过小不便使用，过大增加结构自重。低层、多层住宅阳台栏杆净高不低于 1.05m，中、高层住宅阳台栏杆净高不低于 1.1m，但也不大于 1.2m。阳台栏杆形式应防坠落（垂直栏杆间净距不应大于 110mm）、防攀爬（不设水平栏杆），以免造成坠落。放置花盆处，也应采取防坠落措施。

2. 坚固耐久

阳台所用材料和构造措施应经久耐用，承重结构宜采用钢筋混凝土，金属构件应做防锈处理，表面装修应注意色彩的耐久性和抗污染性。

3. 排水顺畅

为防止阳台上的雨水流入室内，设计时要求将阳台地面标高低于室内地面标高 60mm 左右，并将地面抹出 50/00 的排水坡，将水导入排水孔，使雨水能顺利排出。

还应考虑地区气候特点。南方地区宜采用有助于空气流通的空透式栏杆，而北方寒冷地区和中高层住宅应采用实体栏杆，并满足立面美观的要求，为建筑物的形象增添风采。

图 4-40　阳台实例

（二）阳台的承重构件

分为搁板式、挑板式、挑梁式（图4-41）。

图 4-41　阳台结构布置方式

（a）、（e）挑梁式阳台；（b）挑板式阳台；（c）、（d）压梁式阳台

1. 搁板式

适用于凹阳台，将阳台板支承于两侧凸出的墙上，阳台板可现浇也可预制，一般与楼板施工方法一致。

2. 挑板式

现浇板外挑作阳台板。

（1）阳台板与房间内的现浇板或现浇板带整浇在一起，楼板重量构成阳台板的抗倾覆力矩。

现浇板带宽度：屋面现浇板带宽≥2.0$L$，楼面现浇板带宽≥1.5$L$。

传力途径：荷载—阳台板—墙体。

（2）阳台板无法与楼板整浇到一起，增加过梁长度。过梁、过梁上墙体、过梁上楼板重量构成阳台板压重。

（3）在过梁两边墙体上设卧梁（拖梁），卧梁与过梁整浇到一起，提高阳台板稳定性。

3. 挑梁式

（1）由横墙或纵墙向外做挑梁，阳台板支承在挑梁上。

（2）传力途径：荷载—阳台板—挑梁—墙体。

（3）挑梁伸入墙体长度：屋面处挑梁，挑梁伸入墙体≥2.0$L$；楼面处挑梁，挑梁伸入墙体≥1.5$L$。

梁根部截面：$h=(1/6\sim1/5)L$，$b=(1/3\sim1/2)L$

为遮挡梁头，在挑梁端部做面梁。

挑梁可以变截面也可不变截面。

（4）特点：结构布置简单，传力明确，可形成通长阳台。

（三）栏杆和栏板

栏杆和栏板是阳台外围设置的竖向围护构件。

作用：承受人们倚扶时的侧向推力，同时对整个房屋有一定装饰作用。

栏杆高度：栏杆和栏板的高度应大于人体重心高度，一般不小于1.05m。

高层建筑的栏杆和栏板应加高，但不宜超过1.2m。

栏杆和栏板按材料可分为金属栏杆，钢筋混凝土栏板与栏杆、砌体栏板。

1. 金属栏杆

（1）金属栏杆可由不锈钢钢管、铸铁花饰（铁艺）、方钢和扁钢等钢材制作。

（2）方钢的截面为20mm×20mm，扁钢的截面为—4mm×50mm。

（3）金属栏杆与阳台板的连接有两种方法：

1）在阳台板上预留孔槽，将栏杆立柱插入，用细石混凝土浇灌。

2）在阳台板上预埋钢板或钢筋，将栏杆与钢筋焊接。

2. 阳台细部构造

（1）阳台栏杆。

阳台栏杆是设置在阳台外围的垂直构件。主要供人们扶倚之用，以保障人身安全，且对整个建筑物起装饰美化作用。栏杆的形式有实体、空花和混合式（图4-42）。按材料可分为砖砌、钢筋混凝土和金属栏杆。

图 4-42　阳台栏杆形式

(a) 空花式；(b) 混合式；(c) 实体式

砖砌栏板一般为120mm厚，在挑梁端部浇120mm×120mm钢筋混凝土小立柱，并从中向两边伸出2Φ6@500mm的拉结筋300mm长与砖砌栏板拉结，以保证其牢固性 [图4-43 (a)]。钢筋混凝土栏板分为现浇和预制两种，现浇栏板厚60～80mm，用C20细石混凝土现浇 [图4-43 (b)]。预制栏杆有实体和空心两种，实体栏杆厚为40mm，空心栏杆厚度为60mm，下端预埋铁件，上端伸出钢筋可与面梁和扶手连接 [图4-43 (c)]，应用较为广泛。

金属栏杆一般采用□18方钢、φ18圆钢、—40×4扁钢等焊接成各种形式的漏花 [图4-43 (d)]。

（2）栏杆扶手。

栏杆扶手有金属和钢筋混凝土两种。

金属扶手一般为 $\Phi 50$ 钢管与金属栏杆焊接［图 4-44（a）］。

钢筋混凝土扶手用途广泛，形式多样，有不带花台、带花台、带花池等。不带花台栏杆扶手直接用作栏杆压顶，宽度有 80mm、120mm、160mm；带花台的栏杆扶手，在外侧设保护栏杆，一般高 180～200mm，花台净高 240mm；花池一般设在栏杆中部，也可以设在底部和上部，用 C20 细石混凝土预制后安装，也可现浇，但施工较麻烦，花池内部净宽和净高均不小于 240mm，壁厚为 40～60mm，在池底设直径 $\Phi 32mm$ 泄水管（图 4-44）。

图 4-43　阳台栏杆构造

图 4-44　阳台扶手构造

（a）不带花台；（b）、（c）带花台；（d）带花池

（3）细部构造。

阳台细部构造主要包括栏杆与扶手的连接、栏杆与面梁（或称止水带）的连接、栏杆与墙体的连接、栏杆与花池的连接等。

1）栏杆与扶手的连接方式有焊接、现浇等方式。在扶手和栏杆上预埋铁件，安装时焊在一起［图4-45（a）］，即为焊接。这种连接方法施工简单，坚固安全；从栏杆或栏板内伸出钢筋与扶手内钢筋相连，再支模现浇扶手［图4-45（b）］，为现浇。这种做法整体性好，但施工较复杂；当栏杆与扶手均为钢筋混凝土时，适于现浇的方法［图4-45（c）］；当栏板为砖砌时，可直接在上部现浇混凝土扶手、花台或花池［图4-45（d）］。

图4-45　栏杆与扶手的连接
(a) 焊接；(b) 整体现浇扶手；(c) 整体现浇；(d) 现浇扶手

2）栏杆与面梁或阳台板的连接方式有焊接、榫接坐浆、现浇等。当阳台为现浇板时必须在板边现浇100mm高混凝土挡水带，当阳台板为预制板时，其面梁顶应高出阳台板面100mm，以防积水顺板边流淌污染表面。金属栏杆可直接与面梁上预埋件焊接；现浇钢筋混凝土栏板可直接从面梁内伸出锚固筋，然后扎筋、支模、现浇细石混凝土；砖砌栏板可直接砌筑在面梁上；预制的钢筋混凝土栏杆可与面梁中预埋件焊接，也可预留插筋插入预留孔内，然后用水泥砂浆填实固牢（图4-46）。

图4-46　栏杆与面梁及阳台板的连接

3）扶手与墙的连接，应将扶手或扶手中的钢筋伸入外墙的预留洞中，用细石混凝土或水泥砂浆填实固牢；现浇钢筋混凝土栏杆与墙连接时，应在墙体内预埋240mm×240mm×120mmC20细石混凝土块，从中伸出2φ6钢筋，长300mm，与扶手中的钢筋绑扎后再进行现浇（图4-47）。

4）花池与栏杆的连接有现浇和插筋两种。当花池较小，可先预制，在与栏板交接且在花池两端设 120mm×120mm 钢筋混凝土立柱，立柱内伸出拉结筋与池壁相连，且深入侧壁不小于 200mm。

图 4-47　扶手与墙体的连接

（4）阳台隔板。

阳台隔板用于连接双阳台，有砖砌和钢筋混凝土隔板两种。砖砌隔板一般采用 60mm 和 120mm 厚两种，由于荷载较大且整体性较差，所以现多采用钢筋混凝土隔板。隔板采用 C20 细石混凝土预制 60mm 厚，下部预埋铁件与阳台预埋铁件焊接，其余各边伸出 Φ6 钢筋与墙体、挑梁和阳台栏杆、扶手相连（图 4-48）。

图 4-48　阳台隔板构造与连接

由于阳台为室外构件，每逢雨雪天易于积水，为保证阳台排水通畅，防止雨水倒灌室内，必须采取一些排水措施。阳台排水有外排水和内排水两种。外排水适用于低层和多层建筑，即在阳台外侧设置泄水管将水排出。泄水管可采用 $D_g40 \sim D_g50$ 镀锌铁管和塑料管，外挑长度不少于 80mm，以防雨水溅到下层阳台［图 4-49（$a$）］。内排水适用于高层建筑和高标准建筑，即在阳台内侧设置排水立管和地漏，将雨水直接排入地下管网，保证建筑立面美观［图 4-49（$b$）］。

**二、雨篷**

1. 雨篷板的支承方式

由于建筑物的性质，出入口的大小和位置，地区气候差异，以及立面造型要求等因素的影响，雨篷的形式是多种多样的。根据雨篷板的支承方式不同，有悬板式和梁板式两种。

（1）悬板式。

悬板式雨篷外挑长度一般为 0.9～1.5m，板根部厚度不小于挑出长度的 1/12，雨篷宽度比门洞每边宽 250mm，雨篷排水方式可采用无组织排水和有组织排水两种。雨篷顶

图 4-49　阳台排水构造

(a) 水舌排水；(b) 雨水管排水

面距过梁顶面 250mm 高，板底抹灰可抹 1：2 水泥砂浆内掺 5％防水剂的防水砂浆 15mm 厚（图 4-50），多用于次要出入口。

图 4-50　悬板式雨篷构造

(a) 板厚为变截面；(b) 板端加高

（2）梁板式。

梁板式雨篷多用在宽度较大的入口处，如影剧院、商场等主要出入口处，悬挑梁从建筑物的柱上挑出，为使板底平整，多做成倒梁式（图 4-51、图 4-52）。

图 4-51　梁板式雨篷构造

2. 雨篷的防水

防水做法采用 1：2.5 水泥砂浆，掺 3％防水粉，最薄处 20mm，并向出水口找 1％坡度，出水口可采用 φ50 硬塑料管，外露至少 50mm，防水砂浆应顺墙上卷至少 200mm。

当雨篷的面积较大时，雨篷的防水可采用卷材等防水材料，防水材料应顺墙上卷至少

图 4-52　陶瓦雨篷构造

200mm，需做好排水方向、雨水口位置。

　　雨篷抹面厚度超过 30mm 时，须在混凝土内预留 50mm 长镀锌钢钉，打弯后缠绕 24 号镀锌钢丝，或挂钢板网分层抹灰。

　　雨篷板底一般抹混合砂浆刷白色涂料。

　　雨篷的装饰：雨篷可设计成各类造型，雨篷底面可将照明、吊顶、设备统一考虑进行设置。

# 本 章 小 结

　　1. 楼板层是多层建筑中分隔楼层的水平构件。它承受并传递楼板上的荷载，同时对墙体起着水平支撑的作用。它由楼面、楼板和顶棚等部分组成。

　　2. 楼板按所用材料分，有木楼板、钢楼板、钢筋混凝土楼板等，其中钢筋混凝土楼板得到了广泛的应用。

　　3. 钢筋混凝土楼板按施工方式分，有现浇钢筋混凝土楼板、预制装配式钢筋混凝土楼板和装配整体式钢筋混凝土楼板。

　　4. 现浇钢筋混凝土楼板有板式楼板、肋梁式楼板、井式楼板、无梁楼板和压型钢板组合楼板。

　　预制钢筋混凝土楼板有预制实心板、槽形板、空心板等几种类型。板的布置有板式结构和梁板式结构两种。在铺设预制板时，要求板的规格、类型越少越好，并应避免三面支承的板。当出现板缝差时，一般采用调整板缝、挑砖或现浇板带的办法解决。为了增加建筑的整体刚度，应对楼板的支座部分用钢筋予以锚固，并对板的端缝与侧缝进行处理。

　　5. 装配整体式钢筋混凝土楼板兼有现浇与预制的共同优点。近年来发展的叠合楼板具有良好的整体性和连续性，对结构有利，楼板跨度大、厚度小，结构自重亦可减轻。

　　6. 楼板层构造主要包括面层处理、隔墙的搁置、顶棚以及楼板的隔声处理。

　　隔墙在楼板上的搁置应以对楼板受力有利的方式处理为佳。

　　7. 顶棚有直接式顶棚和悬吊式顶棚之分，直接式顶棚又有直接喷、刷涂料或作抹灰粉面或粘贴饰面材料等多种方式。吊顶按材料的不同分为板材吊顶、轻钢龙骨吊顶和金属吊顶等。

8. 楼板层的隔声应以对撞击声的隔绝为重点，其处理方式有在楼面上铺设富有弹性的材料、作浮筑楼板和作吊顶棚三种。

9. 地坪是建筑物底层房间与土壤相接触的水平结构部分，它将房间内的荷载传给地基。地坪由面层、垫层和基层所组成。

10. 地面是楼板层和地坪的面层部分。作为地面应具有坚固、耐磨、不起灰、易清洁、有弹性、防火、保温、防潮、防水、防腐蚀等性能。

地面依所采用材料和施工方式的不同，可分为整体类地面、块材类地面、卷材类地面和涂料类地面。

11. 阳台有挑阳台、凹阳台、半挑半凹以及转角阳台等几种形式。阳台栏杆有镂空栏杆和实心栏板之分。其构造主要包括栏杆、栏板、扶手以及阳台的排水等部分的细部处理。

12. 雨篷有悬板式和梁板式之分。构造重点在板面和雨篷板与墙体的防水处理。

## 思 考 题

1. 楼板层的主要功能是什么？楼板层与地层有什么不同之处？
2. 楼板层由哪些部分组成？各起什么作用？
3. 对楼板层的设计要求有哪些？
4. 现浇钢筋混凝土肋梁楼板具有哪些特点？布置原则如何？
5. 装配式钢筋混凝土楼板具有哪些特点？常用的预制板有哪几种？
6. 楼板隔绝固体传声的方法有哪些？绘图说明。
7. 预制板的接缝形式有几种？如何处理较大的板缝？
8. 简述井式楼板和无梁楼板的特点及适用范围。
9. 楼板顶棚的构造形式有几类？举出每一类顶棚的一种构造做法。
10. 地坪由哪几部分组成？各有什么作用？
11. 地面应满足哪些设计要求？
12. 常用地面做法可分为几类？举出每一类地面的1~2种构造做法。
13. 简述常用块料地面的种类、特点及适用范围。
14. 常用阳台有哪几种类型？绘图说明中间挑阳台的结构布置和钢筋混凝土栏杆与阳台板的连接构造。
15. 绘图表示雨篷构造。

# 第五章 楼 梯

**学习目标**

通过本章的学习，要求学生掌握楼梯的组成、类型、尺度及构造；熟悉楼梯踏步、栏杆、扶手等的细部构造及连接方式、尺寸和构造要求；了解电梯和自动扶梯的基本知识；了解楼梯的设计要求。

**提示**

建筑空间的竖向组合交通联系，依靠楼梯、电梯、自动扶梯、台阶、坡道以及爬梯等竖向交通设施。其中，楼梯作为竖向交通和人员紧急疏散的主要交通设施，使用最为广泛；垂直升降电梯则用于七层以上的多层建筑和高层建筑，在一些标准较高的宾馆等低层建筑中也有使用；自动扶梯用于人流量大且使用要求高的公共建筑，如商场、候车楼等；台阶用于室内外高差之间和室内局部高差之间的联系；坡道则用于建筑中有无障碍交通要求的高差之间的联系，也用于多层车库中通行汽车和医疗建筑中通行担架车等；爬梯专用于检修等。

## 第一节 楼梯的组成、类型及尺度

**一、楼梯的组成**

建筑中，凡布置楼梯的房间称楼梯间。楼梯一般由楼梯段、平台及栏杆（或栏板）三部分组成（图 5-1）。

1. 楼梯段

楼梯段又称楼梯跑，是楼梯的主要使用和承重部分。它由若干个踏步组成。为减少人们上下楼梯时的疲劳和适应行人的习惯，一个楼梯段的踏步数要求最多不超过 18 级，最少不少于 3 级。

楼梯段和平台之间的空间称楼梯井。当公共建筑楼梯井净宽大于 200mm，住宅楼梯井净宽大于 110mm 时，必须采取措施来保证安全。

2. 平台

平台是指两楼梯段之间的水平板，有楼层平台、中间平台之分。其主要作用在于缓解疲劳，让人们在连续上楼时可在平台上稍加休息，故又称休息平台。同时，平台还是梯段之间转换方向的连接处。

3. 栏杆

栏杆是楼梯段的安全设施，一般设置在梯段的边缘和平台临空的一边，要求它必须坚

图 5-1　楼梯的组成

固可靠，并保证有足够的安全高度。栏杆有实心栏杆和漏空栏杆之分。实心栏杆又称栏板。栏杆上部供人们倚扶的配件称扶手。

**二、楼梯的类型**

按位置不同分，楼梯有室内与室外两种。按使用性质分，室内有主要楼梯、辅助楼梯；室外有安全楼梯、防火楼梯。按材料分有木质楼梯、钢筋混凝土楼梯、钢质楼梯、混合式楼梯和金属楼梯。按楼梯的平面形式不同，可分为如下几种（图 5-2～图 5-4）。

**1. 单跑直楼梯**

单跑直楼梯是无楼梯平台、直达上一层楼面标高的楼梯。一般梯段平面呈直线状，在使用中不改变行进方向。构造很简单，适合于层高较低的建筑［图 5-2（a）］。

图 5-2　楼梯平、剖面形式

　（a）直跑楼梯；（b）双跑折角楼梯；（c）双跑平行楼梯；（d）双跑直楼梯；（e）三跑楼梯；（f）四跑楼梯；（g）双分式楼梯；（h）双合式楼梯；（i）八角形；（j）圆形；（k）螺旋形；（l）弧形；（m）剪刀式；（n）交叉式

图 5-3　楼梯间平面形式

图 5-4　楼梯实例

(a) 双分转角楼梯；(b) 曲尺楼梯；(c) 剪刀楼梯；(d) 弧形楼梯；(e) 中柱螺旋楼梯；(f) 无中柱螺旋楼梯

## 2. 双跑楼梯

双跑楼梯由两跑梯段及一楼梯平台组成。通过梯段与楼梯平台的不同组合，有双跑直楼梯 [图 5-2 (d)]、曲尺楼梯 [图 5-2 (b)]、双跑平行楼梯 [图 5-2 (c)] 等多种变化。

(1) 双跑直楼梯：在使用中不改变行进方向，两梯段间设一楼梯平台，适用于楼层较高或人流量大的公共活动场所，如影剧院、体育建筑、百货商场等 [图 5-2 (d)]。

(2) 曲尺楼梯：楼梯平面呈"L"状，一般设在少数楼层之间，且通常不设楼梯间，可沿一两片墙面开敞布置。

(3) 双跑平行楼梯：在使用中改变行进方向，是最为常见的适用面广的一种楼梯形短。在建筑中起主要垂直交通或疏散作用 [图 5-2 (c)]。通常设楼梯间。

## 3. 三跑（或多跑）楼梯

三跑楼梯由三跑楼段、一或两个楼梯平台组成。梯段和楼梯平台的组合方式不同，可产生双分转角楼梯 [图 5-2 (g)]、合上双分或分上双合楼梯 [图 5-2 (h)] 和八角形楼梯 [图 5-2 (i)]、Ⅱ形楼梯 [图 5-2 (e)、(f)] 等多种变化。双分转角和合上双分式楼梯相当于两个双跑楼梯并联在一起，其均衡对称的形式，典雅庄重，常用于对称式门厅内，底层楼梯平台下常设门，作为门厅通道。Ⅱ形楼梯又称三跑楼梯，每上一梯段，折 90° 改变行进方向，楼梯间近方形，一般适用于层高较高的公共建筑，也可连接层高不同的楼层或夹层，但不宜用于有儿童经常使用的住宅或小学校。常利用围成的空间作电梯井道。

## 4. 圆形楼梯

圆形楼梯是投影平面呈圆形的楼梯 [图 5-2 (i)]。由曲梁或曲板支承荷载，踏步呈扇形，可增加建筑空间的轻松活泼气氛，富于装饰性，适用于公共建筑中。

## 5. 螺旋楼梯

螺旋楼梯是梯段绕一根主轴旋转而上的楼梯 [图 5-2 (k)]，分为中柱式和无中柱式两类。中柱式的扇形踏步悬挑支承在中立柱上，不设中间楼梯平台，占地少，结构简单，施工方便，但受层高限制，坡高较陡，适用于人流少、使用不频繁的场所。无中柱式的内半径较中柱式为大，结构形式分扭板和扭梁两种。扭梁又有单梁、双梁之分。结构和施工较复杂，常用于公共建筑大厅中。螺旋楼梯的踏步呈扇形，一般要求离内侧扶手 0.25m 处的踏步宽度不应小于 0.22m。多采用钢筋混凝土制作。旋律明快、活泼，有一种强烈的动感，富于装饰性，并有助于从竖向扩大空间，使室内景观得到变化。

## 6. 弧形楼梯

弧形楼梯是投影平面呈弧形的楼梯 [图 5-2 (l)]。由曲梁或曲板支承，踏步略呈扇形，造型活泼，富于装饰性。单跑和双跑弧形楼梯均适用于公共建筑门厅内。

## 7. 交叉式楼梯

交叉式楼梯又称为叠合式楼梯 [图 5-2 (n)]，是在同一楼梯间内，由一对互相重叠而又不连通的单跑直上或双跑直上梯段构成的楼梯。能通过较多人流并节省建筑面积。

## 8. 剪刀式楼梯

剪刀式楼梯又称桥式楼梯 [图 5-2 (m)]。由一对方向相反、楼梯平台共用的双跑平行梯段组成。能同时通过较多人流，并能有效利用建筑空间。用于人流量大的公共建筑中。

**三、楼梯的设计要求**

楼梯既是楼房建筑中的垂直交通枢纽，也是进行安全疏散的主要工具，为确保使用安全，楼梯的设计必须满足如下要求。

（1）作为主要楼梯，应与主要出入口邻近，且位置明显；同时还应避免垂直交通与水平交通在交接处拥挤、堵塞。

（2）必须满足防火要求，楼梯间除允许直接对外开窗采光外，不得向室内任何房间开窗；楼梯间四周墙壁必须为防火墙；对防火要求高的建筑物特别是高层建筑，应设计成封闭式楼梯或防烟楼梯。

（3）楼梯间必须有良好的自然采光。

**四、楼梯的尺度**

1. 楼梯段的宽度

楼梯的宽度必须满足上下人流及搬运物品的需要。从确保安全角度出发，楼梯段宽度是由通过该梯段的人流数确定的。通常，梯段净宽除应符合防火规范的规定外，供日常主要交通用的楼梯的梯段净宽应根据建筑物使用特征，按每股人流宽为 0.55m＋(0～0.15)m 的人流股数确定，且不少于两股人流。这里的 0～0.15m 是人流在行进中人体的摆幅，人流较多的公共建筑应取上限值。

为确保通过楼梯段的人流和货物也能顺利地在楼梯平台上通过，楼梯平台的净宽不得小于梯段宽度。

2. 楼梯的坡度与踏步尺寸

楼梯的坡度系指梯段的斜率。一般用斜面与水平面的夹角表示，亦可用斜面在垂直面上的投影高和在水平面上的投影宽之比来表示。楼梯梯段的最大坡度不宜超过 38°。坡度小时，行走舒适，但占地面积大；反之，可节约面积，但行走较吃力。当坡度小于 20°时，采用坡道；大于 45°时，则采用爬梯（图 5-5）。

楼梯坡度应根据建筑物的使用性质和层高来确定。对使用频繁、人流密集的公共建筑，其坡度宜平缓些；对使用人数较少的居住建筑或某些辅助性楼梯，其坡度可适当陡些。

图 5-5 楼梯、坡道、爬梯的坡度范围

楼梯坡度实质上与楼梯踏步密切相关，踏步高与宽之比即可构成楼梯坡度。踏步高常以 $h$ 表示，踏步宽常以 $b$ 表示（图 5-6）。

图 5-6 踏步尺寸

踏步尺寸与人行步距有关。通常用下列经验公式表示

$$2h＋b＝600～620mm \quad 或 \quad h＋b≈450mm$$

式中        $h$——踏步高度（mm）；

$b$——踏步宽度（mm）；

600～620mm——一般人的平均步距。

民用建筑中，楼梯踏步的最小宽度与最大高度的限制值见表 5-1。

楼梯踏步最小宽度和最大高度（m）　　　　　　　表 5-1

| 楼 梯 类 别 | 最小宽度 $b$ | 最大高度 $h$ |
|---|---|---|
| 住宅公用楼梯 | 0.26 | 0.175 |
| 幼儿园、小学校等楼梯 | 0.26 | 0.15 |
| 电影院、剧场、体育馆、商场、医院、疗养院等楼梯 | 0.28 | 0.16 |
| 办公楼、科研等、宿舍、中学、大学等楼梯 | 0.25 | 0.17 |
| 专用疏散楼梯 | 0.25 | 0.18 |
| 服务楼梯、住宅套内楼梯 | 0.22 | 0.20 |

注：1. 无中柱螺旋楼梯和弧形楼梯离内侧扶手 0.25mm 处的踏步宽度不应小于 0.22mm；

　　2. 本表摘自《民用建筑设计通则》（GB 50352—2005）；

　　3. 括弧内为常用踏步尺寸。

在设计踏步宽度时，当楼梯间深度受到限制，致使踏面宽不足最低尺寸，为保证踏面宽有足够尺寸而又不增加总进深起见，可以采用出挑踏口或将踢面向外倾斜的办法，使踏面实际宽度增加。一般踏口的出挑长为 20～25mm［图 5-6（b）、（c）］。

**3. 楼梯栏杆扶手的高度**

楼梯栏杆扶手的高度，指踏面前缘至扶手顶面的垂直距离。楼梯扶手的高度与楼梯的坡度、楼梯的使用要求有关，很陡的楼梯，扶手的高度矮些，坡度平缓时高度可稍大。在 30°左右的坡度下常采用 900mm；儿童使用的楼梯一般为 600mm（图 5-7）。对一般室内楼梯≥900mm，靠梯井一侧水平栏杆长度＞500mm 时，其高度≥1000mm，室外楼梯栏杆高度≥1050mm。

图 5-7　栏杆、扶手高度

**4. 楼梯梯段尺寸的确定**

设计楼梯主要是解决楼梯梯段的设计，而梯段的尺寸与楼梯间的开间、进深与建筑物的层高有关。当楼梯间的开间、进深初步确定之后，根据建筑物的层高即可进行楼梯有关尺度的计算。

（1）梯段宽度与平台宽的计算。

在楼梯间的尺寸已定的前提下，梯段宽应按开间确定。对双跑梯，当楼梯间开间净宽为 $A$ 时，则梯段宽 $B$ 为：

$$B=\frac{A-C}{2}$$

式中：$C$ 为两梯段之间的缝隙宽，考虑消防、安全和施工的要求，应 $C \geqslant 150$mm，一般为 160～200mm。有儿童经常使用的，梯井净宽＞200mm 时，必须采取安全措施。楼梯井四周为梯段和楼梯平台内侧面围绕的空间，以 60～200mm 为宜。

因平台宽应大于或等于梯段宽，所以 $D \geqslant B$（$D$ 为平台宽）。

（2）踏步的尺寸与数量的确定。

当层高 $H$ 已知，根据建筑的使用性质，从表 5-1 中选定踏步高 $h$ 和踏步宽 $b$。于是踏

步数 $N$ 为：

$$N = \frac{H}{h}$$

（3）梯段长度计算。

梯段长度取决于踏步数量。当 $N$ 已知后，对两段等跑的楼梯梯段长 $L$ 为：

$$L = \left(\frac{N}{2} - 1\right)b$$

式中：$\left(\frac{N}{2}-1\right)$ 系指梯段踏步宽在平面上的数量。由于平面上平台内已包含了一级踏步宽，故计算踏步的数量时需减去一个踏步宽。

根据计算所确定的尺寸即可绘制平面图和剖面图（图 5-8）。

$A$——楼梯开间净宽；

$B$——梯段宽度；

$C$——梯井宽度（60～200mm）；

$D$——楼梯平台宽度；

$H$——层高；

$L$——楼梯段水平投影长度；

$N$——踏步级数；

$h$——踏步高；

$b$——踏步宽。

5. 楼梯的净空高度

图 5-8　梯段设计尺寸

楼梯的净空高度系指梯段的任何一级踏步

至上一层平台梁底的垂直高度；或底层地面至底层平台（或平台梁）底的垂直距离；或下层梯段与上层梯段间的高度。为保证在这些部位通行或搬运物件时不受影响，其净高在平台处应大于 2m；在梯段处应大于 2.2m（图 5-9）。

图 5-9　梯段及平台部位净高要求

在大多数居住建筑中，常利用楼梯间作为出入口，加之居住建筑的层高较低，因此应特别重视平台下通行时的净高设计问题。

当楼梯底层中间平台下作通道时，为求得下面空间净高≥2000mm，常采用以下几种处理方法：

（1）将楼梯底层设计成"长短跑"，让第一跑的踏步数目多些，第二跑踏步少些，利用踏步的多少来调节下部净空的高度，如图 5-10（a）所示。

（2）降低底层中间平台下的地面标高，即将部分室外台阶移至室内，如图 5-10（b）所示。但应注意两点：其一，降低后的室内地面标高至少应比室外地面高出一级台阶的高度，为 150mm 左右；其二，移至室内的台阶前缘线与顶部平台梁的内缘线之间的水平距离不应小于 500mm。

（3）将上述两种方法结合，即降低底层中间平台下的地面标高，同时增加楼梯底层第一个梯段的踏步数量，如图 5-10（c）所示。

（4）将底层采用直跑楼梯，如图 5-10（d）所示。这种方式多用于少雨地区的住宅建筑，但要注意入口处雨篷底面标高的位置，保证通行净空高度的要求。

图 5-10　平台下作出入口时楼梯净高设计的几种方式
（a）底层长短跑；（b）降低底层平台下室内地面标高（局部降低地坪）；
（c）底层长短跑并局部降低地坪；（d）底层采用直跑梯段

## 第二节　现浇钢筋混凝土楼梯

钢筋混凝土楼梯按施工方式可分为现浇式和预制装配式两类。

现浇钢筋混凝土楼梯是指楼梯段、楼梯平台等整浇在一起的楼梯。它整体性好，刚度大，对抗震较为有利。但由于模板耗费较多，且施工速度缓慢，因而较适合于工程比较小且抗震设防要求较高的建筑中，对螺旋梯、弧形梯由于形状复杂，以采用现浇有利。

现浇楼梯按梯段的传力特点，有板式梯段和梁板式梯段之分。

**一、板式梯段**

板式梯段是指楼梯段作为一块整板，斜搁在楼梯的平台梁上。平台梁之间的距离便是这块板的跨度，如图 5-11（a）所示。也有带平台板的板式楼梯，即把两个或一个平台板和一个梯段组合成一块折形板，这时，平台下的净空扩大了，且形式简洁，如图 5-11（b）所示。

近年来各地较多地采用了悬臂板式楼梯，其特点是梯段和平台均无支承，完全靠上、下梯段与平台组成的空间板式结构与上、下层楼板结构共同来受力，因而造型新颖，空间感好，多用作公共建筑和庭园建筑的外部楼梯，如图 5-11（c）、图 5-12 所示。

图 5-11 现浇钢筋混凝土板式楼梯

（a）不带平台板的梯段；（b）带平台板的梯段；（c）悬挑平台板的梯段

图 5-12 悬挑平台板的梯段实例

### 二、梁板式楼梯段

当梯段较宽或楼梯负载较大时，采用板式梯段往往不经济，须增加梯段斜梁（简称梯梁）以承受板的荷载，并将荷载传给平台梁，这种梯段称梁板式梯段。梁板式梯段在结构布置上有双梁布置和单梁布置之分。双梁式梯段系将梯段斜梁布置在梯段踏步的两端，这时踏步板的跨度便是梯段的宽度。这样板跨小，对受力有利（图5-13a）。这种梯梁在板下部的称正梁式梯段。有时为了让梯段底表面平整或避免洗刷楼梯时污水沿踏步端头下淌，弄脏楼梯，常将梯梁反向上面，称反梁式梯段〔见图5-13 (b)〕。

图 5-13　现浇钢筋混凝土梁板式楼梯

(a) 正梁式梯段；(b) 反梁式梯段

在梁板式结构中，单梁式楼梯是近年来公共建筑中采用较多的一种结构形式。这种楼梯的每个梯段由一根梯梁支承踏步。梯梁布置有两种方式，一种是单梁悬臂式楼梯，系将梯段斜梁布置在踏步的一端，而将踏步的另一端向外悬臂挑出〔图5-14 (a)〕；另一种是将梯段斜梁布置在梯段踏步的中间，让踏步从梁的两侧悬挑，称为单梁挑板式楼梯〔图5-14 (b)〕。单梁楼梯受力复杂，梯梁不仅受弯，而且受扭，特别是单梁悬臂式楼梯更为

图 5-14　单梁式楼梯（一）

(a) 单梁悬臂踏板式楼梯

图 5-14 单梁式楼梯（二）

(b) 单梁挑板式楼梯

明显。但这种楼梯外形轻巧、美观，常为建筑空间造型所采用。

单梁挑板式楼梯受力较单梁悬臂式楼梯合理。其梯梁的支承方式有两种：一种是将双跑梯的两根梯梁组合成一刚架，支承在与楼层同高的平台或立柱上，而中间平台部分与梯梁刚接［图5-14（b）Ⅰ—Ⅰ剖面］；另一种则在中间平台处设平台梁，由平台梁支承梯梁，并将荷载传到平台梁下的立柱上［图5-14（b）Ⅱ—Ⅱ剖面］。

## 第三节　预制装配式钢筋混凝土楼梯构造

钢筋混凝土楼梯具有坚固耐用、节约木材、防火性能好、可塑性强等优点，得到广泛应用。按其施工方式可分为预制装配式和现浇整体式。预制装配式有利于节约模板、提高施工速度，使用较为普遍。

预制装配式钢筋混凝土楼梯按其构造方式可分为梁承式、墙承式和墙悬臂式等类型。本节以常用的平行双跑楼梯为例，阐述预制装配式钢筋混凝土楼梯的一般构造原理和做法。

**一、预制装配梁承式钢筋混凝土楼梯**

预制装配梁承式钢筋混凝土楼梯、系指梯段由平台梁支承的楼梯构造方式。由于在楼梯平台与斜向梯段交汇处设置了平台梁，避免了构件转折处受力不合理和节点处理的困难，在一般大量性民用建筑中较为常用。预制构件可按梯段（板式或梁板式梯段）、平台梁、平台板三部分进行划分（图5-15）。

1. 梯段

（1）梁板式梯段。

梁板式梯段由楼梯斜梁和踏步板组成。一般在踏步板两端各设一根楼梯斜梁，踏步板支承在楼梯斜梁上。由于构件小型化，不需要大型起重设备即可安装，施工简便（图5-15a）。

图 5-15 预制装配梁承式楼梯

(a) 梁板式梯段；(b) 板式梯段

1）踏步板：踏步板断面形式有一字形，L形、⌐形、三角形等，断面厚度根据受力情况约为 40～80mm（图 5-16）。一字形断面踏步板制作简单，踢面可漏空或填实，但其受力不太合理，仅用于简易梯、室外梯等。L形与⌐形断面踏步板较一字形断面踏步板受力合理，用料省，自重轻，为平板带肋形式，其缺点是底面呈折线形，不平整。三角形断面踏步板使梯段底面平整、简洁，解决了前几种踏步板底面不平整的问题。为了减轻自重，常将三角形断面踏步板抽孔，形成空心构件。

图 5-16 踏步板断面形式

(a) 一字形；(b) L形；(c) ⌐形；(d) 三角形

2）梯斜梁：梯斜梁一般为矩形断面，为了减少结构所占空间，也可做成L形断面，但构件制作较复杂。用于搁置一字形、L形、⌐形断面踏步板的梯斜梁为锯齿形变断面构件。用于搁置三角形断面踏步板的梯斜梁为等断面构件（图 5-17）。梯斜梁一般按 $L/12$ 估算其断面有效高度（$L$ 为梯斜梁水平投影跨度）。

（2）板式梯段。

板式梯段为整块或数块带踏步条板，其上下端直接支承在平台梁上［图5-15（b）］。由于没有梯斜梁，梯段底面平整，结构厚度小，其有效断面厚度可按 $L/20 \sim L/30$ 估算，由于梯段板厚度小，且无梯斜梁，使平台梁位置相应抬高，增大了平台下净空高度。

图5-17 预制梯段斜梁的形式

为了减轻梯段板自重，也可做成空心构件，有横向抽孔和纵向抽孔两种方式。横向抽孔较纵向抽孔合理易行，较为常用（图5-18）。

2. 平台梁

为了便于支承梯斜梁或梯段板，平衡梯段水平分力并减少平台梁所占结构空间，一般将平台梁做成L形断面（图5-19）。其构造高度按 $L/12$ 估算（L为平台梁跨度）。

图5-18 条板式梯段

图5-19 平台梁断面尺寸

3. 平台板

平台板可根据需要采用钢筋混凝土空心板、槽板或平板。需要注意的是，在平台上有管道井处，不宜布置空心板。平台板一般平行于平台梁布置，以利于加强楼梯间整体刚度。当垂直于平台梁布置时，常用小平板，图5-20为平台板布置方式。

4. 构件连接构造

由于楼梯是主要交通部件，对其坚固耐久、安全可靠的要求较高，特别是在地震区建筑中更需引起重视。并且梯段为倾斜构件，故需加强各构件之间的连接，提高其整体性。

（1）踏步板与楼梯斜梁连接。

如图5-21（a）所示，一般在楼梯斜梁支承踏步板处用水泥砂浆坐浆连接。如需加强可在楼梯斜梁上预埋插筋，与踏步板支承端预留孔插接，用高强度等级水泥砂浆填实。

（2）楼梯斜梁或梯段板与平台梁连接。

如图5-21（b）所示，在支座处除了用水泥砂浆坐浆外，应在连接端预埋钢板进行焊接。

图 5-20　梁承式梯段与平台的结构布置

(a) 平台板两端支承在楼梯间侧墙上，与平台梁平行布置；

(b) 平台板与平台梁垂直布置

（3）楼梯斜梁或梯段板与梯基连接。

如图 5-21（c）、（d）所示，在楼梯底层起步处，梯斜梁或梯段板下应作梯基，梯基常用砖或混凝土，也可用平台梁代替梯基。但需注意该平台梁无梯段处与地坪的关系。

图 5-21　构件连接构造

(a) 踏步板与梯斜梁连接；(b) 梯段与平台梁连接；

(c) 楼段与梯基连接；(d) 平台梁代替梯基

## 二、预制装配墙承式钢筋混凝土楼梯

预制装配墙承式钢筋混凝土楼梯，系指预制钢筋混凝土踏步板直接搁置在墙上的一种楼梯形式（图 5-22）。其踏步板一般采用一字形、L 形或┐形断面。

预制装配墙承式钢筋混凝土楼梯由于踏步两端均有墙体支承，不需设平台梁和梯斜梁，也不必设栏杆，需要时设靠墙扶手，可节约钢材和混凝土。但由于每块踏步板直接安装入墙体，对墙体砌筑和施工速度影响较大。同时，踏步板入墙端形状、尺寸与墙体砌块模数不容易吻合，砌筑质量不易保证，影响砌体强度。

这种楼梯由于在梯段之间有墙，搬运家具不方便，也阻挡视线，上下人流易相撞。通常在中间墙上开设观察口 [图 5-22 (a)]，以使上下人流视线流通。也可将中间墙两端靠平台部分局部收进 [图 5-22 (b)]，以使空间通透，有利于改善视线和搬运家具物品。但这种方式对抗震不利，施工也较麻烦。

图 5-22　墙承式楼梯

### 三、预制装配墙悬臂式钢筋混凝土楼梯

预制装配墙悬臂式钢筋混凝土楼梯，系指预制钢筋混凝土踏步板一端嵌固于楼梯间侧墙上，另一端凌空悬挑的楼梯形式。

预制装配墙悬臂式钢筋混凝土楼梯无平台梁和梯斜梁，也无中间墙，楼梯间空间轻巧空透，结构占空间少，在住宅建筑中使用较多。但其楼梯间整体刚度极差，不能用于有抗震设防要求的地区。由于需随墙体砌筑安装踏步板，并需设临时支撑，施工比较麻烦。

预制装配墙悬臂式钢筋混凝土楼梯用于嵌固踏步板的墙体厚度不应小于 240mm，踏步板悬挑长度一般≤1800mm，以保证嵌固端牢固。

踏步板一般采用 L 形或┐形带肋断面形式，其入墙嵌固端一般做成矩形断面，嵌入深度≥240mm，砌墙砖的强度等级≥MU10，砌筑砂浆强度等级≥M5 [图 5-23 (a)、(b)]。

为了加强踏步板之间的整体性，在构造上需将单块踏步板互相连接起来。可在踏步板悬臂端留孔，用插筋套接，并用高强度等级水泥砂浆嵌固。在梯段起步或末步处，根据所采用的踏步断面是 L 形或┐形，需填砖处理 [图 5-23 (c)]。

在楼层平台与梯段交接处，由于楼梯间侧墙另一面常有楼板支承在该墙上，其入墙位置与踏步板入墙位置冲突，需对此块踏步板作特殊处理 [图 5-23 (d)]。

图 5-23　悬臂踏步楼梯

(*a*) 悬臂踏步楼梯示意；(*b*) 踏步构件；(*c*) 平台转换处剖面；(*d*) 预制楼板处构件

# 第四节　楼梯的细部构造

## 一、踏步的踏面

楼梯踏步的踏面应光洁、耐磨，易于清扫。面层常采用水泥砂浆、水磨石等，也可采用铺缸砖、贴油地毡或铺大理石板。前两种多用于一般工业与民用建筑中，后几种多用于有特殊要求或较高级的公共建筑中。

为防止行人在上下楼梯时滑跌，特别是水磨石面层以及其他表面光滑的面层，常在踏步近踏口处，用不同于面层的材料做出略高于踏面的防滑条；或用带有槽口的陶土块或金属板包住踏口（图 5-24、图 5-25）。如果面层系采用水泥砂浆抹面，由于表面粗糙，可不做防滑条。

图 5-24　各种防滑处理

## 二、栏杆、栏板与扶手

（1）栏杆。

栏杆多采用方钢、圆钢、钢管或扁钢等材料，并可焊接或铆接成各种图案，既起防护作用，又起装饰作用（图 5-26～图 5-28）。方钢截面的边长与圆钢的直径一般为 20mm，扁钢

图 5-25　防滑处理实例

截面不大于 6mm×40mm。栏杆钢条花格的间隙，对居住建筑或儿童使用的楼梯，均不宜超过 120mm，为防止儿童攀爬，亦不宜设水平横杆，常见栏杆的形式如图 5-26 所示。

栏杆与踏步的连接方式有锚接、焊接和栓接三种（图 5-27）。所谓锚接是在踏步上预留孔洞，然后将钢条插入孔内，预留孔一般为 50mm×50mm。插入洞内至少 80mm。洞内浇筑水泥砂浆或细石混凝土嵌固［图 5-27（a）］。焊接则是在浇筑楼梯踏步时，在需要设置栏杆的部位，沿踏面预埋钢板或在踏步内埋套管，然后将钢条焊接在预埋钢板或套管上［图 5-27（b）］。栓接系指利用螺栓将栏杆固定在踏步上，方式可有多种［图 5-27（c）］。

图 5-26　楼梯栏杆的形式

图 5-27　楼梯栏杆与踏步的连接方式
（a）锚接；（b）预埋铁件焊接；（c）螺栓连接

图 5-28 栏杆实例

（2）栏板。

栏板多用钢筋混凝土或加筋砖砌体制作，也有用钢丝网水泥板的。钢筋混凝土栏板有预制和现浇两种。

砖砌栏板系用普通砖侧砌，60mm 厚，外侧用钢筋网加固，再用钢筋混凝土扶手与栏板连成整体［图 5-29（a）］。

钢筋混凝土栏板与钢丝网水泥栏板类似，多采用现浇处理，比砖砌栏板牢固、安全、耐久，但栏板厚度以及造价和自重增大［图 5-29（b）］。

图 5-29 栏板
（a）1/4 砖砌栏板；（b）钢板网水泥栏板

（3）混合式。

混合式是指空花式和栏板式两种栏杆形式的组合，栏杆竖杆作为主要抗侧力构件，栏板则作为防护和美观装饰构件，其栏杆竖杆常采用钢材或不锈钢等材料，其栏板部分常采用轻质美观材料制作，如木板、塑料贴面板、铝板、有机玻璃板和钢化玻璃板等（图 5-30、图 5-31）。

三、扶手

楼梯扶手按材料分有木扶手、金属扶手、塑料扶手等，以构造分有漏空栏杆扶手、栏板扶手和靠墙扶手等。

木扶手藉木螺钉通过扁钢与漏空栏杆连接［图 5-32（a）］；塑料扶手［图 5-32（b）］；金属扶手则通过焊接或螺钉连接［图 5-32（c）］；栏板上的扶手多采用抹水泥砂浆或水磨石粉面的处理方式［图 5-32（d）］；靠墙扶手则由预埋铁脚的扁钢藉木螺钉来固定［图 5-32（e）、图 5-33］。

图 5-30 混合式栏杆

图 5-31 栏板实例

图 5-32 栏杆及栏板的扶手构造

(a) 木扶手；(b) 塑料扶手；(c) 金属扶手；(d) 栏板扶手；(e) 靠墙扶手

图 5-33　混合式栏杆实例

### 四、楼梯的基础

楼梯的基础简称为梯基。靠底层地面的梯段需设梯基，梯基的做法有两种：一种是楼梯直接设砖、石材或混凝土基础；另一种是楼梯支承在钢筋混凝土地基梁上。当持力层埋深较浅时采用第一种较经济，但地基的不均匀沉降对楼梯有影响。图 5-34 是预制梯段的两种梯基构造示意。

图 5-34　梯基构造示意

## 第五节　室外台阶与坡道

台阶与坡道都是设置在建筑物出入口处的辅助配件，根据使用要求的不同，在形式上有所区别。在一般民用建筑中，大多设置台阶，只有在车辆通行及特殊的情况下，才设置坡道，如医院、宾馆、幼儿园、行政办公大楼以及工业建筑的车间大门等处。

台阶和坡道在入口处对建筑物的立面还具有一定装饰作用，因而设计时既要考虑实用，还要注意美观。

### 一、台阶与坡道的形式

台阶由踏步和平台组成。其形式有单面踏步式、三面踏步式等［图 5-35（a）、（b）、

图 5-36]。台阶坡度较楼梯平缓，每级踏步高为 100～150mm，踏面宽为 300～400mm。当台阶高度超过 1m 时，宜有护栏设施。

坡道多为单面坡形式，极少三面坡的，坡道坡度应以有利推车通行为佳，一般为 1/10～1/8，也有 1/30 的［图 5-35（c）］。还有些大型公共建筑，为考虑汽车能在大门入口处通行，常采用台阶与坡道相结合的形式［图 5-35（d）］。

图 5-35　台阶与坡道的形式

（a）三面踏步式；（b）单面踏步式；（c）踏步坡道结合式；（d）踏步坡道结合式

图 5-36　台阶实例

## 二、台阶构造

室外台阶的平台应与室内地坪有一定高差，一般为 40～50mm，而且表面需向外倾斜，以免雨水流向室内。

台阶构造与地坪构造相似，由面层和结构层构成。结构层材料应采用抗冻、抗水性能好且质地坚实的材料，常见的台阶基础有就地砌造、勒脚挑出和桥式三种。台阶踏步有砖砌踏步、混凝土踏步、钢筋混凝土踏步、石踏步四种。高度在 1m 以上的台阶需考虑设栏杆或栏板（图 5-37、图 5-38）。

面层应采用耐磨、抗冻材料。常见的有水泥砂浆、水磨石、缸砖以及天然石板等。水磨石在冰冻地区容易造成滑跌，故应慎用。若使用时必须采取防滑措施。缸砖、天然石板等多用于大型公共建筑大门入口处。

为预防建筑物主体结构下沉时拉裂台阶，应待主体结构有一定沉降后，再做台阶。

## 三、坡道构造

坡道材料常见的有混凝土或石块等，面层也以水泥砂浆居多，对经常处于潮湿、坡度较陡或采用水磨石作面层的，在其表面必须作防滑处理，其构造如图 5-39、图 5-40 所示。

图 5-37　各式台阶构造示意

(a) 砖台阶；(b) 石台阶；(c) 桥式台阶；(d) 混凝土台阶

图 5-38　台阶构造

(a) 实铺；(b) 架空

图 5-39　坡道构造

(a) 混凝土坡道；(b) 块石坡道；(c) 防滑锯齿槽坡面；(d) 防滑条坡面

142

图 5-40 坡道实例

## 第六节 电梯与自动扶梯

**一、电梯**

电梯是高层住宅与公共建筑、工厂等不可缺少的重要垂直运载设备。

1. 电梯的类型

(1) 按使用性质分：

1) 客梯：主要用于人们在建筑物中的垂直联系。

2) 货梯：主要用于运送货物及设备。

3) 消防电梯：用于发生火灾、爆炸等紧急情况下作安全疏散人员和消防人员紧急救援使用。

(2) 按电梯行驶速度分：

为缩短电梯等候时间，提高运送能力，需确定恰当速度。根据不同层数的不同使用要求可分为：

1) 高速电梯：速度大于 2m/s，梯速随层数增加而提高，消防电梯常用高速。

2) 中速电梯：速度在 2m/s 之内，一般货梯，按中速考虑。

3) 低速电梯：运送食物电梯常用低速，速度在 1.5m/s 以内。

(3) 其他分类：

有按单台、双台分；按交流电梯、直流电梯分；按轿厢容量分；按电梯门开启方向分等。

(4) 观光电梯。观光电梯是把竖向交通工具和登高流动观景相结合的电梯。透明的轿厢使电梯内外景观相互沟通。

2. 电梯的组成

(1) 电梯井道。

电梯井道是电梯运行的通道，井道内包括出入口、电梯轿厢、导轨、导轨撑架、平衡锤及缓冲器等。不同用途的电梯，井道的平面形式是不同的。图 5-41 是客梯、货梯、病床梯和小型杂物梯的井道平面形式。

图 5-41 电梯分类和井道平面

(a) 客梯；(b) 病床梯；(c) 货梯；(d) 小型杂物梯

1—电梯轿厢；2—导轨、导轨撑架；3—平衡锤及缓冲器

(2) 电梯机房。

电梯机房一般设在井道的顶部。机房和井道的平面相对位置允许机房任意向一个或两个相邻方向伸出，并满足机房有关设备安装的要求。机房楼板应按机器设备要求的部位预留孔洞。

(3) 井道地坑。

井道地坑在最底层平面标高下≥1.4m，考虑电梯停靠时的冲力，作为轿厢下降时所需的缓冲器的安装空间。

(4) 组成电梯的有关部件：

1) 轿厢。是直接载人、运货的厢体。电梯轿厢应造型美观，经久耐用，当今轿厢采用金属框架结构，内部用光洁有色钢板壁面或有色有孔钢板壁面，花格钢板地面，荧光灯局部照明以及不锈钢操纵板等。入口处则采用钢材或坚硬铝材制成的电梯门槛。

2) 井壁导轨和导轨支架。是支承、固定厢上下升降的轨道。

3) 牵引轮及其钢支架、钢丝绳、平衡锤、轿厢开关门、检修起重吊钩等。

4) 有关电器部件。交流电动机、直流电动机、控制柜、继电器、选层器、动力、照明、电源开关、厅外层数指示灯和厅外上下召唤盒开关等。

3. 电梯与建筑物相关部位的构造

(1) 井道、机房建筑的一般要求：

1) 通向机房的通道和楼梯宽度不小于1.2m，楼梯坡度不大于45°。

2) 机房楼板应平坦整洁，能承受6kPa的均布荷载。

3) 井道壁多为钢筋混凝土井壁或框架填充墙井壁。井道壁为钢筋混凝土时，应预留150mm见方、150mm深孔洞、垂直中距2m，以便安装支架。

4) 框架（圈梁）上应预埋钢板，钢板后面的焊件与梁中钢筋焊牢。每层中间加圈梁一道，并需设置预埋钢板。

5) 电梯为两台并列时，中间可不用隔墙而按一定的间隔放置钢筋混凝土梁或型钢过梁，以便安装支架。

(2) 电梯导轨支架的安装。

安装导轨支架分预留孔插入式和预埋铁件焊接式，电梯井构造如图5-42所示。

4. 电梯井道构造

(1) 电梯井道的设计应满足如下要求：

图 5-42 电梯组成示意

(a) 平面；(b) 通过电梯门剖面（无隔声层）

1) 井道的防火。井道是建筑中的垂直通道，极易引起火灾的蔓延，因此井道四周应为防火结构。井道壁一般采用现浇钢筋混凝土或框架填充墙井壁。同时当井道内超过两部电梯时，需用防火围护结构予以隔开。

2) 井道的隔振与隔声。电梯运行时产生振动和噪声。一般在机房机座下设弹性垫层隔振；在机房与井道间设高 1.5m 左右的隔声层（图 5-43）。

3) 井道的通风。为使井道内空气流通，火警时能迅速排除烟和热气，应在井道底部和中部适当位置（高层时）及地坑等处设置不小于 300mm×600mm 的通风口，上部可以和排烟口结合，排烟口面积不少于井道面积的 3.5%。通风口总面积的 1/3 应经常开启。通风管道可在井道顶板上或井道壁上直接通往室外。

4) 其他。

地坑要注意防水、防潮处理，坑壁应设爬梯和检修灯槽。

(2) 电梯井道细部构造。

电梯井道的细部构造包括厅门门套装修及门的牛腿处理，导轨撑架与井壁的固结处理等。

电梯井道可用砖砌加钢筋混凝土圈梁，但大多

图 5-43 电梯机房的隔振与隔声处理

数为钢筋混凝土结构。井道各层的出入口即为电梯间的厅门，在出入口处的地面应向井道内挑出一牛腿。

由于厅门系人流或货流频繁经过的地方，因此不仅要求坚固适用，而且还要满足一定的美观要求。具体的措施是在厅门洞口上部和两侧安装门套。门套装修可采用多种做法，如水泥砂浆抹面、粘贴水磨石板、大理石板以及硬木板或金属板贴面。金属板为电梯厂家定型制造，其他材料均可现场制作或预制。各种门套的构造处理如图 5-44 所示。

图 5-44　电梯厅门门套装修构造
(a) 水泥砂浆门套；(b) 水磨石门套

厅门牛腿位于电梯门洞下缘，即乘客进入轿厢的踏板处，牛腿出挑长度随电梯规格而变，通常由电梯厂提供数据。牛腿一般为钢筋混凝土现浇或预制构件，其构造如图 5-45 所示。

图 5-45　厅门牛腿部位构造

导轨撑架与井道内壁的连接构造如图 5-46 所示。

**二、自动扶梯**

自动扶梯适用于有大量人流上下的公共场所，如车站、超市、商场、地铁车站等。自动扶梯可正、逆两个方向运行，可作提升及下降使用，机器停转时可作普通楼梯使用。自动扶梯是电动机械牵动梯段踏步连同栏杆扶手带一起运转。机房悬挂在楼板下面，自动扶梯基本尺寸如图 5-47 所示。

自动扶梯的坡道比较平缓，一般采用 30°，运行速度为 0.5～0.7m/s，宽度按输送能力有单人和双人两种。其型号规格见表 5-2。

图 5-46 导轨撑架固定构造

（a）客梯（中分式门）；（b）货梯（直分、两扇式门）

图 5-47 自动扶梯基本尺寸

**自动扶梯型号规格**                                          表 5-2

| 梯型 | 输送能力<br>（人/h） | 提升高度 H<br>（m） | 速度<br>（m/s） | 扶梯宽度 | |
| --- | --- | --- | --- | --- | --- |
| | | | | 净宽 B(mm) | 外宽 B₁(mm) |
| 单人梯 | 5000 | 3～10 | 0.5 | 600 | 1350 |
| 双人梯 | 8000 | 3～8.5 | 0.5 | 1000 | 1750 |

# 本 章 小 结

本章着重讲述了楼梯、室外台阶与坡道、电梯与自动扶梯三部分内容。

147

楼梯部分除有关设计内容外，重点讲了钢筋混凝土楼梯的构造。

1. 楼梯是建筑物中重要的结构构件。它布置在楼梯间内，由楼梯段、平台和栏杆所构成。常见的楼梯平面形式有直跑梯、双跑梯、多跑梯、交叉梯、剪刀梯等。楼梯的位置应明显易找，光线充足，避免交通拥挤、堵塞，同时必须满足防火要求。

2. 楼梯段和平台的宽度应按人流股数确定，且应保证人流和货物的顺利通行。

楼梯段应根据建筑物的使用性质和层高确定其坡度，一般最大坡度不超过38°。梯段坡度与楼梯踏步密切相关，而踏步尺寸又与人行步距紧密相连。

3. 楼梯的净高在平台部位应大于2m，在梯段部位应大于2.2m。在平台下设出入口时，当净高不足2m时，可采用长短跑或利用室内外地面高差将室外的踏步移到室内等办法予以解决。

4. 钢筋混凝土楼梯有现浇式和预制装配式之分，现浇式楼梯可分为板式梯段和梁板式梯段两种结构形式，而梁板式梯段又有双梁布置和单梁布置之分。

5. 中、小型预制构件楼梯可分为预制踏步和预制楼梯斜梁两种。预制踏步有实心三角形、空心三角形、L形和一字形踏步板等形式。预制梯梁有矩形梯梁和锯齿形梯梁，其构造方式有墙承式和梁承式两种。

6. 楼梯的细部构造包括踏步面层处理、栏杆与踏步的连接方式以及扶手与栏杆的连接等。

7. 室外台阶与坡道是建筑物入口处解决室内外地面高差、方便人们进出的辅助构件，其平面布置形式有单面踏步式、三面踏步式、坡道式和踏步、坡道结合式。构造方式又依其所采用材料而异。

8. 电梯是高层建筑的主要交通工具。由轿厢、电梯井道及运载设备三部分构成，其细部构造包括厅门的门套装修、厅门牛腿的处理、导轨撑架与井壁的固结处理等。

9. 自动扶梯适用于有大量人流上下的公共场所。机器停转时可作普通楼梯使用。

对有关楼梯、台阶与坡道等部分的构造应着重将各种细部大样图搞清楚。

## 思 考 题

1. 楼梯是由哪些部分组成的？各组成部分的作用及要求如何？

2. 常见的楼梯有哪几种形式？

3. 楼梯设计的要求如何？

4. 确定楼梯段宽度应以什么为依据？

5. 为什么平台宽不得小于楼梯段宽度？

6. 楼梯坡度如何确定？踏步高与踏步宽和行人步距的关系如何？

7. 一般民用建筑的踏步高与宽的尺寸是如何限制的？当踏面宽不足最小尺寸时怎么办？

8. 楼梯为什么要设栏杆？栏杆扶手的高度一般是多少？

9. 楼梯间的开间、进深应如何确定？

10. 楼梯的净高一般指什么？为保证人流和货物的顺利通行，要求楼梯净高一般是多少？

11. 当建筑物底层平台下作出入口时，为增加净高，常采取哪些措施？

12. 钢筋混凝土楼梯常见的结构形式是哪几种？各有何特点？

13. 预制装配式楼梯的预制踏步形式有哪几种？

14. 预制装配式楼梯的构造形式有哪些？

15. 楼梯踏面的做法如何？水磨石面层的防滑措施有哪些？并看懂构造图。

16. 栏杆与踏步的构造如何？并看懂构造图。

17. 扶手与栏杆的构造如何？并看懂构造图。

18. 实体栏板构造如何？并看懂构造图。

19. 台阶与坡道的形式有哪些？

20. 台阶的构造要求如何？并看懂构造图。

21. 看懂坡道的构造图。

22. 常用电梯有哪几种？

23. 电梯由哪几部分组成？电梯井道的设计应满足什么要求？

24. 什么条件下适宜采用自动扶梯？


## 实训设计作业 2：楼梯构造设计

依下列条件和要求，设计某住宅的钢筋混凝土平行双跑楼梯。

1. 设计条件

该住宅为三层，层高为 2.9m，楼梯间平面与剖面见示意图（图 5-48）。底层设有住宅出入口，楼梯间四壁系承重结构并具防火能力。室内外高差 450mm。

2. 设计要求

（1）根据以上条件，设计楼梯段宽度、长度、踏步数及其高、宽尺寸。

（2）确定休息平台宽度。

（3）经济合理地选择结构支承方式。

（4）设计栏杆形式及尺寸。

3. 图纸要求

（1）用一张 2 号图纸绘制楼梯间顶层、二层、底层平面图和剖面图，比例 1：50。

（2）绘制 2～3 个节点大样图，比例 1：10，反映楼梯各细部构造（包括踏步、栏杆、扶手等）。

（3）简要说明所设计方案及其构造做法特点。

（4）采用铅笔完成，要求字迹工整。布图匀称，所有线条、材料图例等均应符合制图统一规定要求。

4. 几点提示

（1）楼梯选现浇。楼梯段结构形式可选板式，也可选梁板式；

（2）栏杆可选漏空，也可选实体栏板；

（3）底层出入口处地坪也与室外有高差，门上须设雨篷；

（4）楼梯间外墙可开窗，也可作预制花格；

（5）平面图中均以各层地面为准表示楼梯上、下，并于上楼梯一边绘剖切线；

（6）所有未提到部分均由学生自定。

5. 主要参考资料

（1）建筑设计资料集（第二版）（第 3 集），1994 年中国建筑工业出版社出版。

（2）建筑楼梯模数协调标准（GBJ 101—87），中国计划出版社出版。

（3）各地区统一标准图集。

图 5-48　楼梯结构设计作业示意图

# 第六章 门 与 窗

**学习目标**

通过本章的学习，要求学生熟悉门窗的分类及作用；熟悉平开木门窗的组成及各部分的构造；掌握门窗按施工方法不同所分的两种安装方式；掌握铝合金和塑钢门窗的构造及安装；了解门的宽度、数量、位置和开启方式，了解窗的大小、位置和宽度；熟悉构造遮阳的类型、作用及适用范围。

**提示**

在现代建筑中，门窗多作为成品在市场供销与安装，但是我们应该掌握门窗安装的两种施工方式（立口和塞口），以及门窗与墙体牢固连接的几种方法。

## 第一节 门窗的形式与尺度

**一、门窗的作用、形式与尺度**

1. 门窗的作用

门在房屋建筑中的作用主要是交通联系，并兼采光和通风；窗的作用主要是采光、通风及眺望。在不同情况下，门和窗还有分隔、保温、隔声、防火、防辐射、防风沙等作用。

门窗在建筑立面构图中的影响也较大，它的尺度、比例、形状、组合、透光材料的类型等，都影响着建筑的艺术效果。

2. 门的形式与尺度

（1）门的形式

门按其开启方式通常有：平开门、弹簧门、推拉门、折叠门、转门等（图6-1）。

（2）门的尺度

门的尺度通常是指门洞的高宽尺寸。门作为交通疏散通道，其尺度取决于人的通行要求、家具器械的搬运及与建筑物的比例关系等，并要符合现行《建筑模数协调统一标准》的规定。

1）门的高度：不宜小于2100mm。如门设有亮子时，亮子高度一般为300～600mm，则门洞高度为2400～3000mm。公共建筑大门高度可视需要适当提高。

2）门的宽度：单扇门为700～1000mm，双扇门为1200～1800mm。宽度在2100mm以上时，则做成三扇、四扇门或双扇带固定扇的门，因为门扇过宽易产生翘曲变形，同时也不利于开启。辅助房间（如浴厕、贮藏室等）门的宽度可窄些，一般为700～800mm。

图 6-1　门的开启形式

(a) 平开门；(b) 弹簧门；(c) 推拉门；(d) 折叠门；

(e) 转门；(f) 上翻门；(g) 升降门；(h) 卷帘门

**二、窗的形式与尺度**

**1. 窗的形式**

窗的形式一般按开启方式定。而窗的开启方式主要取决于窗扇铰链安装的位置和转动方式。通常窗的开启方式有以下几种（图 6-2）。

图 6-2　窗的开启形式

(a) 固定窗；(b) 平开窗；(c) 上悬窗；(d) 中悬窗；(e) 下悬窗；(f) 立转窗；

(g) 垂直推拉窗；(h) 水平推拉窗；(i) 百叶窗

**2. 窗的开启方式**

（1）固定窗。无窗扇、不能开启的窗为固定窗。固定窗的玻璃直接嵌固在窗框上，可供采光和眺望之用。

（2）平开窗。铰链安装在窗扇一侧与窗框相连，向外或向内水平开启。有单扇、双扇、多扇，有向内开与向外开之分。其构造简单，开启灵活，制作维修均方便，是民用建筑中采用最广泛的窗。

（3）悬窗。因铰链和转轴的位置不同，可分为上悬窗、中悬窗和下悬窗。

（4）立转窗。引导风进入室内效果较好，防雨及密封性较差，多用于单层厂房的低侧窗。因密闭性较差，不宜用于寒冷和多风沙的地区。

（5）推拉窗。分垂直推拉窗和水平推拉窗两种。它们不多占使用空间，窗扇受力状态较好，适宜安装较大玻璃，但通风面积受到限制。

（6）百叶窗。主要用于遮阳、防雨及通风，但采光差。百叶窗可用金属、木材、钢筋混凝土等制作，有固定式和活动式两种形式。

3. 窗的尺度

窗的尺度主要取决于房间的采光、通风、构造做法和建筑造型等要求，并要符合现行国家标准《建筑模数协调统一标准》的规定。为使窗坚固耐久，一般平开木窗的窗扇高度为 800～1200mm，宽度不宜大于 500mm；上下悬窗的窗扇高度为 300～600mm；中悬窗窗扇高不宜大于 1200mm，宽度不宜大于 1000mm；推拉窗高宽均不宜大于 1500mm。对一般民用建筑用窗，各地均有通用图，各类窗的高度与宽度尺寸通常采用扩大模数 3M 数列作为洞口的标志尺寸，需要时只要按所需类型及尺度大小直接选用。

窗地比最低值 表 6-1

| 建筑类别 | 房间或部位名称 | 窗地比 |
|---|---|---|
| 宿舍 | 居室、管理室、公共活动室、公用厨房 | 1/7 |
| 住宅 | 卧室、起居室、厨房<br>厕所、卫生间、过厅<br>楼梯间、走廊 | 1/7<br>1/10<br>1/14 |
| 托幼 | 音体活动室、活动室、乳儿室、寝室、<br>喂奶室、医务室、保健室、隔离室<br>其他房间 | 1/7<br>1/6<br>1/8 |
| 文化馆 | 展览、书法、美术、游艺、文艺、音乐、<br>舞蹈、戏曲、排练、教室 | 1/4<br>1/5 |
| 图书馆 | 阅览室；装裱间；陈列室；报告厅；会议室、开架书库、视听室、<br>闭架书库、走廊、门厅、楼梯、<br>厕所 | 1/4<br>1/6<br>1/10 |
| 办公 | 办公、研究、接待、打字、陈列、复印、设计绘图、阅览室 | 1/6 |

# 第二节　木门窗构造

## 一、平开木门的构造

1. 平开门的组成

门一般由门框、门扇、亮子、五金零件及其附件组成。

门扇按其构造方式不同，有镶板门、夹板门、拼板门、玻璃门和纱门等类型。亮子又称腰头窗，在门上方，为辅助采光和通风之用，有平开、固定及上、中、下悬几种。门框是门扇、亮子与墙的联系构件。五金零件一般有铰链、插销、门锁、拉手、门碰头等。附件有贴脸板、筒子板等（图6-3）。

图6-3　木门的组成

2. 门框

一般由两根竖直的边框和上框组成。当门带有亮子时，还有中横框，多扇门则还有中竖框。

（1）门框断面。

门框的断面形式与门的类型、层数有关，同时应利于门的安装，并应具有一定的密闭性（图6-4）。

图6-4　门框的断面形式与尺寸

（2）门框安装。

门框的安装根据施工方式分后塞口和先立口两种（图6-5）。

（3）门框在墙中的位置。

门框在墙中的位置，可在墙的中间或与墙的一边平。一般多与开启方向一侧平齐，尽可能使门扇开启时贴近墙面。门框位置、门贴脸板及筒子板见图6-6。

3. 门扇

常用的木门门扇有镶板门（包括玻璃门、纱门）、夹板门和拼板门等。

图 6-5 门框的安装方式

(a) 塞口；(b) 立口

图 6-6 门框位置、门贴脸板及筒子板

(a) 外平；(b) 立中；(c) 内平；(d) 内外平

（1）镶板门。

镶板门是广泛使用的一种门，门扇由边框、上冒头、中冒头（可作数根）和下冒头组成骨架，内装门芯板而构成。构造简单，加工制作方便，适于一般民用建筑作内门和外门（图 6-7）。

图 6-7 镶板门

（2）夹板门。

夹板门是用断面较小的方木做成骨架，两面粘贴面板而成。门扇面板可用胶合板、塑料面板和硬质纤维板，面板不再是骨架的负担，而是和骨架形成一个整体，共同抵抗变形。夹板门的形式可以是全夹板门、带玻璃或带百叶夹板门。

由于夹板门构造简单，可利用小料、短料，自重轻，外形简洁，便于工业化生产，故在一般民用建筑中被广泛应用。

（3）拼板门。

拼板门的门扇由骨架和条板组成。有骨架的拼板门称为拼板门，而无骨架的拼板门称为实拼门；有骨架的拼板门又分为单面直拼门、单面横拼门和双面保温拼板门三种（图6-8、图6-9）。

图 6-8　拼板门的构造

图 6-9　玻璃门的构造
（a）钢化玻璃一整片的门；（b）四方框里放入压条，固定住玻璃的门；（c）装饰方格中放入玻璃的门；（d）腰部下镶板上面装玻璃的门

## 二、推拉门的构造

推拉门由门扇、门轨、地槽、滑轮及门框组成。门扇可采用钢木门、钢板门、空腹薄壁钢门等，每个门扇宽度不大于1.8m。推拉门的支承方式分为上挂式和下滑式两种，当门扇高度小于4m时，用上挂式，即门扇通过滑轮挂在门洞上方的导轨上。当门扇高度大于4m时，多用下滑式，在门洞上下均设导轨，门扇沿上下导轨推拉，下面的导轨承受门扇的重量。推拉门位于墙外时，门上方需设雨篷。

### 三、平开木窗的构造

窗是由窗框、窗扇、五金及附件等组成（图 6-10）。

**1. 窗框安装**

窗框与门框一样，在构造上应有裁口及背槽处理，裁口也有单裁口与双裁口之分。窗框的安装与门框一样，分后塞口与先立口两种。塞口时洞口的高、宽尺寸应比窗框尺寸大10～20mm。

**2. 窗框在墙中的位置**

窗框在墙中的位置，一般是与墙内表面平，安装时窗框凸出砖面 20mm，以便墙面粉刷后与抹灰面平。框与抹灰面交接处，应用贴脸板搭盖，以阻止由于抹灰干缩形成缝隙后风透入室内，同时可增加美观。贴脸板的形状及尺寸与门的贴脸板相同。

图 6-10 木窗的组成

当窗框立于墙中时，应内设窗台板，外设窗台。窗框外平时，靠室内一面设窗台板。

**3. 五金零件及附件**

平开木窗常用五金附件有：合页（铰链）、插销、拉手铁三角、门锁、门碰头等，如图 6-11 所示。

（1）贴脸板。美观要求，用 20mm×45mm 木板条内侧开槽，可刨成各种断面的线脚，以掩盖门与墙体的缝隙。

（2）筒子板。室内装修标准较高时，往往在门窗洞口的上面和两侧墙面均用木板镶嵌，与窗台板结合使用。

图 6-11 木门窗的五金

## 第三节 金属门窗构造

### 一、钢门窗

钢门窗是用型钢或薄壁空腹型钢在工厂制作而成。它符合工业化、定型化与标准化的要求。在强度、刚度、防火、密闭等性能方面，均优于木门窗，但在潮湿环境下易锈蚀，耐久性差。

1. 钢门窗材料

（1）实腹式。

实腹式钢门窗料是最常用的一种，有各种断面形状和规格。一般门可选用 32 及 40 料，窗可选用 25 及 32 料（25、32、40 等表示断面高为 25mm，32mm，40mm）。

（2）空腹式。

空腹式钢门窗与实腹式窗料比较，具有更大的刚度，外形美观，自重轻，可节约钢材 40％左右。但由于壁薄，耐腐蚀性差，不宜用于湿度大、腐蚀性强的环境。

2. 基本钢门窗

为了使用、运输方便，通常将钢门窗在工厂制作成标准化的门窗单元。这些标准化的单元，即是组成一樘门或窗的最小基本单元。设计者可根据需要，直接选用基本钢门窗，或用这些基本钢门窗组合出所需大小和形式的门窗（图 6-12）。

钢门窗框的安装方法常采用塞框法。门窗框与洞口四周的连接方法主要有两种：①在砖墙洞口两侧预留孔洞，将钢门窗的燕尾形铁脚埋入洞中，用砂浆窝牢；②在钢筋混凝土过梁或混凝土墙体内侧先预埋铁件，将钢的 Z 形铁脚焊在预埋钢板上。钢门窗与墙的连接如图 6-12 所示。

图 6-12　钢门窗与墙的连接
（a）与砖墙连接；（b）与混凝土连接

3. 组合式钢门窗

当钢门窗的高、宽超过基本钢门窗尺寸时，就要用拼料将门窗进行组合。拼料起横梁与立柱的作用，承受门窗的水平荷载。

拼料与基本门窗之间一般用螺栓或焊接相连。当钢门窗很大时，特别是水平方向很长时，为避免大的伸缩变形引起门窗损坏，必须预留伸缩缝，一般是用两根∟56×36×4的角钢用螺栓组成拼件，角钢上穿螺栓的孔为椭圆形，使螺栓有伸缩余地。

### 二、卷帘门

卷帘门主要由帘板、导轨及传动装置组成。工业建筑中的帘板常用页板式，页板可用镀锌钢板或合金铝板轧制而成，页板之间用铆钉连接。页板的下部采用钢板和角钢，用以增强卷帘门的刚度，并便于安设钮。页板的上部与卷筒连接，开启时，页板沿着门洞两侧的导轨上升，卷在卷筒上。门洞的上部安设传动装置，传动装置分手动和电动两种。图6-13为手动式卷帘门示例。

图 6-13　手动式卷帘门

### 三、彩板门窗

彩板钢门窗是以彩色镀锌钢板经机械加工而成的门窗。它具有自重轻、硬度高、采光面积大、防尘、隔声、保温、密封性好、造型美观，色彩绚丽，耐腐蚀等特点。

彩板平开窗目前有两种类型，即带副框和不带副框的两种。当外墙面为花岗石、大理石等贴面材料时，常采用带副框的门窗。当外墙装修为普通粉刷时，常用不带副框的做法。

### 四、铝合金门窗

1. 铝合金门窗的特点

（1）自重轻。铝合金门窗用料省、自重轻，较钢门窗轻50％左右。

（2）性能好。密封性好，气密性、水密性、隔声性、隔热性都较钢、木门窗有显著的提高。

（3）耐腐蚀、坚固耐用。铝合金门窗不需要涂涂料，氧化层不褪色、不脱落，表面不需要维修。铝合金门窗强度高，刚性好，坚固耐用，开闭轻便灵活，无噪声，安装速度快。

（4）色泽美观。铝合金门窗框料型材表面经过氧化着色处理后，既可保持铝材的银白色，又可以制成各种柔和的颜色或带色的花纹，如古铜色、暗红色、黑色等。

2. 铝合金门窗的设计要求

（1）应根据使用和安全要求，确定铝合金门窗的风压强度性能、雨水渗漏性能、空气渗透性能综合指标。

（2）组合门窗设计宜采用定型产品门窗作为组合单元。非定型产品的设计应考虑洞口最大尺寸和开启扇最大尺寸的选择和控制。

（3）外墙门窗的安装高度应有限制。

3. 铝合金门窗框料系列

系列名称是以铝合金门窗框的厚度构造尺寸来区别各种铝合金门窗的称谓，如：平开门门框厚度构造尺寸为50mm宽，即称为50系列铝合金平开门；推拉窗窗框厚度构造尺寸 90mm 宽，即称为 90 系列铝合金推拉窗等。实际工程中，通常根据不同地区、不同性质的建筑物的使用要求选用相适应的门窗框。

4. 铝合金门窗安装

铝合金门窗是表面处理过的铝材经下料、打孔、铣槽、攻丝等加工，制作成门窗框料的构件，然后与连接件、密封件、开闭五金件一起组合装配成门窗。

门窗安装时，将门、窗框在抹灰前立于门窗洞处，与墙内预埋件对正，然后用木楔将三边固定。经检验确定门、窗框水平、垂直、无翘曲后，用连接件将铝合金框固定在墙（柱、梁）上，连接件固定可采用焊接、膨胀螺栓或射钉等方法。

门窗框与墙体等的连接固定点，每边不得少于两点，且间距不得大于 0.7m。在基本风压大于等于 0.7kPa 的地区，不得大于 0.5m；边框端部的第一固定点距端部的距离不得大于 0.2m。

# 第四节　塑　钢　门　窗

塑钢门窗是以改性硬质聚氯乙烯（简称 UPVC）为主要原料，加上一定比例的稳定剂、着色剂、填充剂、紫外线吸收剂等辅助剂，经挤出机挤出成型为各种断面的中空异型材。经切割后，在其内腔衬以型钢加强筋，用热熔焊接机焊接成型为门窗框扇，配装上橡胶密封条、压条、五金件等附件而制成的门窗即塑钢门窗（图 6-14）。具有如下优点：

图 6-14　塑钢窗框与墙体的连接节点图
(a) 连接件法；(b) 直接固定法；(c) 假框法

（1）强度好、耐冲击。

（2）保温隔热、节约能源。

（3）隔声好。

（4）气密性、水密性好。

（5）耐腐蚀性强。

（6）防火。

（7）耐老化，使用寿命长。

（8）外观精美，清洗容易。

# 第五节 特殊门窗

## 一、特殊要求的门

### 1. 防火门

防火门用于加工易燃品的车间或仓库。根据车间对防火门耐火等级的要求，门扇可以采用钢板、木板外贴石棉板再包以镀锌薄钢板或木板外直接包镀锌薄钢板等构造措施。考虑到木材受高温会炭化而放出大量气体，应在门扇上设泄气孔。防火门常采用自重下滑关闭门，它是将门上导轨做成 5%～8% 的坡度，火灾发生时，易熔合金片熔断后，重锤落地，门扇依靠自重下滑关闭。当洞口尺寸较大时，可做成两个门扇相对下滑。

### 2. 保温门、隔声门

保温门要求门扇具有一定热阻值和门缝密闭处理，故常在门扇两层面板间填以轻质、疏松的材料（如玻璃棉、矿棉等）。隔声门的隔声效果与门扇的材料及门缝的密闭有关，隔声门常采用多层复合结构，即在两层面板之间填吸声材料，如玻璃棉、玻璃纤维板等。

一般保温门和隔声门的面板常采用整体板材，如五层胶合板、硬质木纤维板等，不易发生变形。门缝密闭处理对门的隔声、保温以及防尘有很大影响，通常采用的措施是在门缝内粘贴填缝材料，如橡胶管、海绵橡胶条、泡沫塑料条等。还应注意裁口形式，斜面裁口比较容易关闭紧密，可避免由于门扇胀缩而引起的缝隙不密合，如图 6-15 所示。

## 二、特殊窗

### 1. 固定式通风高侧窗

在我国南方地区，结合气候特点，创造出多种形式的通风高侧窗。它们的特点是：能采光，能防雨，能常年进行通风，不需设开关器，构造较简单，管理和维修方便，多在工业建筑中采用。

### 2. 防火窗

防火窗必须采用钢窗或塑钢窗，镶嵌钢丝玻璃以免破裂后掉下，防止火焰窜入室内或窗外。

### 3. 保温窗、隔声窗

保温窗常采用双层窗及双层玻璃的单层窗两种。双层窗可内外开或内开、外开。双层玻璃单层窗又分为：①双层中空玻璃窗，双层玻璃之间的距离为 5～6mm，窗扇的上下冒头应设透气孔；②双层密闭玻璃窗，两层玻璃之间为封闭式空气间层，其厚度一般为 4～12mm，充以干燥空气或惰性气体，玻璃四周密封。这样可增大热阻、减少空气渗透，避免空气间层内产生凝结水。

若采用双层窗隔声，应采用不同厚度的玻璃，以减少吻合效应的影响。厚玻璃应位于声源一侧，玻璃间的距离一般为 80～100mm。

图 6-15　特殊门窗实例

# 第六节　遮阳设施

遮阳的作用：遮阳是为了防止阳光直接射入室内，避免夏季室内温度过高和产生眩光而采取的构造措施。

建筑遮阳措施：一是绿化遮阳；二是调整建筑物的构配件；三是在窗洞口周围设置专门的遮阳设施来遮阳。遮阳设施有活动遮阳（图 6-16）和固定遮阳板两种类型。

遮阳种类包括水平遮阳、垂直遮阳、综合遮阳、挡板遮阳、旋转遮阳（图 6-17）。

（1）水平遮阳：设于窗洞口上方或中部，能遮挡从窗口上方射来、高度角较大的阳光，适于南向或接近南向的建筑。

图 6-16 活动遮阳的形式

(*a*) 苇席遮阳；(*b*) 篷布遮阳；(*c*) 木百叶遮阳

（2）垂直遮阳：设于窗洞口两侧或中部，能遮挡从窗口两侧斜射来、高度角较小的阳光，适于东西朝向的建筑物。

（3）综合遮阳：设于窗洞口上方、两侧的综合遮阳，适于东南、西南朝向的建筑。

（4）挡板式遮阳：能遮挡高度角较小、正射窗口的阳光，适于东西朝向建筑。

（5）旋转式遮阳：可以遮挡任意角度的阳光，在窗外侧一定距离，设置排列有序的竖向旋转的遮阳挡板，通过旋转角度达到不同的遮阳要求（图 6-18、图 6-19）。

水平

垂直

综合

挡板

图 6-17 遮阳适用的朝向

图 6-18 遮阳的基本形式

图 6-19　钢筋混凝土遮阳板的构造

# 本 章 小 结

1. 门按其开启方式通常有平开门、弹簧门、推拉门、折叠门、转门等。平开门是最常见的门，门洞的高宽尺寸应符合现行国家标准《建筑模数协调统一标准》。

2. 窗的开启方式有平开窗、固定窗、悬窗、推拉窗等。窗洞尺寸通常采用 3M 数列作为标志尺寸。

3. 平开门由门框、门扇等组成。木门扇有镶板门和夹板门两种构造。

4. 铝合金门窗和塑钢门窗以其优良的性能得到广泛运用。

5. 遮阳是为了防止阳光直接射入室内，避免夏季室内温度过高和产生眩光而采取的构造措施。建筑遮阳措施：一是绿化遮阳；二是调整建筑物的构配件；三是在窗洞口周围设置专门的遮阳设施来遮阳。

6. 遮阳种类有水平遮阳、垂直遮阳、综合遮阳、挡板遮阳和旋转遮阳。

## 思 考 题

1. 门和窗的作用是什么？

2. 门的形式有哪几种？各自的特点和适用范围有哪些？

3. 窗的形式有哪几种？各自的特点和适用范围有哪些？

4. 平开门的组成和门框的安装方式是什么?
5. 常见木门有几种? 夹板门和镶板门各有什么特点?
6. 铝合金门窗有哪些特点? 简述铝合金门窗的安装要点。
7. 简述塑钢门窗的优点。
8. 遮阳的作用及遮阳的种类有哪些?

# 第七章 屋 顶

**学习目标**

通过本章的学习，要求学生了解屋顶的类型和设计要求；掌握屋顶排水方式和平屋顶柔性防水和刚性防水的构造做法；熟悉瓦屋面的做法；了解坡屋顶防水、保温隔热要求及做法。

**提示**

屋顶是建筑的重要组成部分，要满足承重、围护和建筑艺术的需求。且要重点处理屋顶的排水、防水及保温、隔热。由此便会引出一些问题，屋顶是什么形式的屋顶，怎么满足排水、防水及保温或者隔热，屋顶的具体构造是怎么样的。

## 第一节 屋顶的类型及设计要求

### 一、屋顶的作用及设计要求

（1）承重作用。屋顶是房屋顶部的承重构件，能够承受风、雨、雪、施工、上人等荷载，地震区还要考虑地震作用对它的影响。因此在设计时，应保证屋顶有足够的强度、刚度和稳定性，并力求做到自重轻、构造层次简单；就地取材、施工方便；造价经济、便于维修。地震区还应满足抗震的要求。

（2）围护作用。屋顶是房屋最上层覆盖的外围护结构，能够抵御自然界的风霜雨雪、太阳辐射、气温变化和其他外界的不利因素。在构造设计时屋顶应具有防水、保温和隔热等性能。其中防止雨水渗漏是屋顶的基本功能要求，也是屋顶设计的核心。

（3）美观装饰建筑立面。屋顶是建筑造型的重要组成部分，中国古建筑的重要特征之一就是有变化多样的屋顶外形和装修精美的屋顶细部，现代建筑也应注重屋顶形式及其细部设计。

### 二、屋顶的类型

1. **按功能划分**

保温屋顶、隔热屋顶、采光屋顶、蓄水屋顶、种植屋顶等。

2. **按结构类型划分**

平面结构，常见的有梁板结构、屋架结构；空间结构，包括折板、壳体、网架、悬索、薄膜等结构。

3. **屋顶按外观形式分**

（1）平屋顶：平屋顶通常是指排水坡度小于5%的屋顶，常用坡度为2%～3%。图7-1

图 7-1　平屋顶的形式

(*a*) 挑檐；(*b*) 女儿墙；(*c*) 挑檐女儿墙；(*d*) 盝（盒）顶

为平屋顶常见的几种形式。

(2) 坡屋顶：坡屋顶通常是指屋面坡度大于 10%。坡屋顶常见的几种形式如图 7-2 所示。

图 7-2　坡屋顶的形式

(*a*) 单坡顶；(*b*) 硬山两坡顶；(*c*) 悬山两坡顶；(*d*) 四坡顶；

(*e*) 卷棚顶；(*f*) 庑殿顶；(*g*) 歇山顶；(*h*) 圆攒尖顶

(3) 其他形式的屋顶：随着科学技术的发展，出现了许多新型的屋顶结构形式，如拱结构、薄壳结构、悬索结构、网架结构屋顶等。这类屋顶多用于较大跨度的公共建筑。其他形式的屋顶如图 7-3 所示。

图 7-3　其他形式的屋顶

(*a*) 双曲拱屋顶；(*b*) 砖石拱屋顶；(*c*) 球形网壳屋顶；(*d*) V 形网壳屋顶；

(*e*) 筒壳屋顶；(*f*) 扁壳屋顶；(*g*) 车轮形悬索屋顶；(*h*) 鞍形悬索屋顶

### 三、屋顶的组成

屋顶主要由屋顶支承结构和屋面围护构件两大部分组成。屋顶支承结构有屋面板、屋架、屋面梁、拱肋、刚架、网架、薄壳、悬索等，屋面围护构件有防水层、保温层、隔热层等满足基本功能要求的层次，还有为这些功能层起连接作用的构造层。

### 四、屋顶的防水原理及防水等级

#### 1. 防水原理

屋面防水的"导"与"堵"

屋面防水功能主要是依靠选用合理的屋面防水材料和与之相适应的排水坡度，经过构造设计和精心施工而达到的。屋面的防水材料和排水坡度的处理方法，可以从"导"与"堵"两个方面来概括。它们之间是既相互依赖又相互补充的辩证关系。

（1）导：按照屋面防水材料的不同要求，设置合理的排水坡度，使得降于屋面的雨水，因势利导地排离屋面，达到防水的目的。

（2）堵：利用屋面防水材料在上下左右的相互搭接，形成一个封闭的防水覆盖层，以达到防水的目的。

在屋面防水的构造设计中，"导"和"堵"总是相辅相成和相互关联的。由于各种防水材料的特点和铺设的条件不同，处理方式也随之不同。例如，瓦屋面和波形瓦屋面，瓦本身的密实性和瓦的相互搭接体现了"堵"的概念，而屋面的排水坡度体现了"导"的概念。一块一块面积不大的瓦，只依靠相互搭接，不可能防水，只有采取了合理的排水坡度，才能达到屋面防水的目的。这种以"导"为主，以"堵"为辅的处理方式，是以"导"来弥补"堵"的不足。而平金属板屋面、卷材屋面以及刚性屋面等，是以大面积的覆盖来达到"堵"的要求，但是为了屋面雨水的迅速排除，还是需要有一定的排水坡度。也就是采取了以"堵"为主，以"导"为辅的处理方式。

#### 2. 防水等级

屋面工程防水设计应遵循"合理设防、防排结合、因地制宜、综合治理"的原则。根据建筑物的性质、重要程度、使用功能及防水层合理使用年限，结合工程特点等，按不同等级进行设防（见表7-1）。

屋顶的防水等级和要求　　　　　　　　　　　　　　　　　　　表 7-1

| 项目 | | 建筑物类别 | 防水层使用年限 | 防水选用材料 | 设防要求 |
|---|---|---|---|---|---|
| 屋面的防水等级 | I 级 | 特别重要的民用建筑和对防水有特殊要求的工业建筑 | 25 年 | 宜选用合成高分子防水卷材、高聚物改性沥青防水卷材、合成高分子防水涂料、细石防水混凝土等材料 | 三道或三道以上防水设防，其中应用一道合成高分子防水卷材，且只能有一道厚度不小于 2mm 的合成高分子防水涂膜 |
| | II 级 | 重要的工业与民用建筑、高层建筑 | 15 年 | 宜选用高聚物改性沥青防水卷材、合成高分子防水卷材、合成高分子防水涂料、高聚物改性沥青防水涂料、细石防水混凝土、平瓦等材料 | 二道防水设防，其中应有一道卷材；也可采用压型钢板进行一道设防 |

| 项目 | 建筑物类别 | 防水层使用年限 | 防水选用材料 | 设防要求 |
|------|-----------|--------------|-------------|---------|
| 屋面的防水等级 | Ⅲ级 | 一般的工业与民用建筑 | 10年 | 应选用三毡四油沥青防水卷材、高聚物改性沥青防水卷材、合成高分子防水卷材、高聚物改性沥青防水涂料、合成高分子防水涂料、沥青基防水涂料、刚性防水层、平瓦、油毡瓦等材料 | 一道防水设防，或两种防水材料复合使用 |
| | Ⅳ级 | 非永久性的建筑 | 5年 | 可选用二毡三油沥青防水卷材、高聚物改性沥青防水涂料、沥青基防水涂料、波形瓦等材料 | 一道防水设防 |

# 第二节　屋顶排水设计

为了迅速排除屋面雨水，需进行周密的排水设计，其内容包括：选择屋顶排水坡度，确定排水方式，进行屋顶排水组织设计。

## 一、屋顶坡度选择

### （一）屋顶排水坡度的表示方法

常用的坡度表示方法有角度法、斜率法和百分比法（图7-4）。坡屋顶多采用斜率法，平屋顶多采用百分比法，角度法应用较少。

（1）角度法：高度尺寸与水平尺寸所形成的斜线与水平尺寸之间的夹角，常用"α"作标记，如 $\alpha = 26°34''$、$45°$等。

（2）斜率法：高度尺寸与跨度的比值，如高跨比为$1:4$等。

（3）百分比法：高度尺寸与水平尺寸的比值，常用"$i$"作标记，如 $i = 5\%$等。

图 7-4　屋顶排水坡度的表示方法
(a) 角度法；(b) 斜率法；(c) 百分比法

### （二）影响屋顶坡度的因素

屋顶坡度是为排水而设的，恰当的坡度既能满足排水要求，又可做到经济节约。要使屋面坡度恰当，须考虑以下几方面的因素：

1. 屋面防水材料与排水坡度的关系

防水材料如尺寸较小，接缝必然就较多，容易产生缝隙渗漏，因而屋面应有较大的排水坡度，以便将屋面积水迅速排除。如果屋面的防水材料覆盖面积大，接缝少而且严密，屋面的排水坡度就可以小一些。

2. 降雨量大小与坡度的关系

降雨量大的地区，屋面渗漏的可能性较大，屋顶的排水坡度应适当加大；反之，屋顶排水坡度则宜小一些。

3. 屋面排水路线的长短

屋面排水路线长，要求排水坡度大一些；反之，屋顶排水坡度则宜小一些。

4. 建筑造型与坡度的关系

使用功能决定建筑的外形，结构形式的不同也体现在建筑的造型上，最终主要体现在建筑屋顶的形式上。如当屋面有上人要求时，为了上人方便，则排水坡度宜小一些，否则使用不方便，上人平屋面坡度一般为 1%～2%。结构选型的不同，可决定造型的不同，如拱结构建筑常有较大的屋顶坡度。

（三）屋顶坡度的形成方法

1. 材料找坡

材料找坡亦称建筑找坡或垫置找坡，是指屋顶坡度由垫坡材料形成，一般用于坡向长度较小的屋面。为了减轻屋面荷载，应选用轻质材料找坡，如水泥炉渣、石灰炉渣等，如图 7-5（a）所示。找坡层的厚度最薄处不小于 20mm，平屋顶材料找坡的坡度宜为 2%。

材料找坡的优点是屋面板可以水平放置，天棚面平整，空间完整，便于直接利用，缺点是材料找坡增加了屋面荷载，材料和人工消耗较多。如果屋面有保温要求时，可利用屋面保温层兼作找坡层，目前这种方法被广泛应用。

2. 结构找坡

结构找坡也称搁置找坡，是屋顶结构自身带有排水坡度，可将屋面板放置在有一定斜度的屋架或屋面梁上，从而形成一定的屋面坡度，如图 7-5（b）所示。平屋顶结构找坡的坡度宜为 3%。

结构找坡无须在屋面上另加找坡材料，构造简单，不增加屋面荷载，但天棚顶倾斜，室内空间不够规整。故常用于室内设有吊顶或是室内美观要求不高的建筑工程中。

图 7-5 屋顶坡度的形成
（a）材料找坡；（b）结构找坡

## 二、屋顶排水方式

（一）排水方式

1. 无组织排水

无组织排水是指屋面雨水直接从檐口滴落至地面的一种排水方式，因为不用天沟、雨水管等导流雨水，故又称为自由落水。这种排水方式构造简单、经济，但屋面雨水自由落下时会溅湿勒脚及墙面，影响外墙的耐久性，因此主要适用于少雨地区或一般低层建筑，相邻屋面高差小于4m；不宜用于临街建筑和较高的建筑。

2. 有组织排水

有组织排水是指屋面雨水经由天沟、雨水管等排水装置被引导至地面或地下管沟的一种排水方式。这种方式具有不溅湿墙面、不妨碍行人交通等优点，因而在建筑工程中应用广泛。有组织排水设置条件见表7-2。

有组织排水设置条件 表7-2

| 年降雨量(mm) | 檐口离地高度(m) | 相邻屋面高差(m) |
|---|---|---|
| ≤900 | >10 | >4 的高处檐口 |
| >900 | ≥4 | ≥3 的高处檐口 |

（二）有组织排水方案

在工程实践中，由于具体条件的千变万化，可能出现各式各样的有组织排水方案。现按外排水、内排水、内外排水三种情况归纳成9种不同的排水方案（图7-6）。

图7-6　有组织排水方案

（a）挑檐沟外排水；（b）高低跨挑檐沟外排水；（c）女儿墙外排水；（d）女儿墙挑檐沟外排水；
（e）长天沟外排水；（f）暗管外排水；（g）中间天沟内排水；（h）高低跨内排水；（i）内落外排水

1. 外排水方案

外排水是指雨水管装设在室外的一种排水方案，其优点是雨水管不妨碍室内空间使用和美观，构造简单，因而被广泛采用。外排水方案可归纳成以下几种：

(1) 挑檐沟外排水。

(2) 女儿墙外排水。

(3) 女儿墙挑檐沟外排水。

(4) 长天沟外排水。

(5) 暗管外排水。

明装的雨水管有损建筑立面，故在一些重要的公共建筑中，雨水管常采取暗装的方式，把雨水管隐藏在假柱或空心墙中。假柱可以处理成建筑立面上的竖线条。

2. 内排水

外排水构造简单，雨水管不占用室内空间，故在南方应优先采用。但在有些情况下采用外排水并不恰当。例如，在高层建筑中就是如此，因维修室外雨水管既不方便，更不安全。又如，在严寒地区也不适宜用外排水，因室外的雨水管有可能使雨水结冻，而处于室内的雨水管则不会发生这种情况。

(1) 中间天沟内排水。

当房屋宽度较大时，可在房屋中间设一纵向天沟形成内排水，这种方案特别适用于内廊式多层或高层建筑。雨水管可布置在走廊内，不影响走廊两旁的房间。

(2) 高低跨内排水。

高低跨双坡屋顶在两跨交界处也常常需要设置内天沟来汇集低跨屋面的雨水，高低跨可共用一根雨水管。

**三、屋顶排水组织设计**

屋顶排水组织设计的主要任务是将屋面划分成若干排水区，分别将雨水引向雨水管，做到排水线路简捷、雨水口负荷均匀、排水顺畅、避免屋顶积水而引起渗漏。一般按下列步骤进行：

1. 确定排水坡面的数目（分坡）

排水区域划分主要根据屋顶的平面形状确定，尽量使每个排水区域坡长一致，这样可以使找坡层厚度一致，坡度一致，坡面连接顺滑。当房屋宽度≤12m 时可采用单坡排水，临街建筑为了立面的完整，也可采用单坡排水。当房屋宽度＞12m 时宜采用双排排水，以减少水流路线过长的问题。当屋顶面积太大，可将屋面划分成几个大小均等的区域，每个区域内设置相同的坡面、坡度，坡长控制在 12m 以内，采用内排水方法将雨水排出。坡屋顶应结合建筑造型要求选择单坡、双坡或四坡排水。

2. 确定排水方式

确定屋顶排水方式应根据气候条件、建筑物的高度、质量等级、使用性质、屋顶面积大小等因素加以综合考虑。

3. 划分排水区

划分排水区的目的在于合理地布置水落管。排水区的面积是指屋面水平投影的面积，每一根水落管的屋面最大汇水面积不宜大于 200m²。也可参考下述经验公式来进行计算：

$$F = 438D^2/h$$

式中　$F$——容许的排水面积；

　　　$D$——雨水管的直径（mm）；

$h$——每小时计算的降水量（mm）。

4. 确定天沟所用材料和断面形式及尺寸

天沟即屋面上的排水沟，位于檐口部位时又称檐沟。设置天沟的目的是汇集屋面雨水，并将屋面雨水有组织地迅速排除。天沟根据屋顶类型的不同有多种做法。如坡屋顶中可用钢筋混凝土、镀锌薄钢板、石棉水泥等材料做成槽形或三角形天沟。平屋顶的天沟一般用钢筋混凝土制作，当采用女儿墙外排水方案时，可利用倾斜的屋面与垂直的墙面构成三角形天沟，图 7-7 为平屋顶女儿墙外排水三角形天沟；当采用檐沟外排水方案时，通常用专用的槽形板做成矩形天沟，图 7-8 为平屋顶檐沟外排水矩形天沟。

图 7-7　平屋顶女儿墙外排水三角形天沟
（a）女儿墙断面图；（b）屋顶平面图

图 7-8　平屋顶檐沟外排水矩形天沟
（a）挑檐沟断面；（b）屋顶平面图

5. 确定雨水管所用材料、规格及间距

水落管按材料的不同有铸铁、镀锌薄钢板、塑料、石棉水泥和陶土等，目前多采用铸铁和塑料水落管，其直径有直径 50mm、75mm、100mm、125mm、150mm、200mm 几种规格，一般民用建筑最常用的水落管直径为 100mm，面积较小的露台或阳台可采用直径 50mm 或 75mm 的水落管。水落管的位置应在实墙面处，其间距一般在 18m 以内，最大间距不超过 24m，因为间距过大，则沟底纵坡面越长，会使沟内的垫坡材料增厚，减少了天沟的容水量，造成雨水溢向屋面引起渗漏或从檐沟外侧涌出。

6. 檐口、泛水、雨水口等细部节点构造设计

7. 绘出屋顶平面排水图及各节点详图（图7-9）

图7-9　屋顶排水组织示例

# 第三节　平屋顶构造

平屋顶按屋面防水层的不同有卷材防水、刚性防水、涂料防水及粉剂防水屋面等多种做法。

## 一、卷材防水屋面

卷材防水屋面是指将防水卷材用胶粘剂分层粘贴在屋面上，形成一个大面积的封闭防水覆盖层。这种防水层有一定的延伸性，由于适应直接暴露在大气层的屋面和结构的温度变形，故又称为柔性防水屋面。卷材防水屋面所用卷材有沥青类卷材、高分子类卷材、高聚物改性沥青类卷材等。适用于防水等级为Ⅰ～Ⅳ级的屋面防水。

过去，我国许多地区一直沿用沥青油毡作为屋面防水层的主要材料。这种材料造价低，防水性能较好，但需热施工，污染环境，使用寿命较短。为了改变这种落后的状况，现已出现一些新的卷材防水材料，主要包括高聚物改性沥青卷材 SBS、APP 改性沥青防水卷材，这些卷材将高聚物加入沥青中，改善了沥青的高温流淌，低温冷脆的弱点，并采用不同胎体增强材料，成为我国目前防水卷材发展最快的品种。这些卷材大部分是采用胶粘剂冷粘施工和热熔施工。另一种新型卷材防水材料为合成高分子产品，例如：三元乙丙橡胶卷材、氯化聚乙烯橡胶卷材、聚氯乙烯卷材、再生橡胶卷材等。合成高分子卷材抗拉强度高，延伸率大，但接缝不好处理，价格偏高。这些新型卷材已在一些工程中逐步推广应用。

（一）卷材防水屋面的构造层次和做法

卷材防水屋面由多层材料叠合而成，其基本构造层次按构造要求由结构层、找坡层、找平层、结合层、防水层和保护层组成。卷材防水屋面的构造组成如图7-10所示。

1. 结构层

通常为预制或现浇钢筋混凝土屋面板，要求具有足够的强度和刚度。

2. 找坡层（结构找坡和材料找坡）

图7-10　卷材防水屋面的基本构造

174

只有当屋面为材料找坡时才设置。

材料找坡应选用轻质材料形成所需要的排水坡度，通常是在结构层上铺1∶6～8的水泥焦渣或水泥膨胀蛭石等。

3. 找平层

卷材防水层要求铺贴在坚固而平整的基层上，以防止卷材凹陷和断裂，因此必须在结构层或找坡层上设置找平层。找平层一般用20～30mm厚1∶2.5～1∶3水泥砂浆。

值得注意的是，用来找坡和找平的轻混凝土和水泥砂浆都是刚性材料，在变形应力的作用下，如果不经处理，不可避免地都会出现裂缝，尤其是会出现在变形的敏感部位。这样容易造成粘贴在上面的防水卷材的破裂。所以应当在变形敏感的部位，预先将用刚性材料所做的构造层次作人为的分割，即预留分仓（格）缝，缝宽宜为20mm并嵌填密封材料，做法详见后继刚性防水屋面分格缝构造。

4. 结合层

结合层的作用是使卷材防水层与基层粘结牢固。结合层所用材料应根据卷材防水层材料的不同来选择。如油毡卷材、聚氯乙烯卷材用冷底子油在水泥砂浆找平层上喷涂一至二道，冷底子油是用沥青加入汽油或煤油等溶剂稀释而成，喷涂时不用加热，在常温下进行，故称冷底子油。

5. 防水层

防水层是由胶结材料与卷材粘合而成，卷材连续搭接，形成屋面防水的主要部分。卷材防水层的防水卷材包括沥青类卷材、高聚物改性沥青防水卷材和合成高分子防水卷材三类，见表7-3。

防水卷材　　　　　　　　　　　　　　　　表7-3

| 卷材分类 | 卷材名称举例 | 卷材胶粘剂 |
|---|---|---|
| 沥青类卷材 | 石油沥青油毡 | 石油沥青玛瑞脂 |
| | 焦油沥青油毡 | 焦油沥青玛瑞脂 |
| 高聚物改性沥青防水卷材 | SBS改性沥青防水卷材 | 热熔、自粘、粘贴均有 |
| | APP改性沥青防水卷材 | |
| 合成高分子防水卷材 | 三元乙丙丁基橡胶防水卷材 | 丁基橡胶为主体的双组分A与B液1∶1配比搅拌均匀 |
| | 三元乙丙橡胶防水卷材 | |
| | 氯磺化聚乙烯防水卷材 | CX-401胶 |
| | 再生胶防水卷材 | 氯丁胶胶粘剂 |
| | 氯丁橡胶防水卷材 | CY-409液 |
| | 氯丁聚乙烯-橡胶共混防水卷材 | BX-12及BX-12乙组分 |
| | 聚氯乙烯防水卷材 | 胶粘剂配套供应 |

（1）沥青卷材当屋面坡度小于3％时，卷材宜平行屋脊铺贴；当屋面坡度在3％～15％时，卷材可平行或垂直屋脊铺贴；当屋面坡度大于15％时，卷材垂直屋脊铺贴。高聚物改性沥青防水卷材和合成高分子防水卷材不受此限制，但上下层卷材不得相互垂直铺贴。

（2）卷材的铺贴顺序：从檐口到屋脊向上铺贴，形成顺水流搭接；屋面纵向逆风向铺贴，形成顺风向搭接，分层铺贴。

（3）卷材的搭接长度：沥青油毡长边搭接不小于70mm，短边搭接不小于100mm；高聚物改性沥青防水卷材的长短边搭接长度均不小于80mm；上下层及相邻两幅卷材的搭接应错开。

（4）当室内水蒸气透过结构层渗入到卷材防水层内或因做防水层前找平层未干透，在太阳的辐射作用下汽化，聚集在防水层内，致使防水层膨胀而形成鼓泡，导致油毡皱折或破裂，造成漏水，为此要在防水层与基层之间设有蒸汽扩散的通道，在工程实际中，通常采用空铺法（卷材与基层间若仅在四周一定宽度内粘接）或将第一层热沥青涂成点状（俗成花油法）或成条状，然后铺贴首层油毡。卷材铺贴见图7-11。

图7-11　卷材铺贴示意图

6. 保护层

不上人屋面保护层的做法：当采用沥青类卷材防水层时，保护层为粒径3～6mm的小石子，称为绿豆砂保护层。绿豆砂要求耐风化、颗粒均匀、色浅；当采用高聚物改性沥青防水卷材或合成高分子卷材防水层时，用铝箔面层、彩砂及涂料等，不需另加保护层，如图7-12（a）所示。

上人屋面的保护层构造做法：通常可采用水泥砂浆或沥青砂浆铺贴缸砖、大阶砖、混凝土板等；也可现浇40mm厚C20细石混凝土，如图7-12（b）所示。

（二）卷材防水屋面细部构造

屋顶细部是指屋面上的泛水、雨水口、檐口、变形缝及屋面上人孔等部位。

1. 泛水构造

泛水指屋面防水层与垂直墙面或出屋面竖向构件相交处的防水处理。凸出于屋面之上的女儿墙、烟囱、楼梯间、变形缝、检修孔、立管等的壁面与屋顶的交接处是最容易漏水的地方，必须将屋面防水层延伸到这些垂直面上，形成立铺的防水层。卷材防水屋面泛水构造如图7-13所示。

卷材防水屋面的泛水处理：

（1）将屋面的卷材防水层继续铺至垂直面上，形成卷材泛水，并加铺一层卷材，泛水高度≥250mm。

图 7-12　卷材防水屋面

(a) 不上人屋顶；(b) 上人屋顶

（2）屋面与垂直面交接处应将卷材下的砂浆找平层抹成半径 $R=50\sim100\text{mm}$ 的圆弧形或 45°斜面（又称八字角）防止卷材被折断。

（3）卷材收头处理见图 7-13。

图 7-13　卷材防水屋面泛水及收头构造

(a) 砖墙上卷材收头；(b) 混凝土墙上卷材收头；(c) 女儿墙处卷材收头

2. 女儿墙。

女儿墙（图 7-14）是外墙在屋顶以上的延续，也称压檐墙。女儿墙对建筑立面起到装饰作用，对不上人屋面，可固定油毡，上人屋面可保护人员安全。

女儿墙一般墙厚 240mm，也可上下部墙身同厚，高度不宜超过 500mm。如屋顶上人或造型要求女儿墙较高时，需加构造柱与下部圈梁或柱相连，地震区应设锚固筋。女儿墙上部构造称为压顶，用钢筋混凝土沿墙长交圈设置压顶板，可用 C20 细石混凝土预制板，每块长 740mm。地震区采用整体现浇压顶。女儿墙檐口构造的关键是泛水的构造处理（图 7-14）。其顶部通常做混凝土压顶，压顶表面抹水泥砂浆防止水渗入女儿墙且做好滴

图 7-14 女儿墙顶构造图

水，并设有坡度坡向屋面（图 7-14）。

3. 檐口构造

柔性防水屋面的檐口构造有无组织排水挑檐和有组织排水挑檐沟及女儿墙檐口等。挑檐和挑檐沟构造都应注意处理好卷材的收头固定、檐口饰面并做好滴水。女儿墙檐口构造的关键是泛水的构造处理，其顶部通常做混凝土压顶，并设有坡度坡向屋面，如图 7-15～图 7-17 所示。

4. 雨水口构造

雨水口的类型有用于檐沟排水的直管式雨水口和女儿墙外排水的弯管式雨水口两种（图 7-18）。雨水口在构造上要求排水通畅、防止渗漏水堵塞。直管式雨水口为防止其周边漏水，应加铺一层卷材并贴入连接管内 100mm，雨水口上用定型铸铁罩或钢丝球盖住，用油膏嵌缝。弯管式雨水口穿过女儿墙预留孔洞内，屋面防水层应铺入雨水口内壁四周不小于 100mm，并安装铸铁算子以防杂物流入造成堵塞。

图 7-15 无组织排水檐口

图 7-16 挑檐沟檐口

5. 屋面变形缝构造

构造处理原则：既不能影响屋面的变形，又要防止雨水从变形缝渗入室内。

屋面变形缝按建筑设计可设于同层等高屋面上，也可设在高低屋面的交接处（图 7-19）。

图 7-17　斜板挑檐檐口构造

图 7-18　雨水口构造

(a) 直管式雨水口；(b) 弯管式雨水口

图 7-19　屋面变形缝构造

(a)、(b)、(c) 等高平屋面变形缝；(d) 高低屋面处变形缝

（1）采用平缝做法，即缝内填沥青麻丝或泡沫塑料，上部填放衬垫材料，用镀锌钢板盖缝，然后做防水层［图 7-19（a）］。

（2）在缝两侧砌矮墙，将两侧防水层采用泛水式收头在墙顶，用卷材封盖后，顶部加混凝土盖板（图 7-19b）或镀锌盖板［图 7-19（c）］。

（3）高低屋面的交接处变形缝见图 7-19（d）。

6. 出屋面管道构造

凡烟囱、通风管道、透气管等必须开孔的出屋面构件（图 7-20），为了防止漏水，应将油毡向上翻起，即应做泛水处理。

图 7-20　出屋面烟囱、管道构造

7. 屋面出入口

包括水平出入口和垂直上人口，如图 7-21 所示。

（1）水平出入口：指从楼梯间或阁楼到达上人屋面的出入口，除要做好屋面防水层的收头以外，还要防止屋面积水从入口进入室内，出入口要高出屋面两级踏步。

（2）垂直上人口：为屋面检修时上人使用而设。开洞尺寸应该大于等于 700mm×700mm。若屋顶结构为现浇钢筋混凝土，可直接在上人口四周浇出孔壁，其高度一般为 300mm，将防水层收头压在混凝土或角钢压顶下，上人口孔壁也可用砖砌筑，其上做好混凝土压顶。上人口应加盖钢制或木制包镀锌钢板孔盖。

**二、刚性防水屋面**

刚性防水屋面是指以刚性材料作为防水层的屋面，如防水砂浆、细石混凝土、配筋细石混凝土防水屋面等。这种屋面具有构造简单、施工方便、造价低廉的优点，但对温度变化和结构变形较敏感，容易产生裂缝而渗水。适用于防水等级为Ⅲ级的屋面防水，Ⅰ、Ⅱ级防水中的一道防水层。不适用于设有松散材料保温层及受较大振动或冲击荷载的建筑屋面。刚性防水屋面坡度宜为 2%～3%，并应采用结构找坡。故多用于我国南方地区的建筑。

图 7-21　屋面出入口构造
(a) 水平出入口；(b) 垂直上人口

（一）刚性防水屋面存在的问题

混凝土中有多余水，混凝土在硬化过程中其内部会形成毛细通道，必然使混凝土收水干缩时表面开裂而失去防水作用，因此，普通混凝土是不能作为刚性屋面防水层的。解决的办法是：

（1）添加防水剂，利用生成不溶性物质，堵塞毛细孔道，提高密实度。

（2）采用微膨胀水泥，如加入适量矾土水泥等，利用结硬时产生微膨胀效应，提高抗裂性。

（3）提高自身密实度。采用控制水灰比，改善骨料级配，加强浇筑时的振捣和养护，提高密实性，避免表面龟裂。

除自身原因外，还受到外力作用影响。气温变化使其热胀冷缩，屋面板受力后产生翘曲变形，地基不均匀沉陷，屋面板徐变，材料收缩等均直接对刚性防水层产生较大影响，其中最常见的是温差所造成的影响。

（二）预防刚性防水屋面变形开裂的措施

1. 配筋

一般采用不低于 C25 的细石混凝土整体现浇，其厚度不宜小于 40mm。为提高其抗裂和应变能力，常配置 $\phi4 \sim \phi6$ 钢筋、间距为 $100 \sim 200mm$ 的双向钢筋网片。钢筋宜置于混凝土防水层的中偏上位置，其上部有 $10 \sim 15mm$ 厚的保护层即可。

2. 设置分格缝

屋面分格缝也称分仓缝，是为了减少裂缝，在刚性防水层上预先留设的缝。实际上是在屋面防水层上设置的变形缝。其目的是防止温度变形引起防水层开裂，防止结构变形将防水层拉坏。因此屋面分格缝的位置应设置在温度变形允许的范围内和结构变形敏感的部位。结构变形敏感的部位主要是指装配式屋面板的支承端、屋面转折处、现浇屋面板与预制屋面板的交接处、泛水与立墙交接处、双坡屋面的屋脊处等部位（图7-22）。

图7-22　分格缝位置

3. 设置隔离层

为减少结构层变形及温度变化对防水层的不利影响，宜在防水层下设置隔离层。其作用是将防水层和结构层两者分离，以适应各自的变形，从而避免由于变形的相互制约造成防水层或结构部分破坏。隔离层一般铺设在找平层上。隔离层可采用纸筋灰、低强度等级砂浆或薄砂层上干铺一层油毡等。当防水层中加有膨胀剂类材料时，其抗裂性有所改善，也可不做隔离层。

4. 设置滑动支座

为了适应刚性防水屋面的变形，在装配结构中，屋面板的支承处最好做成滑动支座。其构造做法为：在准备搁置楼板的墙或梁上，先用水泥砂浆找平，找平后干铺两层油毡，中间夹滑石粉，再搁置预制板即可。

（三）刚性防水屋面的构造层次及做法

通过前面的分析，对刚性防水屋面的材料做法及特点已经有了一定认识，进而可以总结出刚性防水屋面的构造层次（图7-23）。

1. 结构层

刚性防水屋面的结构层要求具有足够的强度和刚度，一般应采用现浇或预制装配的钢筋混凝土屋面板，并在结构层现浇或铺板时形成屋面的排水坡度。

2. 找平层

为保证防水层厚薄均匀，通常应在结构层上用20mm厚1∶3水泥砂浆找平。若采用现浇钢筋混凝土屋面板或设有纸筋灰等材料时，也可不设找平层。

40厚C20细石混凝土
内配$\phi$4@150双向钢筋
干铺沥青卷材隔离层
20厚1∶3水泥砂浆找平层
保温层
结构层

3. 隔离层。

4. 防水层。

（四）刚性防水屋面细部构造

刚性防水屋面的细部构造包括屋面防水层的分格缝、泛水、檐口、雨水口等部位的构造处理。

图7-23　刚性防水屋面构造层次

1. 屋面分格缝、分格缝构造（见图7-24）：

（1）纵横间距不大于6m。

（2）分格缝应贯穿屋面找平层及刚性保护层，防水层内的钢筋在分格缝处应断开。

（3）缝宽宜为20～40mm，缝中应嵌填柔性材料及建筑密封膏，上部铺贴防水卷材盖缝，卷材的宽度为200～300mm。

图 7-24　分格缝构造

(a) 横向分格缝；(b) 屋脊分格缝

2. 泛水构造

刚性防水屋面的泛水构造要点与卷材屋面基本相同。不同的地方是：刚性防水层与屋面凸出物（女儿墙、烟囱等）间须留分格缝，另铺贴附加卷材盖缝形成泛水。

3. 檐口构造

刚性防水屋面檐口的形式一般有自由落水挑檐口、挑檐沟外排水檐口和女儿墙外排水檐口、坡檐口等。

(1) 自由落水挑檐口（图 7-25）。

根据挑檐挑出的长度，有直接利用混凝土防水层悬挑和在增设的现浇或预制钢筋混凝土挑檐板上做防水层等做法。无论采用哪种做法，都应注意做好滴水。

图 7-25　自由落水挑檐口构造

(a) 混凝土防水层悬挑檐口；(b) 挑檐板挑檐口

(2) 挑檐沟外排水檐口（图 7-26）。

檐沟构件一般采用现浇或预制的钢筋混凝土槽形天沟板，在沟底用低强度等级的混凝土或水泥炉渣等材料垫置成纵向排水坡度，铺好隔离层后再浇筑防水层，防水层应挑出屋面并做好滴水。

4. 雨水口构造

刚性防水屋面的雨水口有直管式和弯管式两种做法，直管式一般用于挑檐沟外排水的雨水口，弯管式用于女儿墙外排水的雨水口。

(1) 直管式雨水口。

直管式雨水口为防止雨水从雨水口套管

图 7-26　挑檐沟檐口构造

与沟底接缝处渗漏，应在雨水口周边加铺柔性防水层并铺至套管内壁，檐口处浇筑的混凝土防水层应覆盖于附加的柔性防水层之上，并于防水层与雨水口之间用油膏嵌实。直管式雨水口构造如图7-27所示。

图 7-27  直管式雨水口构造
(a) 65型雨水口；(b) 钢丝罩铸铁雨水口

(2) 弯管式雨水口。

弯管式雨水口构造如图7-28所示，弯管式雨水口一般用铸铁做成弯头。雨水口安装时，在雨水口处的屋面应加铺附加卷材与弯头搭接，其搭接长度不小于100mm，然后浇筑混凝土防水层，防水层与弯头交接处需用油膏嵌缝。

图 7-28  弯管式雨水口构造
(a) 铸铁雨水口；(b) 预制混凝土排水槽

5. 刚性防水屋面变形缝构造

在变形缝两侧加砌矮墙按泛水处理，并将上部的缝用盖缝板盖住，盖缝板要能自由变形并不造成渗漏（图7-29）。

三、涂膜防水屋面

涂膜防水屋面又称涂料防水屋面，是指用可塑性和粘结力较强的高分子防水涂料，直接涂刷在屋面基层上形成一层不透水的薄

图 7-29  刚性防水屋面变形缝构造

膜层，以达到防水目的的一种屋面做法。防水涂料有塑料、橡胶和改性沥青三大类，常用的有塑料油膏、氯丁胶乳沥青涂料和焦油聚氨酯防水涂膜等。这些材料多数具有防水性好、粘结力强、延伸性大、耐腐蚀、不易老化、施工方便、容易维修等优点。近年来应用较为广泛。这种屋面通常适用于不设保温层的预制屋面板结构，如单层工业厂房的屋面。在有较大振动的建筑物或寒冷地区则不宜采用。

1. 涂膜防水屋面的构造层次和做法

涂膜防水屋面的构造层次与柔性防水屋面相同，由结构层、找坡层、找平层、结合层、防水层和保护层组成（图 7-30）。

涂膜防水屋面的常见做法，结构层和找坡层材料做法与柔性防水屋面相同。找平层通常为25mm 厚 1∶2.5 水泥砂浆。为保证防水层与基层粘结牢固，结合层应选用与防水涂料相同的材料经稀释后满刷在找平层上。当屋面不上人时，保护层的做法根据防水层材料的不同，可用蛭石或细砂撒面、银粉涂料涂刷等做法；当屋面为上人屋面时，保护层做法与柔性防水上人屋面做法相同。

图 7-30　涂膜防水屋面构造

2. 涂膜防水屋面细部构造

（1）分格缝构造。

涂膜防水只能提高表面的防水能力，由于温度变形和结构变形会导致基层开裂而使得屋面渗漏，因此对屋面面积较大和结构变形敏感的部位，需设置分格缝（图 7-31）。

图 7-31　涂膜防水屋面分格缝构造

（a）屋面分格缝；（b）屋脊分格缝

（2）泛水构造。

涂膜防水屋面泛水构造要点与柔性防水屋面基本相同，即泛水高度不小于 250mm；屋面与立墙交接处应做成弧形；泛水上端应有挡雨措施，以防渗漏。不同的是在屋面容易渗漏的地方，需根据屋面涂膜防水层的不同再用二布三油、二布六涂等措施加强其防水能力。

**四、平屋顶的保温与隔热**

屋顶作为建筑物的外围护结构，设计时应根据当地气候条件和使用的要求，妥善解决建筑物的保温和隔热问题。

（一）平屋顶的保温

我国北方地区，室内必须采暖。为了使室内

图 7-32　涂膜防水屋面泛水构造

热量不至于散失太快，保证房屋的正常使用并尽量减少能源消耗，屋顶应满足基本的保温要求，在构造处理时通常在屋顶中增设保温层。

1. 保温材料类型

保温材料多为轻质多孔材料，一般可分为以下三种类型：

（1）散料类：常用炉渣、矿渣、膨胀蛭石、膨胀珍珠岩等。

（2）整体类：是指以散料作骨料，掺入一定量的胶结材料，现场浇筑而成。如水泥炉渣、水泥膨胀蛭石、水泥膨胀珍珠岩及沥青膨胀蛭石和沥青膨胀珍珠岩等。

（3）板块类：是指利用骨料和胶结材料由工厂制作而成的板块状材料，如加气混凝土、泡沫混凝土、膨胀蛭石、膨胀珍珠岩、泡沫塑料等块材或板材等。

保温材料的选择应根据建筑物的使用性质、构造方案、材料来源、经济指标等因素综合考虑确定。

2. 保温层的设置

根据保温层与防水层的相对位置不同，可分为正铺法和倒铺法（图 7-33）。

图 7-33　平屋顶的保温构造

（a）正铺法卷材保温屋面；（b）倒铺法卷材保温屋面；（c）槽形板下设保温材料；
（d）反槽形板上下设保温材料；（e）结构层保温材料合为一体

（1）正铺法：保温层设在结构层之上、防水层之下，从而形成封闭式保温层。由于室内水蒸气会上升而进入保温层，为防止保温材料受潮，通常要在保温层之下做一道隔汽层。设置隔汽层的目的是防止室内水蒸气渗入保温层，使保温层受潮而降低保温效果。隔汽层的一般做法是在 20mm 厚 1∶3 水泥砂浆找平层上刷冷底子油两道作为结合层，结合层上做一布二油或两道热沥青隔汽层。构造需要相应增加找平层、结合层和隔汽层 ［图 7-33 （a）］。

（2）倒铺法：保温层设置在防水层之上，从而形成敞露式保温层。优点是防水层不受太阳辐射和剧烈气候变化的直接影响，不受外来作用力的破坏。缺点是选择保温材料时受限制，只能选用吸湿性低、耐气候性强的保温材料。聚氨酯和聚苯乙烯泡沫塑料板可作为倒铺屋面的保温层，但上面要用较重的覆盖物作保护层［图 7-33（b）］。

保温层与结构层结合有三种做法：一种是保温层设在槽形板的下面［图 7-33（c）］；一种是保温层放在槽形板朝上的槽口内［图 7-33（d）］；还有一种是将保温层与结构层融为一体［图 7-33（e）］。

3. 保温层的保护

为了防止室内水蒸气渗入到保温层中以及施工过程中保温层和找平层中残留的水在保温层中影响保温层的保温效果，可设置排气道和排气孔。排气道内用大粒径炉渣或粗质纤维填塞。找平层在相应位置应留槽作排气道，并在整个屋面纵横贯通。

排气道间距宜为 6m，屋面面积每 36m² 宜设一个排气孔。排气道上口干铺油毡一层，用玛琋脂单边点贴覆盖。保温层设透气层后，一般要在檐口或屋脊处留通风口（图 7-34）。

图 7-34  保温层排气道与排气口构造

（二）平屋顶的隔热

在气候炎热地区，夏季强烈的太阳辐射会使屋顶的温度上升，为减少传进室内的热量和降低室内的温度，屋顶应采取隔热降温措施。

屋顶的隔热降温措施主要有以下几种方式：

1. 通风隔热屋面

通风隔热屋面是指在屋顶中设置通风间层，使上层表面起着遮挡阳光的作用，利用风压和热压作用把间层中的热空气不断带走，以减少传到室内的热量，从而达到隔热降温的目的。通风隔热屋面一般有架空通风隔热屋面和顶棚通风隔热屋面两种做法。

（1）架空通风隔热屋面：通风层设在防水层之上，其做法很多，图 7-35 为架空通风隔热屋面构造，其中以架空预制板或大阶砖最为常见。架空通风隔热层设计应满足以下要求：架空层应有适当的净高，一般以 180~240mm 为宜；距女儿墙 500mm 范围内不铺架空板；隔热板的支点可做成砖垄墙或砖墩，间距视隔热板的尺寸而定。

（2）顶棚通风隔热屋面：这种做法是利用顶棚与屋顶之间的空间作为隔热层，顶棚通风隔热层设计应满足以下要求：顶棚通风层应有足够的净空高度，一般为 500mm 左右；需设置一定数量的通风孔，以利空气对流；通风孔应考虑防飘雨措施（图 7-36）。

图 7-35　架空通风隔热构造

（a）架空预制板（或大阶砖）；（b）架空混凝土山形板；（c）架空钢丝网水泥折板；
（d）倒槽板上铺小青瓦；（e）钢筋混凝土半圆拱；（f）1/4 厚砖拱

图 7-36　顶棚通风隔热屋面构造

（a）吊顶通风层；（b）双槽板通风层

**2. 蓄水隔热屋面**

蓄水屋面是指在屋顶蓄积一层水，利用水蒸发时需要大量的汽化热，从而大量消耗晒到屋面的太阳辐射热，以减少屋顶吸收的热能，从而达到降温隔热的目的。蓄水屋面构造与刚性防水屋面基本相同，主要区别是增加了一壁三孔，即蓄水分仓壁、溢水孔、泄水孔和过水孔。蓄水隔热屋面构造应注意以下几点：合适的蓄水深度，一般为 150～200mm；根据屋面面积划分成若干蓄水区，每区的边长一般不大于 10m；足够的泛水高度，至少高出水面 100mm；合理设置溢水孔和泄水孔，并应与排水檐沟或水落管连通，以保证多雨季节不超过蓄水深度和检修屋面时能将蓄水排除；注意做好管道的防水处理（图 7-37）。

**3. 种植隔热屋面**

种植屋面是在屋顶上种植植物，利用植被的蒸腾和光合作用，吸收太阳辐射热，从而达到降温隔热的目的（图 7-38）。

**4. 反射降温屋面**

在屋顶，用浅颜色的砾石、混凝土做面层，或在屋面刷白色涂料等，可将大部分太阳辐射热反射出去，达到降低屋顶温度的目的。

图 7-37 蓄水隔热屋面

图 7-38 种植屋面构造示意图

# 第四节　坡屋顶构造

**一、坡屋顶的承重结构**

1. 承重结构类型

坡屋顶中常用的承重结构有横墙承重、屋架承重和梁架承重（图 7-39）。

2. 承重结构构件

（1）屋架。

屋架形式常为三角形，由上弦、下弦及腹杆组成，所用材料有木材、钢材及钢筋混凝土等。木屋架一般用于跨度不超过 12m 的建筑，将木屋架中受拉力的下弦及直腹杆件用钢筋或型钢代替，这种屋架称为钢木屋架。钢木组合屋架一般用于跨度不超过 18m 的建筑；当跨度更大时，需采用预应力钢筋混凝土屋架或钢屋架。

（2）檩条。

檩条所用材料可为木材、钢材及钢筋混凝土，檩条材料的选用一般与屋架所用材料相

图 7-39　坡屋顶的承重结构类型

（a）横墙承重；（b）屋架承重；（c）梁架承檩式屋架

同，使两者的耐久性接近。

　　3. 承重结构布置

　　坡屋顶承重结构布置主要是指屋架和檩条的布置，布置方式视屋顶形式而定（图7-40）。

图 7-40　屋架和檩条布置

（a）四坡顶的屋架；（b）丁字形交接处屋顶之一；（c）丁字形交接处屋顶之二；（d）转角屋顶

## 二、平瓦屋面做法

　　坡屋顶屋面一般是利用各种瓦材，如平瓦、波形瓦、小青瓦等作为屋面防水材料。近些年来还有不少采用金属瓦屋面、彩色压型钢板屋面等。

　　平瓦屋面根据基层的不同有冷摊瓦屋面、木望板平瓦屋面和钢筋混凝土板瓦屋面三种做法。

　　1. 冷摊瓦屋面

　　冷摊瓦屋面是在檩条上钉固椽条，然后在椽条上钉挂瓦条并直接挂瓦。这种做法构造简单，但雨雪易从瓦缝中飘入室内，通常用于南方地区质量要求不高的建筑。

　　2. 木望板瓦屋面

　　木望板瓦屋面是在檩条上铺钉15～20mm厚的木望板（也称屋面板），望板可采取密铺法（不留缝）或稀铺法（望板间留20mm左右宽的缝），在望板上平行于屋脊方向干铺一层油毡，在油毡上顺着屋面水流方向钉 10mm×30mm、中距 500mm 的顺水条，然后在顺水条上面平行于屋脊方向钉挂瓦条并挂瓦，挂瓦条的断面和间距与冷摊瓦屋面相同。这种做法比冷摊瓦屋面的防水、保温隔热效果要好，但耗用木材多、造价高，多用于质量要求较高的建筑物中。冷摊瓦屋面、木望板瓦屋面构造如图 7-41 所示。

图 7-41　冷摊瓦屋面、木望板瓦屋面构造
(*a*) 冷摊瓦屋面；(*b*) 木望板瓦屋面

### 3. 钢筋混凝土板瓦屋面

瓦屋面由于有保温、防火或造型等需要，可将钢筋混凝土板作为瓦屋面的基层盖瓦。盖瓦的方式有两种：一种是在找平层上铺油毡一层，用压毡条钉在嵌于板缝内的木楔上，再钉挂瓦条挂瓦；另一种是在屋面板上直接粉刷防水水泥砂浆并贴瓦或陶瓷面砖或平瓦。在仿古建筑中也常常采用钢筋混凝土板瓦屋面（图 7-42）。

图 7-42　钢筋混凝土板瓦屋面构造
(*a*) 木条挂瓦；(*b*) 砂浆贴瓦；(*c*) 砂浆贴面砖

### 三、平瓦屋面细部构造

平瓦屋面应做好檐口、天沟、屋脊等部位的细部处理。

1. 檐口构造

檐口分为纵墙檐口和山墙檐口。

（1）纵墙檐口：纵墙檐口根据造型要求做成挑檐或封檐（图 7-43）。

（2）山墙檐口：山墙檐口按屋顶形式分为硬山与悬山两种。硬山檐口构造（图 7-44），将山墙升起包住檐口，女儿墙与屋面交接处应做好泛水处理。女儿墙顶应做好压顶板，以保护泛水。

悬山屋顶的山墙檐口构造（图 7-45），先将檩条外挑形成悬山，檩条端部钉木封檐

图 7-43　平瓦屋面纵墙檐口构造

(a) 砖砌挑檐；(b) 椽条外挑；(c) 挑檐木置于屋架下；(d) 挑檐木置于承重横墙中；
(e) 挑檐木下移；(f) 女儿墙包檐口

图 7-44　硬山檐口构造

(a) 挑砖砂浆抹灰泛水；(b) 小青瓦坐浆泛水；(c) 镀锌铁皮泛水

板，沿山墙挑檐的一行瓦，应用 1:2.5 的水泥砂浆做出披水线，将瓦封固。

图 7-45　悬山檐口构造

## 2. 天沟和斜沟构造

在等高跨或高低跨相交处，常常出现天沟，而两个相互垂直的屋面相交处则形成斜沟。沟应有足够的断面积，上口宽度不宜小于 300～500mm，一般用镀锌薄钢板铺于木基层上，镀锌薄钢板伸入瓦片下面至少 150mm。高低跨和包檐天沟若采用镀锌薄钢板防水层时，应从天沟内延伸至立墙（女儿墙）上形成泛水（图 7-46）。

(a)  (b)  (c)

图 7-46  天沟、斜沟构造

（a）三角形天沟（双跨屋面）；（b）矩形天沟（双跨屋面）；（c）高低跨屋面天沟

#### 四、坡屋顶的保温与隔热

##### 1. 坡屋顶保温构造

坡屋顶的保温层一般布置在瓦材与檩条之间或吊顶棚上面。保温材料可根据工程具体要求选用松散材料、块体材料或板状材料（图 7-47）。

(a)  (b)  (c)

图 7-47  坡屋顶保温构造

（a）瓦材下面设保温层；（b）檩条之间设保温层；（c）吊顶上设保温层

(a)  (b)

(c)  (d)

图 7-48  坡屋顶通风示意

（a）在顶棚和天窗设通风孔；（b）在外墙和天窗设通风孔之一；

（c）在外墙和天窗设通风孔之二；（d）在山墙及檐口设通风孔

## 2. 坡屋顶隔热构造

炎热地区在坡屋顶中设进气口和排气口，利用屋顶内外的热压差和迎风面的压力差，组织空气对流，形成屋顶内的自然通风，以减少由屋顶传入室内的辐射热，从而达到隔热降温的目的。进气口一般设在檐墙上、屋檐部位或室内顶棚上；出气口最好设在屋脊处，以增大高差，有利加速空气流通（图7-48）。

# 本 章 小 结

1. 屋顶按外形主要类型分为平屋顶、坡屋顶和其他形式的屋顶。

2. 屋顶的设计要求主要任务是解决好防水、排水及保温隔热，坚固耐久，造型美观等问题。

3. 屋顶的坡度主要与防水材料、降雨量和结构形式等有关。屋顶排水坡度的形成方式有材料找坡和结构找坡两种形式。屋面排水方式分为有组织排水和无组织排水两种。无组织排水方式主要适用于少雨地区或一般低层建筑，不宜用于临街建筑和高度较高的建筑。有组织排水方案可分为外排水和内排水两种基本形式。常用的外排水方式有女儿墙外排水、檐沟外排水、女儿墙檐沟外排水三种。

4. 屋顶排水设计的主要内容是：确定屋面坡度大小和坡度形成的方法；选择排水方式；绘制屋顶排水平面图。单坡排水的屋面宽度控制在 $12\sim15m$ 以内。每根雨水管可排除约 $200m^2$ 的屋面雨水。矩形天沟净宽不应小于 200mm，天沟纵坡最高处离天沟上口的距离不小于 120mm，天沟纵向坡度取 $0.5\%\sim1\%$。

5. 钢筋混凝土平屋顶的应用较普遍，屋面分为卷材防水屋面、刚性防水屋面和涂膜防水屋面三种常用的防水屋面。

6. 卷材防水屋面是用胶结材料将防水卷材粘结形成防水层，柔性防水屋面的基本构造层次为保护层、防水层、结合层、找平层、结构层；细部构造中重点处理好泛水、挑檐口、水落口、屋面变形缝、屋面检修口、出入口等处。

7. 刚性防水屋面是以细石混凝土作防水层的屋面。其基本构造层为防水层、隔离层、找平层、结构层；并做好分仓缝、泛水、管道出入口、檐口、水落口等细部构造处理。

8. 刚性防水屋面主要适用于我国南方地区。为了防止防水层开裂，应在防水层中加钢筋网片、设置分格缝、在防水层与结构层之间加铺隔离层。

9. 涂膜防水屋面是用防水材料刷在屋面基层上，利用涂料干燥或固化以后的不透水性来达到防水的目的。要注意氯丁胶乳沥青防水涂料屋面、焦油聚氯酯防水涂料屋面、塑料油膏防水屋面的做法。

10. 坡屋顶主要由承重结构和屋面组成，目前主要将屋架或钢筋混凝土现浇板作为坡屋顶的承重构件。屋面的种类根据瓦的种类而定。

11. 在寒冷地区或有空调要求的建筑中，屋顶应作保温处理，一般保温材料多为轻质多孔材料，一般有散料类、整体类、板块类三种类型，平屋顶根据保温层在屋顶中的具体位置有正置式或倒置式铺法两种处理方式，坡屋顶的保温有屋面层保温和顶棚层保温两种做法。在气候炎热地区，屋顶应采取隔热降温措施。平屋顶隔热措施有通风隔热屋面、蓄水隔热屋面、种植隔热屋面和反射降温屋面；坡屋顶的隔热主要采用通风屋顶。

# 思 考 题

1. 屋顶有什么作用及设计要求？
2. 屋顶按外形分有哪些形式？
3. 坡度的表示方法有哪些？
4. 影响屋顶坡度的因素有哪些？如何形成屋顶的排水坡度？
5. 屋顶的排水方式有哪几种？简述各自的优缺点和适用范围。
6. 简述屋顶排水组织设计步骤。
7. 简述卷材防水屋面的基本构造层次及作用。
8. 平屋顶油毡防水屋面为什么要设隔汽层？如何设置？
9. 什么是泛水？有什么构造要求？
10. 柔性防水屋面的细部构造有哪些？各自的设计要点是什么？
11. 简述刚性防水屋面的基本构造层次及作用，并绘图表示。
12. 刚性防水屋面容易开裂的原因是什么？可以采取哪些措施预防开裂？
13. 平屋顶的保温材料有哪几类？保温层常设于什么位置？
14. 平屋顶的隔热构造处理有哪几种做法？
15. 何为分仓缝？为什么要设分仓缝？通常设在什么部位？
16. 简述屋面排水设计步骤。
17. 坡屋顶的承重结构类型有哪些？有哪些承重结构构件？
18. 绘图表示等高屋面变形缝的一种做法。
19. 绘图表示高低屋面变形缝处的一种做法。
20. 绘制卷材防水屋面女儿墙泛水的一种做法。
21. 绘图表示女儿墙顶构造。
22. 绘制一种有保温、不上人卷材屋面的断面构造简图，并说明各构造层次的名称及材料做法。
23. 绘制刚性防水屋面横向分格缝的构造做法。
24. 绘制钢筋混凝土板瓦屋面的一种构造做法。

## 实训设计作业 3：平屋顶构造设计

1. 设计内容

依据所给定的已知图（图 7-49），设计屋顶平面图和屋顶节点构造详图。

2. 已知条件

(1) 屋顶类型：平屋顶。

(2) 屋顶排水方式：有组织排水，檐口形式由学生自定。

(3) 屋面防水方案：卷材防水或刚性防水。

(4) 屋顶有保温或隔热要求。

3. 深度要求

(1) 屋顶平面图，比例 1：100。

1）画出各坡面交线、檐沟或女儿墙和天沟、雨水口和屋面上人孔等，刚性屋面还应画出纵横分格缝。

2）标注屋面和檐沟或天沟内的排水方向和坡度值，标注屋面上人孔等凸出屋面部分的有关尺寸，标注房面标高（结构上表面标高）。

3）标注各转角处的定位轴线和编号。

4）外部标注两道尺寸（即轴线尺寸和雨水汇到邻近轴线的距离或雨水口的间距）。

5）标注详图索引符号，注写图名和比例。

（2）节点构造详图，比例1：10，选择有代表性的详图2～4个。

根据所选择的排水方案画出具有代表性的节点构造详图，如雨水口及天沟详图、女儿墙泛水详图、高低屋面之间泛水详图、上人孔详图、楼梯间出屋面详图、分格缝详图（刚性防水屋面）、分仓壁及过水孔详图（蓄水屋面）等。

每一详图应反映构件之间的相互连接关系、屋面的构造层次及各层做法，被剖切部分应反映出材料符号，标注各部分尺寸。

图7-49　某学生宿舍平面图

# 第八章　建筑抗震与防火

**学习目标**

通过学习掌握地震的基本知识、建筑抗震的设防目标和设计要点，建筑变形缝的概念、设置要求和构造，以及建筑火灾概念、火灾的发展与蔓延、防火分区及划分原则。

**学习重点**

掌握建筑变形缝的构造和建筑安全疏散要求；了解建筑抗震和建筑防火的基本知识。

## 第一节　建筑抗震

**一、地震知识简介**

1. 地震与地震波

（1）地震：指由于地壳构造运动使岩层发生断裂、错动而引起的地面震动。

（2）震源：地壳深处发生岩层断裂、错动的地方。

（3）震中：震源正上方的地面。

（4）地震波：当震源岩层发生断裂、错动时，岩层所积累的变形能突然释放，以波的形式从震源向四周传播。

2. 地震震级与地震烈度

（1）地震震级：指地震的强烈程度，一般称里氏震级，取决于地震时释放能量的大小。

（2）地震烈度：指地震时某一地区地面、建（构）筑物遭受地震影响的强烈程度，它不仅与震级有关，而且与震源深度、距震中的距离、建筑场地的土质等因素有关。一次地震只有一个震级，但却有不同的地震烈度。

**二、抗震设防的目标**

使建筑物经抗震设防后，当遭受到低于本地区设防烈度的地震影响时，建筑物一般不受损坏或不需要修理仍能继续使用。

当遭受到本地区设防烈度影响时，建筑物可能有一定损坏，经一般修理或不需修理仍能继续使用。

当遭受高于本地区设防烈度的罕见地震时，建筑物不致倒塌或发生危及生命的破坏。即做到"小震不坏，中震可修，大震不倒"。

**三、建筑抗震设计要点**

（1）宜选择对抗震有利的场地。

（2）建筑的平面布置宜规则、对称，形心和重心尽可能接近，并应具有良好的整体性。

（3）建筑的立面和竖向剖面宜规则，结构的倾向刚度宜均匀变化，建筑的质量分布均匀。

（4）选择技术上、经济上合理的抗震结构体系，加强构造处理。

**四、建筑变形缝**

1. 变形缝类型及要求

变形缝：为防止建筑物在外界因素（温度变化、地基不均匀沉降及地震）作用下产生变形，导致开裂，甚至破坏而预留的构造缝。

变形缝分三种类型：伸缩缝、沉降缝和防震缝。

（1）伸缩缝。

通常沿建筑物高度方向设置垂直缝隙，将建筑物断开，使建筑物分隔成几个独立部分，各部分可自由胀缩，这种构造缝称为伸缩缝。

伸缩缝要求把建筑物的墙体、楼板层、屋顶等地面以上部分全部断开。

伸缩缝的位置和间距与建筑物的结构类型、材料、施工条件及当地温度变化情况有关。设计时应根据有关规范的规定设置（表 8-1、表 8-2）。

**砌体建筑伸缩缝的最大间距**　　　　　　　　　　　表 8-1

| 砌体类型 | 屋顶或楼层结构类别 | | 间距(m) |
|---|---|---|---|
| 各种砌体 | 整体式或装配整体式钢筋混凝土结构 | 有保温层或隔热层的屋顶、楼层 | 50 |
| | | 无保温层或隔热层的屋顶 | 40 |
| | 装配式无檩体系钢筋混凝土结构 | 有保温层或隔热层的屋顶、楼层 | 60 |
| | | 无保温层或隔热层的屋顶 | 50 |
| | 装配式有檩体系钢筋混凝土结构 | 有保温层或隔热层的屋顶、楼层 | 75 |
| | | 无保温层或隔热层的屋顶 | 60 |
| 黏土砖、空心砖砌体 | 黏土瓦或石棉瓦屋顶；木屋顶或楼层；砖石屋顶或楼层 | | 100 |
| 石砌体 | | | 80 |
| 硅酸盐块砌体和混凝土块砌体 | | | 75 |

**钢筋混凝土结构伸缩缝的最大间距**　　　　　　　　表 8-2

| 结构类型 | | 室内或土中(m) | 露天(m) |
|---|---|---|---|
| 排架结构 | 装配式 | 100 | 70 |
| 框架结构 | 装配式 | 75 | 50 |
| | 现浇式 | 55 | 35 |
| 剪力墙结构 | 装配式 | 65 | 40 |
| | 现浇式 | 45 | 30 |
| 挡土墙、地下室墙等类结构 | 装配式 | 40 | 30 |
| | 现浇式 | 30 | 20 |

（2）沉降缝。

沿建筑物高度设置垂直缝隙，将建筑物划分成若干个可以自由沉降的单元，这种垂直缝称为沉降缝。

符合下列条件之一者应设置沉降缝：①当建筑物相邻两部分有高差；②相邻两部分荷载相差较大；③建筑体型复杂，连接部位较为薄弱；④结构形式不同；⑤基础埋置深度相差悬殊；⑥地基土的地耐力相差较大。沉降缝的宽度与地基的性质和建筑物的高度有关，地基越软弱，建筑的高度越大，沉降缝的宽度也越大，见表8-3。

沉降缝的宽度　　　　　　　　　　　表8-3

| 地 基 情 况 | 建筑物高度 | 沉降缝的宽度(mm) |
|---|---|---|
| 一般地基 | <5m | 30 |
| | 5～10m | 50 |
| | 10～15m | 70 |
| 软弱地基 | 2～3层 | 50～80 |
| | 4～5层 | 80～120 |
| | 6层以上 | >120 |
| 湿陷性黄土地基 | | ≥30～70 |

（3）防震缝。

在变形敏感部位设缝，将建筑物分为若干个体型规整、结构单一的单元，防止在地震波的作用下互相挤压、拉伸，造成变形破坏，这种缝隙叫做防震缝。

地震设防烈度为8度、9度地区的多层砌体建筑物，有下列情况之一时应设防震缝：①建筑物立面高差在6m以上；②建筑物有错层，且楼板错层高差较大；③建筑物各部分结构刚度、质量截然不同。防震缝的宽度，在多层砖混结构中按设防烈度的不同取50～100mm；在多层钢筋混凝土框架结构建筑中，建筑物的高度不超过15m时为70mm，当建筑物高度超过15m时，缝宽见表8-4。

防震缝的宽度　　　　　　　　　　　表8-4

| 设 防 烈 度 | 建筑物高度 | 缝　　宽 |
|---|---|---|
| 7度 | 每增加4m | 在70mm基础上增加20mm |
| 8度 | 每增加3m | 在70mm基础上增加20mm |
| 9度 | 每增加2m | 在70mm基础上增加20mm |

2. 变形缝的构造

（1）基础变形缝。

基础在沉降缝处的构造有双墙式、交叉式和悬挑式，如图8-1所示。

（2）墙体变形缝。

变形缝的构造形式与变形缝的类型和墙体的厚度有关，可做成平缝、错口缝或企口缝（图8-2）。

外墙变形缝构造包括：伸缩缝 [图8-3 (a)]、沉降缝 [图8-3 (b)]、防震缝 [图8-3 (c)]。

图 8-1　沉降缝处基础的构造

(a) 双墙式；(b) 交叉式；(c) 悬挑式

图 8-2　墙体变形缝的构造形式

(a) 平缝；(b) 错口缝；(c) 企口缝

图 8-3　外墙变形缝的构造

内墙变形缝的构造应考虑与室内的装饰环境相协调，并满足隔声、防火要求。一般采用具有一定装饰效果的木条盖缝（图8-4）。

图 8-4 内墙变形缝的构造

(a) 伸缩缝和沉降缝；(b) 防震缝

（3）楼地层变形缝：

1）楼板层变形缝：楼板层变形缝的宽度应与墙体变形缝一致，上部用金属板、预制水磨石板、硬塑料板等盖缝，以防止灰尘下落 [图8-5 (a)]。

2）地坪层变形缝：当地坪层采用刚性垫层时，变形缝应从垫层到面层处断开，垫层处缝内填沥青麻丝或聚苯板，面层处理同楼面 [图8-5 (b)]。

图 8-5 楼地面变形缝

(a) 楼面变形缝；(b) 地面变形缝

（4）屋顶变形缝。

屋顶在变形缝处的构造分为等高屋面变形缝和不等高屋面变形缝两种。

1）等高屋面变形缝：①不上人屋面变形缝如图 8-6 所示。

②上人屋面变形缝如图 8-7 所示。

2）不等高屋面变形缝如图 8-8 所示。

图 8-6　不上人屋面变形缝

图 8-7　上人屋面变形缝

图 8-8　不等高屋面变形缝

# 第二节　建筑防火

**一、建筑火灾简介**

1. 建筑物起火条件

（1）可燃物质：凡能与空气中的氧或其他氧化剂起剧烈反应的物质，一般都称为可燃物质。

（2）助燃物质：凡能帮助和支持燃烧的氧气或氧化剂都叫做助燃物质。

（3）火源：凡能引起可燃物质燃烧的热能源，称为火源。

火源一般分为直接火源和间接火源两大类。

1）直接火源主要有四种：明火、电火花、雷击起火、地震和战争火灾。

2）间接火源主要有两种：加热自燃起火；物品本身自燃起火。

2. 火灾发展过程

建筑火灾的发展分为三个过程：火灾初起阶段、火灾猛烈燃烧阶段、火灾衰减阶段。

3. 建筑火灾的蔓延方式与途径

（1）建筑火灾的蔓延方式：

1）热传导。指物体一端受热时，通过物体分子的运动，将热量传至另一端的传热方式。

2）热辐射。指热量通过空气为媒介，以电磁波的形式向周围传递的传热方式。

3）热对流。指炽热的烟气与冷空气之间相互流动，使热量得以传递的传热方式。

（2）建筑火灾的蔓延途径：

1）由外墙门窗洞口向上层蔓延（图8-9）。

为了防止火灾向上层蔓延，可加大上下层门窗洞口之间的墙体高度，或利用外墙挑出的阳台板、窗楣板、雨篷等，使火焰偏离上层门窗洞口，阻止火灾向上层蔓延。

2）火灾的横向蔓延。

3）火灾通过竖井或竖向空隙蔓延。

4）火灾由通风管道蔓延。

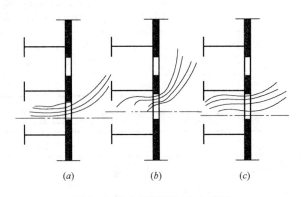

图 8-9  火由外墙窗口向上蔓延

(a) 窗口上缘较低距上层窗台远；(b) 窗口上缘较高距上层窗台近；

(c) 窗口上缘有挑出雨篷，使气流偏离上层窗

**二、建筑防火设计**

1. 建筑防火设计的任务

（1）选择耐火时间较长的建筑结构，结合建筑物的耐火等级，合理选择建筑构配件的材料和构造做法。

（2）根据建筑物的耐火等级和层数，限制建筑物内疏散走道的长度，或对建筑物内部进行防火分区。

## 2. 建筑防火分区

(1) 防火分区：在分析建筑火灾蔓延途径的基础上，利用建筑物的原有构件或在建筑物内设置专门的防火分隔物，采用"堵截包围、穿插分割"的方法，在一定时间内把火灾控制在限定的区域空间，阻止火势快速蔓延，以赢得宝贵的救援时间。

(2) 建筑防火分区分为水平防火分区和垂直防火分区。

每个防火分区的大小取决于建筑物的耐火等级和层数，《建筑设计防火规范》（GB 50016—2006）中对防火分区的划分见表 8-5。

《高层民用建筑设计防火规范》（GB 50045—95）中对防火分区的划分见表 8-6。

民用建筑的耐火等级、最多允许层数和防火分区最大允许建筑面积　　　表 8-5

| 耐火等级 | 最多允许层数 | 防火分区的最大允许建筑面积（m²） | 备　注 |
|---|---|---|---|
| 一、二级 | ≤9层的居住建筑；建筑高度≤24m 的公共建筑；建筑高度>24m 的单层公共建筑 | 2500 | 1. 体育馆、剧院的观众厅，展览建筑的展厅，其防火分布最大允许建筑面积及适应放宽；<br>2. 托儿所、幼儿园的儿童用房和儿童游乐厅等儿童活动场所不应超过 3 层或设置在四层及四层以上楼层或地下、半地下建筑(室)内 |
| 三级 | 5层 | 1200 | 1. 托儿所、幼儿园的儿童用房及儿童游乐厅等儿童活动场所和医院、疗养院的住院部不应设置在三层及三层以上或地下、半地下建筑内；<br>2. 商店、学校、电影院、剧院、礼堂、食堂、菜市场不应超过两层 |
| 四级 | 2层 | 600 | 学校、食堂、菜市场、托儿所、幼儿园、医院不应超过二层 |
| 地下、半地下建筑(室) | | 500 | — |

高层民用建筑的分类、耐火等级及防火分区　　　表 8-6

| 建筑类型 | 一类 | 二类 | 耐火等级 | | 防火分区（m²） | | |
|---|---|---|---|---|---|---|---|
| | | | 一类 | 二类 | 一类 | 二类 | 地下室 |
| 居住建筑 | 高层住宅：19层及 19 层以上的普通住宅 | 10～18 层的普通住宅 | 一类 | 二类 | 一类 | 二类 | 地下室 |
| 公共建筑 | 医院、百货楼、展览楼、财贸及金融楼、电信楼、广播楼、省级邮电楼、高级旅馆、重要的办公楼、科研楼、图书楼、档案楼等；建筑高度超过 50m 的教学楼、普通旅社、办公楼、科研楼、图书楼 | 建筑高度不超过 50m 的教学楼和普通旅社、办公楼、科研楼、图书楼、档案楼、省级以下的邮电楼 | 一级 | 不低于二级 | 1000 | 1500 | 500 |

## 3. 建筑防火分区的划分原则

(1) 防火分区间应采用防火墙分隔，如有困难时，可采用防火卷帘和水幕分隔。

(2) 建筑物内如设有上下层相连通的走廊、自动扶梯等开口部位时，应按上下连通层作为一个防火分区，其建筑面积之和不宜超过表 8-5 的规定。

（3）地下、半地下建筑内的防火分区区间应采用防火墙分隔，每个防火分区的建筑面积不应大于 500m²。

（4）当高层建筑与其裙房之间设有防火墙等防火分隔设施时，其裙房的防火分区允许最大建筑面积不应大于 2500m²。

（5）高层建筑内设有上下层相连通的走廊、敞开楼梯、自动扶梯、传送带等开口部位时，应将上下连通层作为一个防火分区，其允许最大建筑面积之和不应超过表 8-6 的规定。

（6）高层建筑中庭防火分区面积应按上下层连通的面积叠加计算。

# 本 章 小 结

1. 掌握地震、地震波、地震震级和地震烈度等基本概念。

2. 一次地震只有一个震级，但却有不同的地震烈度。

3. 抗震设防的目标是"小震不坏，中震可修，大震不倒"。掌握建筑抗震设计的要点。

4. 变形缝是为防止建筑物在外界因素（温度变化、地基不均匀沉降及地震）作用下产生变形，导致开裂，甚至破坏而预留的构造缝。

变形缝分三种类型分别为伸缩缝、沉降缝和防震缝。伸缩缝要求把建筑物的墙体、楼板层、屋顶等地面以上部分全部断开。

5. 掌握基础变形缝、墙体变形缝、楼地层变形缝和屋顶变形缝的构造特点。

基础在沉降缝处的构造有双墙式、交叉式和悬挑式。变形缝的构造形式与变形缝的类型和墙体的厚度有关，可做成平缝、错口缝或企口缝。

6. 建筑物起火的条件包括可燃物质、助燃物质和火源。

火源一般分为直接火源和间接火源两大类。

7. 建筑火灾的发展分为三个过程，即为火灾初起阶段、火灾猛烈燃烧阶段和火灾衰减阶段。

8. 建筑火灾的蔓延的三种方式为热传导、热辐射和热对流。

建筑火灾的蔓延途径有四种，分别为由外墙门窗洞口向上层蔓延、火灾的横向蔓延、火灾通过竖井或竖向空隙蔓延和火灾由通风管道蔓延。

9. 建筑防火分区分为水平防火分区和垂直防火分区。每个防火分区面积的大小取决于建筑物的耐火等级和层数。了解建筑防火分区的划分原则。

## 思 考 题

1. 什么是地震、地震波？

2. 什么是地震烈度和地震震级？他们之间的区别是什么？

3. 抗震设防的目标是什么？具体阐述个目标内容。

4. 抗震设计的要点是什么？

5. 什么叫做变形缝？伸缩缝、沉降缝、抗震缝各有何特点？有什么设计要求？

6. 绘图示意等高屋面不上人屋面变形缝的构造图。
7. 绘图示意等高屋面上人屋面变形缝的构造图。
8. 建筑起火的条件是什么？建筑火灾发展的过程包括哪几个阶段？
9. 建筑火灾蔓延的途径包括哪些？
10. 什么是防火分区？防火分区划分的原则是什么？

# 第九章　民用工业化建筑体系

**学习目标**

通过本章学习，了解民用工业化建筑体系的概念及工业化建筑体系的各种建筑类型及构造要点。

## 第一节　工业化建筑概述

### 一、建筑工业化的含义和特征

建筑工业化是指用现代工业生产方式来建造房屋，即将现代工业生产的成熟经验应用于建筑业，像生产其他工业产品一样，用机械化手段生产建筑定型产品。其定型产品是指房屋、房屋的构（配）件和建筑制品等。这是建筑业生产方式的根本改变。长期以来，人类建造房屋所依靠的手工操作方法，劳动强度大、工效低、工期长，质量也难以保证，对于现代建筑工业显然极不适应。只有实现建筑工业化，才能加快建设速度，降低劳动强度，提高生产效率和施工质量。

建筑工业化的基本特征是设计标准化、生产工厂化、施工机械化、组织管理科学化。设计标准化是建筑工业化的前提，建筑产品如不加以定型，不采取标准化设计，就无法工厂化、机械化的大批量生产。生产工厂化是建筑工业化的手段，标准、定型的工厂化生产，可以改善劳动条件，提高生产效率，保证产品质量。施工机械化是建筑工业化的核心，机械化代替手工操作，可以降低劳动强度，加快施工进度，提高施工质量。组织管理科学化是实现建筑工业化的保证，从设计、生产到施工的各过程，都必须有科学化的管理，避免出现混乱，造成不必要的损失。

### 二、建筑工业化的生产体系

针对大量新建造的房屋及其产品实现建筑部件系列化开发，集约化生产和商品化，以现代化大工业生产为基础，采用先进的工业化技术和管理方式，从设计到建成，配套地解决全部过程的生产体系。可分为专用体系和通用体系。

1. 专用体系

专用体系（图 9-1）指以定型房屋为基础进行构配件配套的一种体系，其产品是定型房屋。专用体系的优点是以少量规格的构（配）件就能将房屋建造起来，一次性投资不多，见效大，但其缺点是由于构（配）件规格少，容易使建筑空间及立面产生单调感。

2. 通用体系

通用体系（图 9-2）是以通用构（配）件为基础，进行多样化房屋组合的一种体系，其产品是定型构（配）件。它的构（配）件规格比较多，可以调换使用，容易做到多样化，适应面广，可以进行专业化成批生产。所以近年来很多国家都趋向于从专用体系转向通用体系，我国的情况也大体如此。

图 9-1　专用体系的特征

图 9-2　通用体系的特征

通常按结构类型和施工工艺综合特征，民用建筑工业化体系主要有以下几种类型：砌块建筑、大板建筑、框架轻板建筑、盒子建筑、大模板建筑、滑模建筑、升板建筑和升层建筑等。

# 第二节　砌块建筑

砌块建筑是指墙体用各种砌块砌成的建筑。由于砌块的尺寸比砌普通墙砖大得多，每砌一块砌块就相当于砌很多块砌墙砖，所以生产效率高。制造砌块可以利用煤灰、煤矸石、炉渣等工业废料，既生产了建筑材料，又解决了环境污染。

## 一、砌块的类型

砌块的类型较多，按所用材料分为混凝土砌块、轻骨料混凝土砌块、加气混凝土砌块以及利用煤灰、煤矸石、炉渣等各种工业废料制成的砌块等；按砌块构造分为实体砌块和空心砌块；按尺寸及重量分为小型砌块、中型砌块和大型砌块（图 9-3、图 9-4）。

图 9-3　混凝土空心砌块

图 9-4　粉煤灰硅酸盐砌块

## 二、砌块的构造

### 1. 砌块墙的组砌与拉结

用砌块砌墙时，砌块之间要搭接，上下皮的垂直缝要错开（图 9-5）。一般砌块要用 M5 级砂浆砌筑，水平灰缝、垂直灰缝宽一般为 15～20mm。当垂直灰缝宽大于 30mm 时，须用 C20 细石混凝土灌实，中型砌块上下皮的搭缝长度不得小于 150mm，当搭缝长度不足时，应在水平灰缝内增设钢筋网片（图 9-6）。

图 9-5  砌块墙的搭接

（a）砌块墙转角轴测；（b）砌块墙内外墙相交处轴测

图 9-6  砌块墙钢筋网片的设置

（a）立面图网片放置位置；（b）转角处网片放置位置；（c）墙体交叉处网片放置位置

### 2. 圈梁和构造柱

在地震设防地区，为了增强砌块建筑的整体刚度，防止由于地基不均匀沉降引起对房屋的不利影响和地震可能引起的墙体开裂，在砌块墙中应设置圈梁。

为了加强砌块房屋墙体竖向连接，增强房屋的整体刚度，对于空心砌块墙中，在外墙转角、楼梯四角和必要的内外墙体交接处设置构造柱（芯柱）（图 9-7）。即将砌块孔洞上

图 9-7  空心砌块建筑构造柱

下对齐，于孔中配置通长钢筋，并用细石混凝土分层填实。对于混凝土空心小砌块的芯柱最小截面不小于 130mm×130mm，中型砌块芯柱最小截面为 150mm×150mm。芯柱的混凝土强度等级为小型砌块 C15，中型砌块 C20。

<h1 style="text-align:center">第三节　装配式板材建筑</h1>

### 一、装配式板材建筑

大型板材建筑，由预制的大型内外墙板、大型楼板和大型屋面板等构件在现场装配成的房屋。属于剪力墙结构体系，墙板起着承重、维护与分隔等功能。其特点是除了基础以外，全部构件均采用预制构件，通过装配整体式节点连接而成的建筑（图 9-8）。

图 9-8　大板建筑

1—外纵墙板；2—外横墙板；3—楼板；4—内横墙板；5—内纵墙板；6—楼梯

板材装配式建筑能充分发挥预制工厂和吊装机械的作用，装配化程度高，能提高劳动生产率，改善工人的劳动条件。与砖混结构相比，可减轻自重 15%～20%，增加使用面积 5%～8%。但大板建筑的平面灵活性受到一定限制，钢材及水泥消耗较大。

### 二、板材装配式建筑的承重方式

板材装配式建筑的承重方式以横墙承重为主，也可以用纵墙承重或者纵、横墙混合承重（图 9-9）。

### 三、板材装配式建筑主要构件

1. 外墙板

外墙板按构造形式可分单一材料板和复合材料板。

单一材料外墙板主要有实心板和空心板两种（图 9-10）。

复合材料外墙板是根据功能要求由防水层、保温层、结构层等组合而成的多层外墙板（图 9-11）。

2. 内墙板

在大板建筑体系下，横向内墙板通常是建筑中的主要承重构件。一般应有足够的强度，以便满足承重的要求。内墙板应该具有足够的厚度，以便保证楼板有足够的搭接长度，并保证现浇钢筋板缝所需的宽度。内墙板通常采用单一材料的实心板，如混凝土板、粉煤灰矿渣混凝土板。

纵向内墙板一般是非承重构件。它不承担楼板荷载。但可与横向内墙相连接，起到保

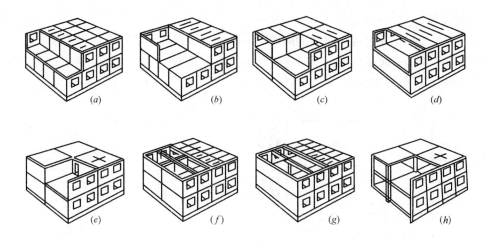

图 9-9　大板建筑的结构支承方式

（a）横向承重（小跨度）；（b）横向承重（大跨度）；（c）纵向承重（小跨度）；（d）纵向承重（大跨度）；
（e）双向承重；（f）内墙板搁大梁承重；（g）内骨架承重；（h）楼板四点搁置，内柱承重

图 9-10　单一材料外墙板

（a）实心板；（b）空心板；（c）实心板；（d）某板材建筑中墙体

图 9-11　复合材料外墙板

（a）结构层在内侧；（b）结构层在外侧；（c）夹层外墙板

证纵向刚度的作用。因此也必须有一定的强度和刚度。在实际工程中，纵向墙板与横向墙板的类型通常是相同的。

## 3. 隔墙板

隔墙板主要用于建筑内部房间的隔墙与隔断，一般没有承重要求。为了减轻自重，提高隔声效果和防火、防潮性能，通常选择钢筋混凝土薄板、加气混凝土板、碳化石灰板、石膏板等材料（图9-12）。

图 9-12　内墙板
(a) 带门洞板；(b) 带小柱的板；(c) 刀把板

## 4. 楼板

大板建筑的楼板有三种尺寸类型：一是与砖混结构相同的小块楼板；二是半间一块（或半间带阳台板）的大楼板；三是整间一块（整间带阳台板）的大楼板（图9-13）一般多采用整间一块的大楼板，其装配效率高，板面平整，且与其他板材重量相似，便于统一起吊设备。整间一块的大楼板有实心板、空心板和肋形板三种类型（图9-14）。

图 9-13　大板建筑楼板的平面形式
(a) 整间一块；(b) 半间一块；(c) 普通小块楼板

图 9-14　大型预制楼板
(a) 实心平板；(b) 板下肋形板；(c) 盒模肋形板；(d) 空心板；
(e) 板上肋形板；(f) 夹心肋形板

## 5. 楼梯

大板建筑的楼梯通常是梯段和平台板分开预制，以方便施工。为了减轻构件的重量，梯段可预制成空心楼梯段。当有较强的起重能力时，也可将梯段和平台预制成整体构件（图 9-15）。楼梯段一般支承在带肋的平台板上，平台板支承在焊于侧墙板的钢牛腿上（图 9-16）。

图 9-15　预制楼梯板

（a）梯段、平台分开预制；（b）带平台的预制楼梯段

图 9-16　楼梯平台与侧墙板焊接

## 6. 屋面板

屋面板是屋顶的承重结构，除要求有足够的强度和刚度外，还应能适应屋顶的防水、排水、保温（隔热）、天棚平整和外形美观的要求。

### 四、大板建筑构件的连接构造

大板建筑的连接构造，对于保证建筑物的整体性和坚固耐久具有重要意义。因为预制的楼板、墙板等构件，只有通过可靠的连接，才能使建筑具有整体性能，并承受各种荷载的作用。

板材之间的连接，应满足以下要求：具有可靠的强度，保证建筑物的整体性和空间刚度；构造简单，便于施工；耗钢量少；地震区的连接，应具有较好的延性。

### 1. 墙板之间的连接

在内墙板十字接头部位，墙板顶面预埋钢板用钢筋焊接起来，中间和下部设置锚环和竖向插筋，与墙板伸出的钢筋绑扎或焊接在一起，然后在阴角支模板，现浇 C20 混凝土，使墙板竖缝中形成现浇的构造柱，将墙板连成整体（图 9-17）。

### 2. 楼板连接

由于大板建筑一般采用内墙支承楼板，外墙要比内墙高出一个楼板厚度。通常把外墙板顶部做成高低口，上口与楼板板面相平，下口与楼板底平齐，并将楼板伸入外墙板下口 ［图 9-18（a）］。

图 9-17 内墙板连接构造

(a) 内纵、横墙板连接构造；(b) 内纵、横墙板下部连接

左右楼板之间的连接是将楼板伸出的锚环与墙板的吊环穿套在一起，缝间用混凝土浇灌，使所有楼板的四周形成现浇的圈梁 [图 9-18 (b)]。

图 9-18 楼板的连接构造

(a) 楼板与外墙板顶部连接；(b) 楼板之间的锚接

**五、装配式大板建筑的板缝处理**

板材建筑的板缝，是材料干缩变形、温度变形和施工误差的集中点。板缝的处理方法，应当根据当地的气温变化、风雨条件、湿度状况等因素来决定，以满足防水、保温、耐久、经济、美观和便于施工等要求。

1. 板缝的防水

板缝的防水包括设置滴水、挡水台、凹槽等几种做法。这些方法的共同优点是经济、耐久、便于施工。

外墙板的接缝有平缝和立缝两种。对于接缝，一般要求密闭，以便防止雨水和冷风渗透。由于接缝也是保温的薄弱环节，因此也要防止出现"热桥"。

（1）水平缝：水平缝的构造形式参见图 9-19。

上下墙板之间的水平缝，通常多用坐浆并用砂浆勾缝。但因温度的变化，容易产生裂缝，造成渗漏。滴水可以排除一部分雨水，但不能彻底杜绝渗漏。比较常用的是高低缝和企口缝。

1）高低缝防水：高低缝由上下墙板互相咬口构成。水平缝外部的填充料可以采用水泥砂浆，但不能填得过深（图 9-20）。

直缝　滴水缝　高低缝　企口缝　暗槽缝

图 9-19 水平缝

2）企口缝防水：上下墙板作成企口形状，从而形成企口缝。企口中间一般为空腔，前端用水泥砂浆勾抹，并留排水孔（图9-21）。

图 9-20　高低缝

图 9-21　企口缝

一般来说，水平缝还应该嵌入保温条，并在外侧勾抹防水砂浆。

（2）垂直缝：垂直缝的构造形式参见图9-22。

在上述这些缝中，直缝最简单，但运用时必须解决好砂浆勾缝，才不会漏水；企口缝除会因毛细现象而造成漏水外，在板的制作、运输、安装方面，也增加不少困难；暗槽做法是在槽内灌注混凝土，缝口再用砂浆勾严；空腔做法是目前采用较多的一种。空腔做法的具体方法是：在空腔前壁的立槽中嵌入塑料挡雨板；在缝外勾抹防水水泥砂浆。上下塑料板的连接，可以采用分段接缝的办法，以使其能够适应温度变化引起的胀缩变形。塑料挡雨板的主要作用是导水（在抹水泥砂浆时它还起着模板的作用）；水泥砂浆勾缝的作用，是避免塑料板直接暴露在大气中，以便延缓塑料老化速度，保证空腔的排水效果，如图9-23所示。

图 9-22　垂直缝

图 9-23　垂直缝防水做法

**2. 板缝的保温**

板材建筑最突出的热工问题，是在墙板接缝处和在混凝土肋附近产生的结露现象。结露的主要原因是墙板内表面温度低于室内空气的露点温度，从而导致空气中的水分在墙板内表面凝结。

要防止结露，必须注意做好两点：一是消灭热桥，二是阻止热空气渗透。因此，在板缝和肋边处，应采用高效能的保温材料，以避免形成热桥。在板缝外侧，一般用砂浆勾效果较好。节点处的材料则以聚苯乙烯塑料比较理想，如图9-24所示。

图 9-24　节点保温做法

## 第四节　框架轻板建筑

框架轻板建筑指以柱、梁、板组成的框架为承重结构，以轻型墙板为围护与分隔构件的新型建筑形式。其特点是承重结构与围护结构分工明确，可以充分发挥材料的不同特性，且空间分隔灵活，湿作业少，不受季节限制，施工进度快，整体性好，具有很强的抗震性能等，但钢材、水泥用量大。构件吊装次数多，工序多，造价较高。用于高层建筑较为合理，图 9-25 为某钢筋混凝土骨架装配式建筑。

图 9-25　钢筋混凝土骨架装配式建筑

**一、框架结构类型**

1. 框架按所用材料分

（1）木框架：柱、梁、楼板均使用木材制成。这种框架目前已很少使用。

（2）钢筋混凝土框架：钢筋混凝土框架防火性能好，材料供应易于保证。它的柱、梁、板均采用钢筋混凝土。

（3）钢框架：钢框架自重轻，施工速度快，适用于高层和超高层建筑。它的柱、梁均应采用钢材，楼板可用钢筋混凝土板或钢板。

2. 按主要构件组成分

（1）框架由梁、楼板和柱组成，简称梁板柱框架系统，如图 9-26（a）所示。

（2）框架由楼板、柱组成，简称板柱框架系统，如图 9-26（b）所示。

（3）在以上两种框架中，增设剪力墙，成为剪力墙框架系统，如图 9-26（c）所示。

**二、装配式钢筋混凝土框架的构件连接**

1. 梁柱的连接

梁柱的连接是梁板柱框架的主要节点构造，其连接可以在构件中预埋铁件，在现场焊接，也可以做湿节点连接（图 9-27）。其中图 9-27（c）所示的方法是将柱和叠合梁整浇在一起，或者连接预制楼板面时的叠合层一起整浇，以加强装配式骨架的整体刚度。

2. 板柱连接

板柱连接可以用直接支承在柱子的承台（柱帽）上，或者通过与柱子相连；当采用长柱时，楼板可以搁置在长柱上预制的牛腿上，也可以搁置在后焊的钢牛腿上，还要以在板缝间用后张应力钢索现浇混凝土作为支承（图 9-28）。其中后张应力钢索现浇混凝土的抗震效果最好。

图 9-26　框架结构类型

（*a*）梁板柱框架系统；（*b*）板柱框架系统；（*c*）剪力墙框架系统

图 9-27　装配式框架的梁柱连接节点

（*a*）预制空心套管现浇柱；（*b*）装配整体式柱梁连接；（*c*）工具式模板临时搁置预制梁现浇柱

图 9-28　板柱连接节点

（*a*）短柱承台节点；（*b*）短柱插筋浆锚节点；（*c*）双侧牛腿支承节点；（*d*）钢牛腿支承节点；

（*e*）后张应力；（*f*）边柱后张应力补充构件

### 3. 框架与墙板的连接

框架轻板建筑的内外墙均为围护分隔构件，可采用轻质材料制成。内墙板一般采用空心石膏板、加气混凝土板和纸面石膏板。而外墙板除要具有足够的承载力和刚度外，还应满足保温、隔热、密闭、美观等要求。所以，外墙板有单一材料板、复合材料板和幕墙三种类型。单一材料墙板用轻质保温材料制作，如加气混凝土、陶粒混凝土等。复合材料墙板通常由内外壁和夹层组成。幕墙根据外饰面材料的不同，分为金属幕墙、玻璃幕墙和水泥薄板等。图 9-29 所示为外墙板与框架的几种连接方式。

图 9-29　外墙板与框架的连接

(a) 固定在框架外侧；(b) 固定在框架间；(c) 固定在边梁上；(d) 固定在边架墙架上

无论采用何种方式，均应保证外墙板与框架的连接要牢固可靠，不应出现"热桥"现象，并尽量使构造简单，以方便施工。

## 第五节　其他工业化体系建筑简介

### 一、盒子建筑

盒子建筑是指用在工厂预制成整间的盒子状结构为基础，运至施工现场吊装组合而成的建筑。

单元盒子结构分为整浇式和组装式两种（图 9-30）。

图 9-30　盒子的制作方法

(a) 钢筋混凝土整浇式；(b) 预制板材组装式；(c) 某单元盒子

由单元盒子组装成整幢建筑的方式有重叠组装式、交错组装式、与大型板材联合组装式、与框架结合组装式、与筒体结合组装式等（图 9-31）。

图 9-31 盒子建筑的组装方式

(a) 重叠组装式；(b) 交错组装式；(c) 与大型板材联合组装式；
(d) 与框架结合组装式；(e) 与筒体结合

## 二、大模板建筑

大模板建筑是指用工具式大型模板现场浇筑混凝土楼板和墙体的一种建筑。

大模板建筑的特点：整体性好、刚度大，抗震、抗风能力强，工艺简单，劳动强度小，施工速度快，减少了室内外抹灰工程，不需要大型预制厂，施工设备投资少。但其现浇工程量大，施工组织较复杂，不利于冬期施工（图 9-32）。

图 9-32 大模板施工示意图

工具式大模板建筑，其内承重墙一般采用大模板现浇方式，而楼板和外墙则为了方便施工中拆撤模板，需留一面为预制。因此，大模板建筑又可分为以下三种类型：

1. 内外墙全现浇

内外墙全部为现浇，楼板和其他构件为预制。这种形式整体性好，工序简单，节点构造也较简单，如图 9-33（a）所示。

2. 内浇外挂

内墙为现浇，外墙、楼板均为预制。其优点是外墙板可预制成复合板，改善了墙体的保温性能，且整体性仍可得到保证。目前在我国高层大模板建筑中应用最普遍，其外挂板的板缝防水构造与大板建筑相同，不同的是外墙板需在现浇内墙之前安装就位，并在外墙板侧边预留环形钢筋和板缝内竖向插筋，并与内墙钢筋绑扎在一起，待内墙浇筑混凝土后，这些钢筋便将内外墙连成一整体了，如图 9-33（b）所示。

3. 内浇外砌

内墙采用大模板现浇，外墙用砖砌筑。砖砌外墙比混凝土墙的保温性好，且经济，适用于多层大模板建筑。砌砖外墙时，应在与内墙交接处砌成凹槽，插入竖向钢筋，并在砖墙中边砌边放入锚拉钢筋，与内墙钢筋绑扎在一起，待浇筑内墙混凝土后，预留的凹槽便形成了一根构造柱，将内外墙牢固地连接在一起，如图 9-33（c）所示。

图 9-33　大模板建筑类型
（a）内外墙现浇；（b）内浇外挂；（c）内浇外砌

### 三、滑升模板建筑

滑升模板建筑简称滑模建筑。它是在混凝土工业化生产的基础上，预先将工具式模板组合好，利用墙体内特制的钢筋作导杆，以油压千斤顶作提升动力，有间隔节奏地边提升模板，边浇筑混凝土，是一种连续施工的房屋建造方法（图 9-34）。

图 9-34　建筑物的不同滑模部位
（a）内外墙均为滑模施工；（b）内墙为滑模施工，外墙用装配大板

滑模建筑的特点：

结构整体性好，机械化程度高，施工速度快，占用场地少，模板的数量少且利用率高；但墙体的垂直度不易掌握。适用于建筑外形简单整齐，上下壁厚相同，墙面没有凸出横线条的高层建筑。

### 四、升板建筑

升板建筑是利用房屋自身网状排列的柱子为导杆，在每根柱子上安装一台提升机，将就地层叠的现浇大面积楼板和屋面板由下往上逐层提升就位固定而建造起来的建筑物（图 9-35）。

图 9-35 升板建筑示意图

升板建筑的优点：

将大量的高空作业变为地面操作，施工设备简单，机械化程度高，工序简化，工效高，模板用量少，所需施工场地小，楼面面积大，空间可以自由分隔，且四周外围结构可做到最大限度地开放和通透。

# 本章小节

1. 建筑工业化具有设计标准化、施工机械化、构配件生产工厂化、组织管理科学化的特征。

2. 建筑工业化的生产体系可分为专用体系和通用体系。

3. 砌块建筑是指墙用各种砌块砌成的建筑。由于砌块的尺寸比砌墙砖大得多，每砌一块砌块就相当于砌很多块砌墙砖，所以生产效率高。

4. 装配式板材建筑即建筑大型板材建筑，是由预制的大型内外墙板、大型楼板和大型屋面板等构件，在现场装配成的房屋。其特点是除了基础以外，地上的全部构件均采用预制构件，通过装配整体式节点连接而成的建筑。

5. 框架轻板建筑指以柱、梁、板组成的框架为承重结构，以轻型墙板为围护与分隔构件的新型建筑形式。其特点是承重结构与围护结构分工明确，可以充分发挥材料的不同特性，且空间分隔灵活，湿作业少，不受季节限制，施工进度快，整体性好，具有很强的抗震性能等，但钢材、水泥用量大。

6. 盒子建筑是以在工厂预制成整间的盒子状结构为基础，运至施工现场吊装组合而成的建筑。

7. 大模板建筑是指用工具式大型模板现场浇筑混凝土楼板和墙体的一种建筑。

8. 滑升模板建筑简称滑模建筑，是在混凝土工业化生产的基础上，预先将工具式模板组合好，利用墙体内特制的钢筋作导杆，以油压千斤顶作提升动力，有间隔节奏地边浇筑混凝土，边提升模板，是一种连续施工的房屋建造方法。

9. 升板建筑是利用房屋自身网状排列的柱子为导杆，在每根柱子上安装一台提升机，将就地层叠的现浇大面积楼板和屋面板由下往上逐层提升就位固定而建造起来的建筑物。

## 思 考 题

1. 建筑工业化的特征有哪些？建筑工业化体系有几种？
2. 什么是板材装配式建筑？
3. 简述板材装配式建筑的特点。
4. 什么是框架轻板建筑？
5. 框架建筑有何特点？
6. 滑模建筑、升板建筑、盒子建筑各有何特点？

# 第十章 工业建筑

**学习目标**

通过本章的学习，了解工业建筑的特点，熟悉工业建筑分类，掌握单层工业厂房的组成及定位轴线的标定。

**引例**

某工业厂房跨度为 24m，柱距为 6m，屋顶上部设有矩形天窗。试分析工业建筑与民用建筑的联系与区别。

## 第一节 工业建筑概述

### 一、工业建筑的特点

工业建筑是指为满足工业生产需要而建造的房屋，一般称厂房，是工业建设必不可少的基础。工业建筑和民用建筑都具有建筑的共性，在设计原则、建筑技术和建筑材料等方面有许多共同之处，但由于工业厂房是直接为工业服务的，因此尚具有以下特点：

1. 厂房应满足生产工艺要求

厂房的设计以生产工艺设计为基础，要满足不同工业生产的要求，并为工人创造良好的生产环境。

2. 厂房内部有较大的通敞空间

由于厂房内各生产工部联系紧密，需要大量的或大型的生产设备和起重运输设备。因此，厂房的内部具有较大的面积和通敞空间。

3. 采用大型的承重骨架结构

厂房屋盖和楼板荷载较大，多数厂房采用由大型的承重构件组成的钢筋混凝土骨架结构或钢结构。

4. 结构、构造复杂，技术要求高

由于厂房的面积、体积较大，有时采用多跨组合，工艺联系密切，不同的生产类型对厂房提出不同的功能要求，因此在空间采光通风和防水排水等建筑处理上以及结构、构造上都比较复杂，技术要求更高。

### 二、工业厂房建筑的分类

1. 按用途分类

（1）主要生产厂房。在这类厂房中进行生产工艺流程的全部生产活动，一般包括从备料、加工到装配的全部过程。所谓生产工艺流程是指产品从原材料到半成品到成品的全过程，例如钢铁厂的烧结、焦化、炼铁、炼钢车间。

（2）辅助生产厂房。辅助生产厂房是指为主要生产厂房服务的厂房，如机械修理、工具等车间。

（3）动力厂房。动力厂房是为主要生产厂房提供能源的场所，如发电站、锅炉房、煤气站等。

（4）储藏用房。储存用房屋是为生产提供存储原料、半成品、成品的仓库，如炉料、油料、半成品、成品库房等。

（5）运输工具用房。运输用房屋是为生产或管理用车辆提供存放与检修的房屋，如汽车库、消防车库电瓶车库等。

（6）其他。包括解决厂房给水、排水问题的水泵房、污水处理站等。

2. 按层数分类

（1）单层厂房：即只有一层的厂房，多用于冶金、重型及中型机械工业等（图10-1）。

图 10-1　单层厂房

（a）单跨；（b）高低跨；（c）多跨

（2）多层厂房：指二层及二层以上的厂房，多用于食品、电子、精密仪器工业等（图10-2）。

（3）混合层次的厂房：在同一厂房内既有单层又有多层，单层或跨层内设置大型生产设备，多用于化工和电力工业（图10-3）。

图 10-2　多层厂房

3. 按内部生产状况分类

（1）冷加工车间：在正常温度状况下生产的车间，如机械加工、装配等车间。

（2）热加工车间：在高温或熔化状态下进行生产的车间。在生产中产生大量的热量及

224

有害气体、烟尘。如冶炼、铸造、热轧车间和锅炉房等。

（3）洁净车间：为保证产品质量在无尘无菌、无污染的洁净状况下进行生产的车间。如集成电路、医药工业、食品工业的一些车间等。

（4）恒温、恒湿车间：在稳定的温度、湿度状态下进行生产的车间。如纺织车间和精密仪器等车间。

（5）特种状况车间：有爆炸可能性、有大量腐蚀性物质、有放射性物质、防微振、高度隔声、防电磁波干扰车间等。

图 10-3　混合层数厂房

## 第二节　装配式单层厂房的组成与类型

在厂房建筑中，支承各种荷载作用的构件所组成的骨架，通常称为结构。厂房结构的坚固、耐久是靠结构构件连接在一起，组成一个结构空间来保证的。

### 一、单层厂房结构类型

单层厂房按结构支承方式可分为承重墙支承结构和骨架支承结构两大类。在建筑的跨度、高度、吊车荷载较小时可采用承重墙支承结构，而建筑的跨度、高度和吊车荷载较大时多采用骨架支承结构。

骨架支承结构体系是由柱子、基础、屋架（屋面梁）等承重构件组成，内外墙一般不承重，只起到围护或分隔作用。其结构体系可以分为排架和刚架结构，其中以排架最为多见，因为梁柱间为铰接，可以适应较大的吊车荷载。

（一）排架结构

排架结构是由柱子、基础、屋架（屋面梁）构成的一种骨架体系（图 10-4）。它基本特点是把屋架看成一个刚度很大的横梁，屋架（屋面梁）与柱子的连接为铰接，柱子与基础的连接为刚接。排架结构按材料可以分为砌体结构、钢筋混凝土结构和钢结构。

1. 砌体结构

它是由砖石等砌块砌筑成柱子，钢筋混凝土屋架（或屋面大梁）、钢屋架等组成，如图 10-5 所示。

2. 钢筋混凝土结构

这种结构多采取预制装配的施工方式，钢筋混凝土结构是由横向骨架和纵向联系构件以及支撑构件组成，如图 10-6 所示。其建筑周期短，坚固耐久，与钢

图 10-4　排架结构

图 10-5　砖砌体结构工业建筑

结构相比，造价较低，故在国内外工业建筑中应用十分广泛，但自重较大，抗震性能比钢结构工业建筑差。

图 10-6　钢筋混凝土排架结构工业建筑

3. 钢结构

钢结构工业建筑的主要承重构件全部采用钢材制作，如图 10-7 所示。其自重轻、抗震性能好、施工速度快，主要用于跨度大、空间高、吊车荷载重、高温或振动荷载工业建筑。但钢结构易锈蚀，保护维修费用高，耐久性能较差，防火性能差，使用时应采取必要的防护措施。

图 10-7　钢结构厂房

（二）刚架结构

刚架结构是将屋架（或屋面梁）与柱子合并为一个构件，柱子与屋架（或屋面梁）的连接处为刚性节点，柱子与基础一般做成铰接，如图 10-8 所示。

图 10-8　装配式钢筋混凝土门式刚架结构

(a) 人字形刚架；(b) 带吊车人字形刚架；(c) 弧形拱刚架；(d) 带吊车弧形刚架

## 二、装配式钢筋混凝土排架结构单层厂房的组成

由于装配式钢筋混凝土排架结构在工业建筑中应用十分广泛，现以常见的装配式钢筋混凝土横向排架结构为例，来说明单层厂房结构组成，如图 10-9 所示。

图 10-9　装配式钢筋混凝土排架结构单层厂房结构组成

1—柱子；2—基础；3—屋架；4—屋面板；5—端部柱；6—抗风柱；7—山墙；8—窗洞口；9—勒脚；10—散水；11—基础梁；12—纵向外墙；13—吊车梁；14—地面；15—柱间支撑；16—连系梁；17—圈梁

（一）承重构件

1. 横向排架

（1）基础：基础承受柱和基础梁传来的全部荷载，并将荷载传给地基。

（2）柱：柱是厂房结构的主要承重构件，承受屋架、吊车梁、支撑、连系梁和外墙传来的荷载，并把它传给基础。

（3）屋架（屋面梁）：是屋盖结构的主要承重构件，承重屋盖及天窗上的全部荷载，并将荷载传给柱子。

2. 纵向联系构件

（1）吊车梁：承受吊车自重和起重的重量及运行中所有的荷载（包括吊车启动或制动产生的横向、纵向冲击力），并将其传给排架柱。

（2）基础梁　承受上部墙体重量，并把它传给基础。

（3）连系梁：是厂房纵向柱列的水平联系构件，用以增加厂房的纵向刚度，当设在墙内时，承受上部墙体的荷载，并将荷载传给纵向柱列。

3. 支撑系统构件

支撑系统包括柱间支撑和屋盖支撑两大部分。支撑的主要作用是使厂房形成整体空间骨架，以保证厂房的空间刚度，同时能传递水平荷载，如山墙风荷载及吊车纵向制动力等，此外还保证了结构和构件的稳定。

（二）围护构件

1. 屋面板

直接承受板上的各类荷载，包括屋面自重、屋面覆盖材料、雪、积灰及施工检修等荷载，并将荷载传给屋架。

2. 外墙

厂房的大部分荷载由排架结构承担，因此，外墙是自承重构件，主要起防风、防雨、保温、隔热、遮阳、防火等作用。

3. 侧窗、天窗与门

供采光、通风、围护、分隔和交通联系及疏散。

4. 地面

满足生产使用及运输要求等

（三）其他

包括散水、地沟（明沟或暗沟）、坡道、吊车梯、消防梯、内部隔墙等。

## 第三节　厂房内部的起重运输设备

### 一、单轨悬挂吊车

由电动葫芦和工字钢轨两部分组成。工字钢轨可以悬挂在屋架（或屋面梁）下弦，如图 10-10 所示。轨上设有可水平移动的滑轮组（即电动葫芦），起重量为 1～5t。由于轨架悬挂在屋架下弦，因此对屋盖结构的刚度要求比较高。

图 10-10　单轨悬挂吊车

### 二、梁式吊车

梁式吊车由梁架和电葫芦组成。有悬挂式和支承式两种类型，如图 10-11 所示。

图 10-11　梁式吊车

(a) 悬挂式梁式吊车（DDXQ 型）；(b) 吊车梁支承式电动单梁吊车（DDQ 型）

由电动葫芦和梁架组成，起重量一般为 0.5～5t。

1. 悬挂式梁式吊车

梁架悬挂在屋架下，工字钢轨固定在梁架上，电动葫芦悬挂在工字钢轨上。

2. 支座式梁式吊车

梁架支承在吊车梁上，工字钢轨固定在梁架上，电动葫芦悬挂在工字钢轨上。

3. 桥式吊车

桥式吊车由桥架和起重小车组成，如图 10-12 所示，桥架支承在吊车梁上，并可沿厂房作纵向移动，桥架上设支承小车，小车能沿桥架横向移动，起重量为 5～400t。司机室设在桥架一端的下方。起重量及起重幅面均较大。

桥式吊车根据开动时间与全部生产时间的比值，分为轻级、中级、重级工作制，用 JC% 来表示。

图 10-12　电动桥式吊车

轻级工作制——15%（以 JC15%表示）；

中级工作制——25%（以 JC25%表示）；

重级工作制——40%（以 JC40%表示）。

## 第四节　单层厂房定位轴线

### 一、柱网尺寸

柱网是厂房承重柱的定位轴线在平面上排列所形成的网格。柱网尺寸的确定实际上就是确定厂房的跨度和柱距，如图 10-13 所示。

图 10-13　跨度和柱距示意图

1. 跨度

跨度是柱子纵向定位轴线间的距离。单层厂房的跨度在 18m 及 18m 以下时，取 30M 数列，如 9m、12m、15m、18m；在 18m 以上时，取 60M 数列，如 24m、30m、36m 等。

2. 柱距

柱距是相邻柱子横向定位轴线间的距离。单层厂房的柱距应采用 60M 数列，如 6m、12m，一般情况下均采用 6m。抗风柱柱距宜采用 15M 数列，如 4.5m、6m、7.5m。

### 二、横向定位轴线

厂房横向定位轴线主要用来标定纵向构件的标志端部，如屋面板、吊车梁、连系梁、基础梁、墙板、纵向支撑等。横向定位轴线通过处是吊车梁、屋面板、连系梁、基础梁及墙板标志尺寸端部的位置。也是大型屋面板边缘的位置。

（1）除了靠山墙的端部柱及横向变形缝两侧的柱以外，一般中间柱的中心线与横向定位轴线相重合，且横向定位轴线通过柱基础、屋架中心线及各纵向连系构件的接缝中心，如图 10-14 所示。

（2）端部柱的中心线应自定位轴线向内移 600mm，如图 10-15 所示。

（3）山墙为非承重墙时，墙内缘与横向定位轴线相重合，山墙为非承重墙时，墙内缘与横向定位轴线相重合，且端部柱的中心线应自定位轴线向内移 600mm（图 10-15）。

图 10-14 中间柱与横向
定位轴线的关系

图 10-15 非承重山墙与横向
定位轴线的关系

山墙为砌体承重时，墙内缘与横向定位轴线间的距离应按砌体块材类别分别为半块或半块的倍数或墙厚的一半，以保证伸入山墙内的屋面板与砌体之间有足够的搭接长度，如图 10-16 所示。

（4）横向伸缩缝、防震缝处的柱应采用双柱及两条横向定位轴线，如图 10-17 所示。

半块或半块的倍数
或墙厚之半

图 10-16 承重山墙与横
向定位轴线的关系

$600$  $600$

$a_t(a_t=a_e)$

图 10-17 横向伸缩缝、防震缝处
柱子与横向定位轴线的关系

此定位方法，既保证了双柱间有一定的距离且有各自的基础杯口，以便于柱的安装，同时又保证了厂房结构不致因设有伸缩缝或防震缝而改变屋面板、吊车梁等纵向构件的规格，施工简单。

**三、纵向定位轴线**

1. 外墙、边柱与纵向定位轴线的联系

纵向定位轴线主要用来标定厂房横向构件的标志端部，如屋架的标志尺寸以及大型屋面板的边缘。厂房纵向定位轴线应视其位置不同而具体确定。

在有吊车的厂房中，为使吊车规格与厂房结构相协调，确定二者的关系如图 10-18 所示。

图 10-18  吊车跨度与厂房跨度
(a) 厂房跨度的组成；(b) 吊车跨度与厂房跨度的关系

纵向定位轴线的标定与吊车桥架端头长度、桥架端头与上柱内缘的安全缘隙宽度以及上柱宽度有关。为使吊车跨度与厂房跨度相协调，二者之间的关系为：

$$L-L_k=2e$$

式中　$L$——厂房跨度，即纵向定位轴线间的距离；

$L_k(S)$——吊车跨度（吊车轮距）(m)，即吊车轨道中心线间的距离；

　　$e$——轴线至吊车轨中心线的距离，一般取 750mm，当吊车起重量大于 50t 时或有构造要求时，可取 1000mm。由图 10-18 可知：

$$e=h+C_b+B$$

$h$——上柱截面宽度，mm，根据工业建筑高度、跨度、柱距及吊车起重量确定；

$B$——吊车桥架端部构造长度，mm，即吊车轨道中心线动至吊车端部外缘的距离；

$C_b$——吊车端部外缘到上柱内缘的安全净空尺寸（mm），当吊车起重量 $Q \leqslant 50t$ 时，$C_b \geqslant 80mm$，$Q \geqslant 75t$ 时，$C_b \geqslant 100mm$。$C_b$ 值主要考虑吊车和柱子的安装误差以及吊车运行时的安全间隙。

由于吊车起重量、建筑跨度、柱距不同、是否有安全走道等条件，边柱外缘纵向定位轴线的关系有两种情况：

(1) 封闭结合。

对于无吊车或只设悬挂式吊车的厂房以及柱距为 6m，吊车起重量 $\leqslant 20/5t$ 的工业建筑中，一般 $(h+C_b+B)<e$，可采用封闭结合式定位轴线，即纵向定位轴线与边柱外缘、外墙内缘三者相重合的定位方法，如图 10-19 (a) 所示，使上部屋面手推车与外墙之间形成封闭结合的构造，这样确定的轴线称为"封闭轴线"。

在封闭结合中，屋面板全部采用标准件，不需设补充构件，具有构造简单、施工方便等优点。

(2) 非封闭结合。

指纵向定位轴线与柱外缘、墙内缘不相重合，中间出现联系尺寸的定位方法，如图 10-19 (b) 所示。

对于柱距为 6m，吊车起重量≥30/5t 的厂房，或柱距>6m，吊车起重量及厂房跨度较大时，由于 $h$、$C_b$、$B$ 均可能增大，因而可能导致（$h+C_b+B$）>$e$，如继续采用封闭结合，已不能满足吊车安全运行所需的净空要求，造成厂房结构的不安全。解决问题的方法是将边柱外缘自定位轴线向外移动一定距离，这个距离称为联系尺寸，用 $a_c$ 来表示。为了减少构造类型，$a_c$ 须取 300mm 或 300mm 的倍数，当外墙为砌体时，可为 50mm 或 50mm 的倍数。

当纵向定位轴线与柱子外缘间有联系尺寸时，屋架标志尺寸端部与柱子外缘、墙身内缘不能重合，屋面板边缘与墙体之间出现空隙，因此，屋顶上部空隙需作构造处理。处理方法一般有挑砖、加铺补充小板及结合檐沟构造处理三种方法（图10-20）。

图 10-19　外墙、边柱与纵向定位轴线的关系

（$a$）封闭结合；（$b$）非封闭结合

图 10-20　屋面上联系尺寸形成空隙的封闭方法

当厂房采用承重墙结构时，承重外墙的墙内缘与纵向定位轴线间的距离宜为半块砌体的倍数，或使墙体的中心线与纵向定位轴线相重合，如图 10-21（$a$）所示。若为带壁柱

半块或半块的倍数或墙厚之半

半块或半块的倍数

（$a$）　　　　（$b$）　　　　（$c$）

图 10-21　承重墙的纵向定位轴线

（$a$）无壁柱的承重墙；（$b$）、（$c$）带壁柱的承重墙

的承重墙，其内缘与纵向定位轴线相重合，或与纵向定位轴线相间半块或半块砌体的倍数，如图 10-21 (b)、(c) 所示。

2. 中柱与纵向定位轴线的联系

(1) 平行等高跨中柱与纵向定位轴线的定位。

1) 等高厂房中柱设单柱时的定位（图 10-22）：

图 10-22　等高厂房中柱设单柱时定位
(a) 单轴线；(b) 双轴线

单柱单轴线：双跨及多跨厂房中如没有纵向变形缝时，宜设置单柱和一条纵向定位轴线，且上柱的中心线与纵向定位轴线相重合，如图 10-22 (a) 所示。

单柱双轴线：当相邻跨内的桥式吊车起重量较大时，设两条定位轴线，两轴线间距（插入距）用 $a_i$ 表示，此时上柱中心线与插入距中心线相重合 [图 10-22 (b)]。

2) 等高厂房中柱设双柱时的定位：

若厂房需设置纵向防震缝时，应采用双柱及两条定位轴线，插入距 $a_i$ 与相邻两跨吊车起重量大小有关。

相邻两跨吊车起重量不大，其插入距 $a_i$ 等于防震缝宽度 $a_e$，即 $a_i = a_e$，如图 10-23 (a) 所示。

若相邻两跨中，一跨吊车起重量大，必须在这跨设联系尺寸 $a_c$，此时插入距 $a_i = a_e + a_c$，如图 10-23 (b) 所示。

若相邻两跨吊车起重量都大，两跨都需设联系尺寸 $a_c$，此时插入距 $a_i = a_e + a_c$，如图 10-23 (c) 所示。

图 10-23　等高厂房中柱设双柱时定位
$a_i$—插入距；$a_c$—联系尺寸；$a_e$—缝度

(2) 平行不等高跨中柱与纵向定位轴线的定位。

1) 无变形缝时的不等高跨中柱。若高跨内吊车起重量不大时，高跨采用封闭结合，根据封墙底面的高低，可以有两种情况：

① 封墙底面高于低跨屋面，宜采用一条纵向定位轴线，且纵向定位轴线与高跨上柱外缘、封墙内缘及低跨屋架标志尺寸端部相重合，如图 10-24（a）所示。

② 若封墙底面低于低跨屋面时，应采用两条纵向定位轴线，且插入距 $a_i$ 等于封墙厚度 $t$，即 $a_i = t$，如图 10-24（b）所示。

当高跨吊车起重量大时，高跨中需设联系尺寸 $a_c$，此时定位轴线也有两种情况：

封墙底面高于低跨屋面时，$a_i = a_c$，如图 10-24（c）所示；

封墙底面低于低跨屋面时，$a_i = a_c + t$，如图 10-24（d）所示。

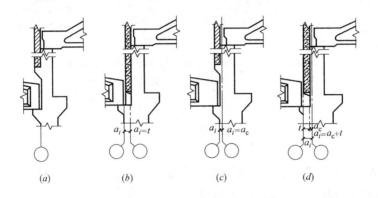

图 10-24　无变形缝时的不等高跨中柱的定位

（a）单轴线；（b）双轴线；（c）双轴线；（d）双轴线

$a_i$—插入距；$a_c$—联系尺寸；$t$—封墙厚

2）有变形缝时的不等高跨中柱。

不等高跨处采用单柱并设纵向伸缩缝时，应采用两条纵向定位轴线，并设插入距如图 10-25 所示。

图 10-25　不等高跨厂房纵向伸缩缝处单柱的定位

（a）未设联系尺寸；（b）设联系尺寸；（c）$a$＋封墙厚度；（d）$b$＋封墙厚度

$a_i$—插入距；$a_c$—联系尺寸；$t$—封墙厚；$a_e$—缝度

当厂房不等高跨处需设置防震缝时，应采用双柱和两条纵向定位轴线的定位方法，柱与纵向定位轴线的定位规定与边柱相同（图 10-26）。

图 10-26　不等高跨厂房纵向伸缩缝处双柱的定位

$a_i$—插入距；$a_c$—联系尺寸；$t$—封墙厚；$a_e$—缝度

# 本 章 小 结

1. 工业建筑厂房应满足生产工艺要求，有较大的通敞空间，采用大型的承重骨架结构，具有结构构造复杂，技术要求高的特点。

2. 工业建筑可按不同的依据分类。按用途可分为主要生产厂房、辅助生产厂房、动力厂房、储藏用房、运输工具用房和其他；按层数分为单层厂房、多层厂房、混合层数的厂房；按内部生产状况分为冷加工车间、热加工车间、洁净车间、恒温、恒湿车间、特种状况车间。

3. 单层工业厂房主要有排架结构和刚架结构。

4. 骨架承重结构的单层厂房一般采用装配式钢筋混凝土排架结构，装配式排架结构由横向排架、纵向联系构件和支撑构成。横向排架由屋架（或屋面梁）、柱和基础组成，沿厂房的横向布置；纵向连系构件包括吊车梁、连系梁和基础梁，它们沿厂房的纵向布置，建立起了横向排架的纵向联系；支撑包括屋盖支撑和柱间支撑。

5. 厂房内部的起重运输设备主要由单轨悬挂吊车、梁式吊车和桥式吊车。

6. 柱网是厂房承重柱的定位轴线在平面上排列所形成的网格。柱网尺寸的确定实际上就是确定厂房的跨度和柱距。

7. 单层厂房横向定位轴线主要用来标定纵向构件的标志端部，如屋面板、吊车梁、连系梁、基础梁、墙板、纵向支撑等。横向定位轴线通过处是吊车梁、屋面板、连系梁、基础梁及墙板标志尺寸端部的位置。

8. 纵向定位轴线主要用来标定厂房横向构件的标志端部，如屋架的标志尺寸以及大型屋面板的边缘。厂房纵向定位轴线应视其位置不同而具体确定。

## 思 考 题

1. 工业建筑有哪些特点？

2. 什么是工业建筑？工业建筑按用途、层数和生产状况分别有哪些类型？

3. 单层工业厂房内的起重吊车常见的类型有哪几种？

4. 钢筋混凝土单层厂房由哪些构件组成？各部分由哪些构件组成？
5. 什么是柱网？如何确定柱网（跨度与柱距）尺寸？
6. 绘图表示变形缝处柱与横向定位轴线的联系。
7. 绘图表示山墙与横向定位轴线的联系。
8. 绘图表示外墙、边柱与纵向定位轴线的联系。
9. 绘图表示无变形缝时的不等高跨中柱与纵向定位轴线的联系。

# 第十一章 单层厂房构造

---

**学习目标**

通过学习单层工业厂房构造，掌握单层工业厂房主要结构构件及构造做法。

**引例**

某工业厂房为单层双跨厂房，厂房内设有吊车，屋项上部设有矩形天窗，采用有组织排水。分析单层厂房构造与民用建筑构造有何联系与区别。

---

## 第一节　单层厂房主要结构构件

### 一、基础与基础梁

（一）基础

1. 基础的类型

单层工业厂房的基础一般做成独立式基础，其形式有锥台形基础、薄壳基础、板肋基础等。根据厂房荷载及地基情况，还可采用条形基础和桩基础等，如图 11-1、图 11-2 (a)、(b) 所示。

图 11-1　独立基础

(a) 锥台形基础；(b) 薄壳基础；(c) 板肋基础

图 11-2　条形基础和桩基础

(a)、(b) 条形基础；(c) 桩基础

2. 独立式基础构造

（1）现浇柱下基础：基础与柱均为现场浇筑，但不同时施工（图 11-3）。

（2）预制柱下杯形基础。当柱为预制时，基础的顶部做成杯口形式，柱安装于杯口内，这种基础称为杯形基础（图 11-4）。

图 11-3　现浇柱下基础

图 11-4　预制柱下杯形基础

（二）基础梁

1. 设置基础梁的原因

采用装配式钢筋混凝土排架结构的厂房时，墙体仅起围护和分隔作用，通常不再做基础，而将墙砌在基础梁上，基础梁两端搁置在杯形基础的杯口上（图 11-5），墙体的重量通过基础梁传到基础上。可使内、外墙和柱一起沉降，墙面不易开裂。

图 11-5　基础梁的支承

2. 基础梁构造

（1）标志长度：6m

（2）截面形式：有矩形和上宽下窄的倒梯形截面（图 11-6）。其中倒梯形的较为常用，有预应力和非预应力钢筋混凝土两种。

3. 基础梁的位置

基础梁顶面标高应至少低于室内地坪 50mm，高于室外地坪 100mm。

4. 基础梁的搁置方式

基础梁一般直接搁置在基础顶面上，当基础较深时，可采用加垫块、设置高杯口基础

239

图 11-6　基础梁截面形式

或在柱下部分加设牛腿等措施（图 11-7）。

图 11-7　基础梁的搁置方式

（a）直接搁置在基础上；（b）搁置在垫块上；（c）搁置在高杯口基础上；（d）搁置在牛腿上

### 5. 防冻胀措施

基础产生沉降时，基础梁底的坚实土将对梁产生反拱作用；寒冷地区土壤冻胀也将对基础梁产生反拱作用，因此在基础梁底部应留有 50～100mm 的空隙，寒冷地区基础梁底铺设厚度≥300mm 的松散材料，如矿渣、干砂（图 11-8）。

图 11-8　防冻胀措施

## 二、柱

### （一）承重柱

### 1. 柱的截面形式

单层厂房的钢筋混凝土柱基本上可分为单肢柱和双肢柱两类（图 11-9）。

单肢柱的截面形式有矩形、工字形、单管圆形。

双肢柱是由两肢矩形截面或圆形截面柱用腹杆连接而成。按腹杆形式又分为平腹杆双肢柱和斜腹杆双肢柱两种。

钢筋混凝土柱在厂房中的位置不同，外形也不同（图 11-10）。

图 11-9　钢筋混凝土柱

(*a*) 矩形柱；(*b*) 工字形柱；(*c*) 双肢柱

图 11-10　柱的选型

(*a*) 边柱；(*b*) 不等高跨中柱；(*c*) 边柱；(*d*) 等高跨中柱

## 2. 柱的构造

(1) 工字形柱（图 11-11）。

(2) 双肢柱（图 11-12）。

(3) 牛腿（图 11-13）。

柱的构造要求：1）牛腿外缘高度 $h_k$ 应大于或等于 $h/3$，且不小于 200mm。

2）支承吊车梁的牛腿，其支承板边与吊车梁外缘的距离不宜小于 70mm（其中包括 20mm 的施工误差）。

图 11-11　工字形柱

图 11-12　双肢柱

3) 牛腿挑出距离 $d$ 大于 100mm 时，牛腿底面的倾斜角 $\beta$ 宜小于或等于 45°，当 $d$ 小于等于 100mm 时，$\beta$ 可为 0。

（4）柱的预埋件（图 11-14）。

图 11-13　实腹式牛腿的构造

图 11-14　柱的预埋件

**（二）抗风柱**

**1. 抗风柱**

由于单层厂房的山墙面积较大，所受到的风荷载很大，因此要在山墙处设置抗风柱承受墙面上的风荷载，使一部分风荷载由抗风柱直接传到基础，另一部分由抗风柱上端通过屋盖系统传到厂房纵向柱列上去。

**2. 抗风柱与屋架的连接**

抗风柱与屋架的连接多为铰接，在构造处理上必须满足以下要求：

（1）水平方向应有可靠的连接，以保证有效地传递风荷载。

（2）在竖向应使屋架与抗风柱之间有一定的相对竖向位移的可能性。

（3）屋架与抗风柱之间一般采用弹簧钢板连接，如图 11-15（$a$）所示。

（4）厂房沉降大时用螺栓连接，如图 11-15（$b$）所示。

**三、屋盖**

厂房屋盖起围护与承重作用。它包括承重构件和覆盖构件两部分。

单层厂房屋盖的结构形式分为无檩体系和有檩体系两类（图 11-16）。无檩体系是将大型屋面板直接放在屋架（或屋面梁）上，屋架（屋面梁）放在柱子上。适用于大、中型厂房。有檩体系是将各种小型屋面板或瓦直接放在檩条上，檩条支承在屋架或屋面梁上，屋架或屋面梁放在柱子上。适用于小型厂房和吊车吨位小的中型工业厂房。

**（一）屋盖的承重构件**

**1. 屋面大梁**

图 11-15　抗风柱与屋架的连接

(a)　抗风柱与屋架用弹簧板连接；(b) 抗风柱与屋架用螺栓连接

图 11-16　屋盖结构体系

(a) 无檩体系；(b) 有檩体系

　　钢筋混凝土屋面大梁主要用于跨度较小的厂房，有单坡和双坡之分，单坡仅用于边跨。截面有 T 形和工字形两种，因腹板较薄，故常称其为薄腹梁。单坡屋面梁适用于6m、9m、12m 的跨度，双坡屋面梁适用于 9m、12m、15m、18m 的跨度，屋面梁的坡度比较平缓，一般为 1/8～1/12。屋面梁的特点是形状简单，制作安装方便，稳定性好，可以不加支撑，但自重较大，如图 11-17 所示。

图 11-17　屋面梁

(a) 单坡；(b) 双坡

2. 屋架

(1) 屋架的类型。

按钢筋的受力情况分：预应力和非预应力两种。

按材料分：木屋架、钢筋混凝土屋架和钢屋架。

其外形通常有三角形、梯形、拱形和折线形等几种（图 11-18）。

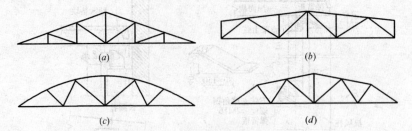

图 11-18　钢筋混凝土屋架的外形
(a) 三角形屋架；(b) 梯形屋架；(c) 拱形屋架；(d) 折形屋架

(2) 屋架的端部形式，见图 11-19。

图 11-19　屋架的端部形式
(a) 内天沟；(b) 外天沟；(c) 中间天沟；(d) 自由落水

3. 托架

因工艺要求或设备安装的需要，柱距需为 12m 而屋架的间距和大型屋面板长度仍为 6m 时，需在 12m 的柱距间设置托架。托架将屋架上的荷载传给柱子。托架一般采用预应力混凝土托架或钢托架（图 11-20）。

图 11-20　托架及布置
(a) 托架；(b) 托架布置

（二）屋盖的覆盖

1. 屋面板

屋面板分为小型屋面板和大型屋面板两种。常用的屋面板如图 11-21 所示。

预应力大型屋面板的外形尺寸常用 1.5m×6.0m（宽×长），为配合屋架尺寸及檐口做法，还有 0.9m×6.0m 的嵌板和檐口板（图 11-22）。

预应力混凝土屋面板　　　　预应力混凝土F形屋面板

（a）

钢筋混凝土槽瓦　　　　波形瓦

（b）

图 11-21　屋面板的类型

（a）大型屋面板的类型；（b）大型屋面瓦的类型

图 11-22　屋面嵌板、檐口板、天沟板

（a）嵌板；（b）檐口板；（c）天沟板

2. 檩条

有钢檩条和钢筋混凝土檩条两种，其中钢筋混凝土檩条的截面形状常为倒 L 形和 T 形（图 11-23）。

3. 天沟板

有预应力和非预应力钢筋混凝土天沟板两种。天沟板的宽度共有 5 种（图 11-22）。

（三）屋盖构件间的连接

1. 屋架与柱的连接

屋架与柱的连接有焊接连接和螺栓连接两种（图 11-24）。

2. 屋面板与屋架（或屋面梁）的连接

每块屋面板的肋部底面均有预埋铁件与屋架（或屋面梁）上弦相应处预埋铁件相互焊接，其焊接点不少于三点，板与板缝隙均用不低于 C15 细石混凝土填实，如图 11-25 所示。

图 11-23　钢筋混凝土檩条示例

(a) L形檩条；(b) T形檩条

图 11-24　屋架与柱的连接

(a) 焊接连接；(b) 螺栓连接

3. 天沟板与屋架的连接

天沟板端底部的预埋铁件与屋架上弦的预埋铁件四点焊接，与屋面板间的缝隙加通长钢筋，再用不低于 C15 混凝土填实（图 11-26）。

图 11-25　屋面板与屋架的连接

图 11-26　天沟板与屋架的连接

4. 檩条与屋架的连接

檩条与屋架上弦的连接有焊接和螺栓连接两种，常采用焊接。两个檩条在屋架上弦的对缝空隙应以水泥砂浆填实（图 11-27）。

图 11-27　檩条与屋架的连接

## 四、吊车梁、连系梁与圈梁

### （一）吊车梁

吊车梁支承在排架柱的牛腿上，沿厂房纵向布置，是厂房的纵向联系构件之一。它直接承受吊车荷载（包括吊车自重、吊车起重量，以及吊车启动和制动时产生的纵、横向水平冲力）并传递给柱子，同时对保证厂房的纵向刚度和稳定性起着重要作用。

1. 吊车梁的类型

吊车梁按材料不同有钢筋混凝土梁和钢梁两种，常采用钢筋混凝土梁。钢筋混凝土梁按截面形式不同有等截面的 T 形、工字形和变截面的鱼腹式等吊车梁。吊车梁可用非预应力与预应力钢筋混凝土制作（图 11-28）。

2. 吊车梁与柱的连接

吊车梁的上翼与柱间用角钢或钢板连接，吊车梁下部在安装前应焊上一块钢垫板，并与柱牛腿上的预埋钢板焊牢，吊车梁与柱子空隙以 C20 混凝土填实（图 11-29）。

图 11-28　吊车梁的类型

(a) "T" 形截面；(b) 工字形截面；(c) 鱼腹式；(d) 折线形；(e) 腹杆鱼腹式；(f) 腹杆折线式

图 11-29　吊车梁与柱的连接

（二）连系梁

连系梁是柱与柱之间在纵向的水平联系构件，其作用是加强厂房的纵向刚度，并传递风荷载至纵向柱列。有设在墙内和不在墙内两种，其截面形式有矩形和 L 形。

连系梁与柱子的连接，可以采用焊接或螺栓连接，具体做法见图 11-30。

（三）圈梁

圈梁是沿厂房外纵墙、山墙在墙内设置的连续封闭梁。它将墙体与厂房排架柱、抗风

图 11-30　连系梁

（a）连系梁的截面形状；（b）连系梁与柱的连接

柱等箍在一起，以增强厂房结构的整体刚度和稳定性。圈梁应在墙内，位置通常设在柱顶、吊车梁、窗过梁等处；其截面高度应不小于 180mm，配筋数量主筋为 4ϕ12，箍筋为 ϕ6，间距 200mm。圈梁的截面常为矩形或 L 形，可现浇也可预制，并且应与柱子上的预留插筋拉结（图 11-31）。

图 11-31　圈梁与柱的连接

（a）圈梁为现浇时；（b）圈梁为预制时

### 五、支撑系统

1. 屋盖支撑

屋盖支撑包括上弦或下弦横向水平支撑、纵向水平支撑、垂直支撑和水平系杆等（图 11-32）。

屋盖支撑主要用以保证屋架上下弦杆件受力后的稳定，并保证山墙受到风力后的传递。横向水平支撑和垂直支撑一般布置在厂房端部和伸缩缝两侧的第二（或第一）柱间。

图 11-32　屋盖支撑的类型

## 2. 柱间支撑

柱间支撑的作用是将屋盖系统传来的山墙风荷载及吊车制动力传至基础，同时加强厂房的纵向刚度。

柱间支撑一般设在横向变形缝区段的中部，或距山墙与横向变形缝处的第二柱间。柱间支撑一般采用型钢制作，支撑形式宜采用交叉式，其斜杆与水平面的交角不宜大于55°支撑斜杆与柱上预埋件焊接（图11-33）。

图 11-33　柱间支撑
(*a*) 柱间支撑的形式；(*b*) 柱间支撑的连接

# 第二节　外　　墙

单层工业厂房的墙体，主要包括厂房外墙和内部隔断墙。由于厂房的高度与跨度都比较大，所以单层厂房的外墙要承受较大的自重和较大的风荷载，并且还要受到起重运输设备和生产的振动作用。因此，墙身必须要有足够的刚度和稳定性。

单层工业厂房的外墙按材料不同，可分为砖墙、砌块墙和板材墙；按承重方式不同，可以分为承重墙、承自重墙、框架墙等（图11-34）。当厂房跨度小于15m、吊车吨位不超过5t时，一般可以采用承重墙（图11-34中Ⓐ轴的墙）直接承受屋盖与起重运输设备等荷载。当厂房的高度与跨度都比较大时，通常由钢筋混凝土排架柱来承受屋盖与起重运输等荷载，而外墙承受自重，并起围护作用，这种墙体称为承自重墙。如图11-34中Ⓓ轴线下部的墙体。为避免墙柱的不均匀沉降所引起的墙体开裂与外倾，墙体一般不做基础，而由柱基础上的钢筋混凝土基础梁支承墙体重量。当墙体较高时，上部墙体重量由连系梁承担，经柱牛腿将重量传至基础，这种墙称为框架墙（图11-34中Ⓑ轴线上部和Ⓓ轴线的墙）。承自重墙与框架墙是厂房外墙的主要形式。

图 11-34 单层厂房外墙的类型

## 一、砖墙与砌块墙

（一）砖墙

在单层厂房中，除了厂房跨度小于 15m、吊车吨位不超过 5t 外，砖墙通常只作为围护结构使用。其厚度通常为 240mm 和 365mm。

1. 墙与柱的相对位置（图 11-35）

（1）将墙砌筑在柱子外侧，这种方案构造简单，施工方便，热工性能好，基础梁和连系梁便于标准化，因此被广泛采用。

（2）将墙部分嵌入在排架柱中，能增强柱列的刚度，但施工较麻烦，需要部分砍砖。

（3）将墙设置在柱间，更能增加柱列的刚度，节省占地，但不利于基础梁和连系梁的统一及标准化，热工性能差，构造复杂。

图 11-35 墙与柱的相对位置

(a) 墙在柱外；(b) 墙嵌入柱中；(c)、(d) 墙设在柱间

2. 墙和柱的连接构造

为使墙体与柱子间有可靠的连接，通常的做法是在柱子高度方向每隔 500mm 甩出两根 $\phi6$ 钢筋，砌筑时把钢筋砌在墙的水平缝里（图 11-36）。

3. 女儿墙的拉结构造

女儿墙厚一般不小于 240mm，用强度等级不低于 M5 的砂浆砌筑。应设置构造柱，构造柱间距不宜大于 4m。其高度应满足安全和抗震的要求。在非地震区，宜设置高度 1m 左右的女儿墙或护栏。在地震区或受振动影响较大的厂房，女儿墙高度不应超过 500mm。女儿墙与屋面板之间常采用钢筋拉结等措施，如图 11-37（a）所示。

女儿墙的顶部需作压顶处理，压顶宜用钢筋混凝土现浇而成，其截面常为梯形，如图 11-37（b）所示。

图 11-36　柱的连接构造

(a)　　　　　　　　　(b)

图 11-37　女儿墙构造

(a) 女儿墙与屋面板的连接；(b) 女儿墙压顶

4. 墙与屋架的连接

砖墙与屋架的连接（图 11-38），通常是在屋架的上下弦或屋面梁预埋钢筋拉结砖墙。在屋架的腹杆不便预埋钢筋时，可在预埋钢板上焊接钢筋。

（二）砌块墙

砌块墙即由轻质材料制成的块材，或用普通钢筋混凝土制成空心块材砌筑而成的墙体。砌块墙的连接构造与砖外墙的连接构造相同，砌筑时块材之间应横平竖直、灰浆饱满、错缝搭接。砌块墙的整体性与抗震性比砖墙好。

**二、板材墙体**

（一）板材墙的类型

1. 单一材料的墙板

（1）钢筋混凝土槽形板、空心板：

图 11-38 墙与屋架的连接

1）槽形板也称肋形板，其钢材和水泥的用量较省，但保温隔热性能差，且易积灰。

2）空心板的钢材、水泥用料较多，但双面平整，不易积灰，并有一定保温隔热能力，

（2）配筋轻混凝土墙板。

优点是保温性能好，但有龟裂或锈蚀钢筋等缺点，故一般需加水泥砂浆等防水面层。

2. 组合墙板

组合墙板由承重骨架和各种轻质夹心材料所组成的墙板。一般做成轻质高强的夹心墙板，芯层采用高效热工材料制作，面层外壳采用承重防腐蚀性能好的材料制作。

这类墙板的特点是防火、防水、保温、隔热，可充分发挥各种材料的优点，但制作时工艺复杂，仍有热桥现象，需要改进。

（二）板材墙的规格

墙板的规格尺寸应符合相应的模数，一般墙板的长度和高度采用 3M 的倍数。板长有 4500mm、6000mm、7500mm、12000mm 四种；板高有 900mm、1200mm、1500mm、1800mm 四种规格；板厚则以 20mm 为模数进级，常用板的厚度为 160～240mm。

（三）墙板的连接构造

1. 板材墙的布置（图 11-39）

（1）横向布置：即利用厂房的承重柱作为墙板的悬挂点或支承点，板的标志长度与柱距一致。

（2）竖向布置：竖向布置一般采用轻质墙板，板的上下两端固定在连系梁上。

（3）混合布置：既有横向布置，也有竖向布置，兼有二者的优点，布置灵活，使立面富有变化，但板型较多，构造复杂。

图 11-39 板材墙的布置
(a) 横向布置；(b) 竖向布置；(c) 混合布置

墙板的布置要尽量减少板型，如果标准的基本板难以满足，可用异形板和补充构件填补。

2. 墙板与柱的连接构造

（1）柔性连接。

在大型墙板上预留安装孔，同时在柱的两侧相应位置预埋铁件，在板吊装前焊接连接

角钢，并安上螺栓钩，吊装后用螺栓钩将上下两块板连接起来，这种连接对厂房的振动和不均匀沉降的适应性较强。较为常用的连接形式有螺栓连接和压条连接。

螺栓挂钩柔性连接是在水平方向用螺栓挂钩等辅助构件将板、柱固定在一起，垂直方向每隔 3~4 块板用焊接在柱上的钢支托支承竖直的墙板荷载（图 11-40）。

压条柔性连接是在柱上预埋或焊接螺栓，利用压条和螺母将两块墙板压紧固定在柱上，墙板的重量由勒脚板或基础梁来承担（图 11-41）。

图 11-40　螺栓挂钩柔性连接构造　　　图 11-41　压条柔性连接构造

（2）刚性连接。

用角钢直接将柱与板的预埋件焊接连接，其做法是在柱子和墙板上分别设置预埋件，安装时用连接件将它们焊牢。这种方法构造简单，连接刚度大，增加了厂房的纵向刚度。不适用于烈度为 7 度以上的地震区或可能产生不均匀沉降的厂房（图 11-42）。

3. 墙板板缝的处理

墙板板缝的形式包括水平缝和垂直缝。水平缝包括平口缝、高低错口缝及滴水平缝等。水平缝的缝隙一般不应小于 20mm，墙板板缝水平板缝的形式如图 11-43（a）所示。垂直缝主要有直缝、喇叭缝、双腔缝、单腔缝等，如图 11-43（b）所示。对板缝的处理首先要求是防水，

图 11-42　刚性连接构造　　　图 11-43　墙板板缝的形式
（a）水平缝；（b）垂直缝

并应考虑制作及安装方便，对保温墙板尚应注意满足保温要求。墙板板缝的处理如见图11-44所示。

**三、轻质板材墙**

轻质板材墙用轻质的石棉水泥板、瓦楞薄钢板、塑料薄钢板、铝合金板等材料做成的墙。这种墙一般起围护作用，墙身自重也由厂房骨架来承担，适用于一些不要求保温、隔热的热加工车间、防爆车间和仓库建筑的外墙。

目前我国采用较多的是波形石棉水泥瓦墙，波形石棉水泥瓦通常悬挂在柱子之间的L形或T形的钢筋混凝土横梁上。横梁长度与柱距相一致，两端搁置在柱子的钢牛腿

图11-44 墙板板缝的处理

(a) 水平缝处理；(b) 垂直缝处理

柱上，并通过预埋件与柱子焊接牢固（图11-45）。石棉水泥瓦与横梁用铁卡子和螺栓夹紧，螺栓孔在波峰处，并加5mm厚毡垫，左右搭接不少于一个瓦垄（图11-46）。

图11-45 横梁与柱子的连接

图11-46 波形石棉瓦与横梁的连接

**四、开敞式外墙**

炎热地区及高温车间，为了获得良好的自然通风和迅速散热，通常采用挡雨板或遮阳板局部或全部代替房屋的围护墙，即为开敞式外墙，如图11-47所示。这种墙体要求便于通风且能防雨，其构造主要是挡雨板的构造。

挡雨板的挑出长度与垂直距离，应根据飘雨角度以及日照、通风等因素确定。飘雨角度即雨点滴落方向与水平线的夹角，在一般情况下可按45°设计，如图11-48所示。

挡雨板有多种构造形式，通常有：

（1）石棉水泥瓦挡雨板。石棉水泥瓦挡雨板的特点是重量轻，它由型钢支架（或钢筋支架）、型钢檩条、石棉水泥瓦挡雨板及防溅板组成（图11-49）。型钢支架焊接在柱的预

图 11-47　某厂房开敞式外墙

埋件上，石棉水泥瓦用弯钩勾在角钢檩条上。

图 11-48　挡雨板与飘雨角的关系　　　　　图 11-49　石棉水泥瓦挡雨板构造

（2）钢筋混凝土挡雨板。

钢筋混凝土挡雨板分为有支架和无支架两种，如图 11-50 所示。其基本构件有支架、挡雨板、防溅板。各种构件通过焊接固定。

图 11-50　钢筋混凝土挡雨板构造

（a）有支架；（b）无支架

## 第三节 屋 面

### 一、屋面排水

（一）排水方式

厂房屋面排水方式和民用建筑相同，分有组织排水和无组织排水两种。

1. 有组织排水

一般适用于降雨量大的地区或厂房较高的情况。有组织排水通常分为外排水、内排水和内落外排水。

（1）外排水：适用于厂房较高或地区降雨量较大的南方地区，如图 11-51（a）所示。

（2）内排水：适用于多跨厂房或严寒多雪北方地区，如图 11-51（b）所示。

（3）内落外排水：适用于多跨厂房或地下管线铺设复杂的厂房，如图 11-51（c）所示。

2. 无组织排水

也称自由落水，是雨水直接由屋面经檐口自由排落到散水或明沟内，适用于地区年降雨量不超过 900mm，檐口高度小于 10m 的单跨厂房、多跨厂房的边跨及地区年降雨量超过 900mm 檐口高度小于 8m 的厂房；对雨水管有腐蚀作用的车间和屋面积灰较多的厂房也宜采用无组织排水（图 11-52）。

图 11-51 有组织排水

图 11-52 无组织排水

（二）排水坡度

屋面排水坡度的选择应根据厂房屋架的类型、屋面基层类型、防水构造及防水材料性能及当地气候条件确定。一般来说，坡度越陡对排水有利，但若有些卷材在屋面坡度过大时则夏季会产生沥青流淌，使卷材下滑。搭盖式构件自防水屋面坡度过陡时，也会引起盖瓦下滑等问题。通常，各种屋面的排水坡度选择范围可参考表11-1。

屋面坡度选择参考表　　　　　　　　　　　　　　　表 11-1

| 防水类型 | 卷材防水 | 构件自防水 | | | |
| | | 嵌缝式 | F板 | 槽瓦 | 石棉瓦 |
| --- | --- | --- | --- | --- | --- |
| 选择范围 | 1：4～1：50 | 1：4～1：10 | 1：3～1：8 | 1：2.5～1：5 | 1：2～1：5 |
| 常用坡度 | 1：5～1：10 | 1：5～1：8 | 1：4～1：5 | 1：3～1：4 | 1：2.5～1：4 |

（三）排水装置

1. 天沟（或檐沟）

天沟有钢筋混凝土槽形天沟和直接在钢筋混凝土屋面板上做成的"自然天沟"（图11-53）。沟底应分段设置坡度，一般为 0.5％～1％，最大不宜超过 2％，一般用焦渣混凝土垫坡，然后用水泥砂浆抹面。槽形天沟的分水线与沟壁顶面的高差应＞50mm，以防雨水出槽而导致渗漏。

2. 雨水斗

雨水斗常采用铸铁水斗，铸铁水斗及铁水盘均可用 3mm 厚钢板焊成。

3. 雨水管

在工业厂房中一般采用铸铁雨水管，当对金属有腐蚀时可采用塑料雨水管。铸铁雨管管径常用 $\phi100mm$、$\phi150mm$、$\phi200mm$ 三种（图 11-54）。

图 11-53　自然天沟示意

图 11-54　雨水管

257

## 二、屋面防水

单层厂房的屋面防水主要有卷材防水、构件自防水屋面和波形瓦（板）屋面等类型。

### 1. 卷材防水

卷材防水屋面构造原则和做法与民用建筑基本相同，它的防水质量关键在于基层和防水层。由于厂房屋面面积大，受生产热源、吊车制动力和其他振动荷载影响较大，易使屋面卷材开裂破坏，此外由于大型屋面板构件尺寸大，短边（即横向缝）变形较大，为防止屋面卷材开裂，一般在大型屋面板或保温层上做找平层时做出横向分格缝。缝内用油膏填充，沿缝干铺油毡作缓冲层，减少基层对面层的影响（图 11-55）

### 2. 构件自防水

构件自防水屋面是利用屋面板本身的密实性和抗渗性来承担屋面防水作用。其板缝的防水则靠嵌缝、贴缝或搭盖等措施来解决。

（1）嵌缝式。

嵌缝式是在大型屋面板的板缝中嵌灌防水油膏，在板面上刷防水涂料，同时依靠板的自身平整密实性而达到防水目的（图 11-56）。

图 11-55　大型屋面板横向板缝处理　　　　图 11-56　嵌缝式防水构造

（2）搭盖式。

搭盖式是利用屋面板的搭盖构造解决板缝处的防水问题，板面防水与嵌缝式相同。有大型无檩体系构件和轻型有檩体系构件两种。

1）预应力钢筋混凝土 F 形屋面板屋面。预应力钢筋混凝土 F 形屋面板屋面属于大型无檩体系自防水构件屋面，由 F 形屋面板、盖瓦、脊瓦组成，这种屋面安装简便，但板型复杂（图 11-57）。

2）槽瓦屋面。槽瓦屋面属轻型有檩体系自防水构件屋面，由槽瓦、盖瓦、脊瓦三部分组成。

3）波形瓦屋面。波形瓦屋面属于轻型有檩体系自防水构件屋面。波形瓦与檩条之间用镀锌钢筋挂钩或镀锌扁钢卡钩固定（图 11-58）。

4）压型钢板屋面。压型钢板屋面构件包括屋面板、屋脊板、泛水板

图 11-57　F 型板屋面的组成及搭缝构造

图 11-58　石棉波形瓦屋面与檩条的固定

等，安装构造详见图 11-59。

图 11-59　压型钢板屋面构造

## 三、屋面的保温与隔热

### 1. 屋面的保温

屋面保温有铺在屋面板上部、保温层设在屋面板下部和保温层与承重基层相结合三种做法。

（1）在屋面板上部与民用建筑保温层在屋面板上部的构造基本相同。

（2）保温层设置在屋面板下部有直接喷涂保温层和吊挂保温层两种做法。

1）直接喷涂：是在完成屋面板吊装施工后，用喷枪把保温材料直接喷涂在屋面板的板底上，如图 11-60（a）所示。喷涂材料可用水泥膨胀蛭石（水泥：白灰：蛭石粉＝1：1.5：8 体积比）或水泥膨胀珍珠岩（水泥：珍珠岩＝1：10～12 体积比），喷涂厚度为20～30mm。

2）吊挂保温层：是将轻质保温材料吊挂在屋面下部，其间可留有空气间层。这类材料有聚苯乙烯泡沫塑料、玻璃棉毡、铝箔等，如图 11-60（b）、（c）、（d）所示。

图 11-60　保温层设置在屋面板下部

（3）保温层与承重层相结合，即把屋面板和保温层结合起来，甚至将承重、保温、防水功能三者合一。目前常用的有配筋加气混凝土板和夹心钢筋混凝土屋面板等（图 11-61）。

图 11-61　屋面板和保温层结合的夹心板

2. 屋面的隔热

炎热地区的低矮厂房中，一般应作隔热处理。当厂房高度在 9m 以上，可不考虑隔热，主要用加强通风来达到降温的目的；当厂房高度小于 9m，或高度小于等于跨度的1/2时，宜作隔热处理，具体做法见图 11-62。

图 11-62　屋面的隔热做法

(a) 架空双层槽形板；(b) 空心板（或大型板）架空混凝土小板；
(c) 架空细石混凝土槽瓦（正反扣）；(d) 预制水泥隔热栱（半圆）

# 第四节　侧窗和大门

**一、侧窗**

1. 侧窗的尺寸

单层工业厂房侧窗洞口的尺寸应符合《建筑模数协调标准》的规定，以利于窗的设计、加工制作标准化和定型化。窗洞口的通常在 900～6000mm 之间。当洞口宽度 ≤2400mm 时，按 300mm 的模数进级；当洞口宽度 >2400mm 时，则应按 600mm 的模数进级。洞口的高度通常在 900～4800mm 之间。当洞口的高度在 1200～4800mm 之间时，按 600mm 的模数进级。

2. 侧窗的类型

(1) 按材料分，有木窗、钢窗和钢筋混凝土窗。

(2) 按层数分，有单层窗、双层窗。

(3) 按开启方式分，有平开窗、悬窗、固定窗、立转窗等。

1) 平开窗：构造简单，开关方便，通风效果好，并便于做成双层窗，在外墙下部，作为通风的进气口。

2) 中悬窗：窗扇沿水平轴转动，开启 80°，有利于泄压，并便于机械开关或绳索手动开关，常用于外墙上部。但中悬窗构造复杂，开关扇周边的缝隙易漏雨和不利于保温。

3) 固定窗：构造简单，节省材料，多设在外墙中部，主要用于采光，对有防尘要求的车间其侧窗也多做成固定窗。

4) 立转窗：窗扇沿垂直轴转动，并可根据不同的风向调节开启角度，通风效果好，多用于热加工车间的外墙下部，作为进风口。

5) 上悬窗：一般向外开，防雨性能好，但启闭不如中旋窗轻便，并且开启角度小，通风效果差，常用于厂房上部作高侧窗。

根据车间通风的要求，还可以将平开窗、固定窗或中悬窗组合在一起（图 11-63）。组合窗在同一横向高度内，应采取相同的开关方式。

图 11-63　侧窗组合示例

### 3. 侧窗的构造

由于厂房的侧窗面积较大，故一般多采用金属窗。钢侧窗具有坚固耐久、挡光少，易于批量生产等优点，是一般工业厂房侧窗的优先类型。钢侧窗按采用型材，可以分为空腹和实腹两种类型。

## 二、大门

### 1. 大门尺寸

为了使满载货物的车辆能顺利地通过大门，门的宽度应比满载货物的车辆外轮廓宽600～1000mm，高度则应高出 400～500mm。为了便于采用标准构配件，大门的尺寸应符合《建筑模数协调标准》的规定，以 300mm 作为扩大模数进级。常用运输车辆通行用的大门门洞尺寸如图 11-64 所示。

| 洞口宽(mm)<br>运输<br>工具 | 2100 | 2100 | 3000 | 3300 | 3600 | 3900 | 4200<br>4500 | 洞口高<br>(mm) |
|---|---|---|---|---|---|---|---|---|
| 3t矿车 | ☐ | | | | | | | 2100 |
| 电瓶车 | | ☐ | | | | | | 2400 |
| 轻型卡车 | | | ☐ | | | | | 2700 |
| 中型卡车 | | | | ☐ | | | | 3000 |
| 重型卡车 | | | | | ☐ | | | 3900 |
| 汽车起重机 | | | | | | ☐ | | 4200 |
| 火车 | | | | | | | ☐ | 5100<br>5400 |

图 11-64　厂房大门的尺寸

### 2. 大门的类型

（1）按用途，可分为一般大门和有特殊要求的大门（如保温、防火等）。

（2）按门扇材料，有木门、钢木门、钢板门、铝合金门等。

（3）按开启方式，有平开门、推拉门、折叠门、上翻门、升降门、卷帘门等（图 11-65）。

1）平开门：构造简单，开启方便，为便于疏散和节省车间使用面积，平开门通常向外开启，但需设置雨篷，以保护门扇和方便出入，受力状态较差，易产生下垂或扭曲变形。

2）折叠门：由几个较窄的门扇通过铰链组合而成，开启时通过门扇上下滑轮沿导轨左右移动并折叠在一起。占用空间较少，适用于较大的门洞口。

3）推拉门：门的开关是通过滑轮沿导轨向左右推拉，门扇受力状态好，构造简单，不易变形，但密闭性较差，不宜用于密闭要求高的车间。

4）上翻门：开启时门扇随水平轴沿导轨上翻至门顶过梁下面，不占使用空间。这种门可避免门扇的碰损，多用于车库大门。

5）升降门：升降门开启时门扇沿导轨向上升，门洞高时可沿水平方向将门扇分为几扇。不占使用空间，只需在门洞上部留有足够的上升高度，开启宜采用电动，适用于较高的大型厂房。

6）卷帘门：门扇是由许多冲压成形的金属叶片连接而成，开启时通过门洞上部的转动轴将叶片卷起，有手动和电动两种。

图 11-65　厂房大门开启方式

3. 大门的构造

（1）平开钢木大门。

平开钢木大门由门扇和门框组成。门扇采用焊接型钢骨架，上贴 15mm 厚的木门心板，寒冷地区要求保温的大门，可采用双层木板，中间填保温材料。门框有钢筋混凝土和砖砌门框。当门洞宽度大于 3m 时，应采用钢筋混凝土门框。边框与墙体之间应采用拉筋连接，并在铰链位置上预埋铁件（图 11-66）。当门洞宽度较小时，采用砖砌门框，并在安装铰链的位置砌入有预埋铁件的预制块，且用拉筋与墙体连接（图 11-66）。一般每个门扇设两个铰链，铰链焊接在预埋铁件上（图 11-67、图 11-68）。

（2）推拉门。

由门扇、上导轨、滑轨、导饼和门框组成，门扇可采用钢板门和空腹薄壁钢板门等，门框一般由钢筋混凝土制作（图 11-69）。

（3）卷帘门。

由卷帘板、导轨、卷筒和开关装置等组成。其门扇为 1.5mm 厚带钢轧成的帘板，帘板之间用铆钉连接。门框一般均由钢筋混凝土制作（图 11-70）。

图 11-66 钢筋混凝土门框与过梁构造

图 11-67 砖砌门框与过梁构造

图 11-68 平开钢木大门构造

图 11-69 推拉门构造

图 11-70 卷帘门构造

4. 有特殊要求的门

（1）防火门：用于加工易燃品的车间或仓库。根据耐火等级的要求选用（图 11-71）。

（2）保温门、隔声门：

一般保温门和隔声门的门扇常采用多层复合板材制作，在两层面板间填充保温材料或吸声材料，且门缝密闭处理和门框的裁口形式对保温、隔声和防尘有很大影响。保温门和隔声门的节点构造如图 11-72 所示。

图 11-71　自动控制防火联动
系统启闭防火卷帘门

图 11-72　保温门、隔声门的门缝节点处理

## 第五节　天　　窗

在大跨度和多跨度的单层工业厂房中，为了满足天然采光和自然通风的要求，常在厂房的屋顶设置各种类型的天窗。

天窗按其在屋面的位置不同分为上凸式天窗，如矩形天窗、M 形天窗、梯形天窗等；下沉式天窗，如横向下沉式、纵向下沉式、井式天窗等；平天窗，如采光板、采光罩、采光带等（图 11-73）。主要用作采光的有矩形天窗、锯齿形天窗、平天窗、横向下沉式天窗等；主要用作通风的有矩形避风天窗、纵向或横向下沉式天窗、井式天窗、M 形天窗。

**一、矩形天窗构造**

矩形天窗横断面呈矩形，两侧采光面与水平面垂直，具有光线均匀，防雨较好，窗扇可开启兼作通风口等优点，在冷加工车间应用广泛。缺点是构件类型多，自重大，造价高。矩形天窗主要由天窗架、天窗屋面板、天窗端壁、天窗侧板、天窗扇等组成（图 11-74）。

1. 天窗架

天窗架是天窗的承重构件，它支撑在屋架或屋面梁上，常用的有钢筋混凝土和型钢天窗架，跨度有 6m、9m、12m（图 11-75）。

2. 天窗屋面

天窗屋面通常与厂房屋面的构造相同，由于天窗宽度和高度一般均较小，故多采用无组织排水，并在天窗檐口下部的屋面上铺设滴水板，如图 11-76（a）所示。雨量多或天窗高度和宽度较大时，宜采用有组织排水，如图 11-76（b）、（c）、（d）所示。

图 11-73 天窗的类型

(a) 矩形天窗；(b) M 形天窗；(c) 锯齿形天窗；(d) 纵向下沉式天窗；(e) 横向下沉式天窗；
(f) 井式天窗；(g) 采光板平天窗；(h) 采光罩平天窗；(i) 采光带平天窗

图 11-74 矩形天窗的组成

图 11-75 天窗架
(a) 钢筋混凝土天窗架；(b) 钢天窗架

图 11-76 天窗檐口

(a) 无组织排水天窗檐口；(b) 带檐的屋面板；

(c) 钢牛腿上铺天沟板；(d) 挑檐板挂薄钢板檐沟

#### 3. 天窗端壁

天窗两端的山墙称为天窗端壁，常用预制钢筋混凝土端壁板，它不仅使天窗尽端封闭起来，同时也支承天窗上部的屋面板（图 11-77）。

图 11-77 天窗端壁

(a) 天窗端壁立面；(b) 不保温屋面天窗端壁构造；(c) 保温屋面天窗端壁构造

#### 4. 天窗侧板

天窗侧板是天窗下部的围护构件，它的主要作用是防止屋面的雨水溅入车间以及积雪挡住天窗扇影响开启。屋面至侧板顶面的高度一般应≥300mm，常有大风雨或多雪地区应增高至 400~600mm。侧板常用钢筋混凝土槽形板，如图 11-78 所示。

#### 5. 天窗扇

多为钢材制成，按开启方式分有上悬式和中悬式。上悬式钢天窗扇防雨性能较好，由

图 11-78　天窗侧板

于最大开启角度为 45°，故通风功能较差。上悬式钢天窗扇有通长式和分段式两种布置方式，开启扇与天窗端壁以及扇与扇之间均须设置固定扇，以起竖框的作用。

6. 天窗开关器

由于天窗位置较高，需要经常开关的天窗应设置开关器。用于上悬天窗的有撑臂式开关器；用于中悬天窗的有电动引伸式、手动水平拉杆式及简易拉绳式等。

## 二、矩形避风天窗

用作通风的矩形天窗，为使天窗能稳定的排风，应在天窗口外加设挡风板。除寒冷地区采暖的车间外，其窗口开敞，不装设窗扇，为了防止飘雨，须设置挡雨设施。

矩形通风天窗由矩形天窗及其两侧的挡风板所构成，见图 11-79。

1. 挡风板的形式及构造

挡风板有面板和支架两部分组成。面板常采用石棉水泥瓦、玻璃钢瓦、压型钢板等轻质材料。支架主要有型钢及钢筋混凝土。挡风板支架有两种支承方式：①立柱式（图 11-80）；②悬挑式（图 11-81）。

图 11-79　矩形通风天窗示意

图 11-80　立柱式挡风板构造

图 11-81　悬挑式挡风板构造

2. 挡雨方式及挡雨片构造

（1）挡雨方式及挡雨片的布置。

天窗的挡雨方式可分为水平口、垂直口设挡雨片以及大挑檐挡雨三种（图 11-82）。

（2）挡雨片构造。

图 11-82 天窗挡雨方式示意

(a) 水平口设挡雨片；(b) 垂直口设挡雨片；(c) 大挑檐挡雨

α—挡雨角；β—挡雨片与水平夹角

挡雨片所采用的材料有钢丝网水泥板、石棉瓦、钢筋混凝土板、薄钢板、瓦楞铁等。当天窗有采光要求时，可改用钢丝玻璃、钢化玻璃、玻璃钢波形瓦等透光材料。

图 11-83  石棉水泥瓦挡雨片

### 三、下沉式天窗

（一）下沉式天窗常见的类型

1. 纵向下沉式天窗

纵向下沉式天窗是将下沉的屋面板沿厂房纵轴方向搁置在屋架下弦上，利用屋架高度形成纵向下沉式天窗，如图 11-73（d）所示。适用于纵轴为东西向的厂房，且多用于热加工车间。

2. 横向下沉式天窗

横向下沉式天窗将相邻柱距的整跨屋面板一上一下交替布置在屋架上、下弦上，利用屋架高度形成横向下沉式天窗，如图 11-73（e）所示。适用于纵轴为南北向的厂房。

3. 井式下沉式天窗（井式天窗）

井式下沉式天窗将拟设天窗位置的屋面板下沉铺在屋架下弦上，在屋面上形成凹嵌在屋架空间内的天窗井，如图 11-73（f）所示，在井壁的三面或四面设置采光或排气窗口，同时设置挡雨和排水设施。广泛应用于热加工车间。

（二）井式天窗构造

在下沉式天窗中，井式下沉式天窗的构造最复杂，最具有代表性，下面主要以它为例介绍下沉式天窗的构造做法。

1. 井式天窗布置方式

井式布置方式有三种：单侧布置、两侧对称或错开布置、跨中布置。单侧或两侧布置的通风效果好，排水、清灰容易，但采光效果差；跨中布置通风较差，排水、清灰麻烦，但采光效果好（图 11-84）。

图 11-84　井式天窗的布置

(a) 单侧布置；(b) 两侧对称布置；(c) 两侧错开布置；(d) 跨中布置

2. 井底板铺设

天井式天窗的井底板，一般位于屋架下弦，其底板铺设有横向铺设和纵向铺设两种方式。

(1) 横向铺设，是井底板平行于屋架摆设，铺板前应先在屋架下弦搁置檩条，檩条有T形和槽形两种（图 11-85）。

(2) 纵向铺设，是把井底板直接放在屋架下弦上，可省去檩条，增加天窗垂直的净空高度，井底板常采用出肋板或卡口板（图 11-86）。

图 11-85　横向铺设井底板

图 11-86　纵向铺设井底板

(a) F形出肋板；(b) 槽形卡口板

3. 挡雨设施

不采暖厂房的井式天窗通常不设窗扇而做成开敞式，但应加设挡雨设施，常用的方法有设空格板、挑檐板、镶边板等。

(1) 空格板：是将大型屋面板的大部分板面去掉，仅保留纵肋和部分横向小肋及两端，用作挑檐挡雨的实板（图 11-87）。

(2) 挑檐板：井口的横向采用加长屋面板，纵向多铺一块屋面板形成挑檐（图11-88）。

图 11-87　挡雨设施——空格板

图 11-88　挡雨设施——挑檐板

（3）镶边板：可设在井口的檩条或直接搁置在屋面板纵肋的钢牛腿上（图 11-89）。

图 11-89　挡雨设施——镶边板

**4. 窗扇**

窗扇可设在垂直口，也可设在水平口上。垂直口一般设在厂房的垂直方向，可以安装上悬或中悬窗扇。（图 11-90）

水平口设窗扇有两种形式：一种是设中悬窗扇，窗扇架在井口的空格板或檩条上，如图 11-91（a）所示；另一种是设水平推拉窗扇，即在水平口上设导轨，窗扇两侧设滑轮，使窗扇沿导轨开闭，如图 11-91（b）所示。

图 11-90　横向垂直口窗扇的设置

图 11-91　水平口窗扇的设置

**5. 排水及泛水**

井式天窗由于有上下两层屋面，即要做好排水，又要解决好井口板、井底板的泛水。

（1）排水：具体做法可采用无组织排水、上层屋面通长天沟排水、下层屋面通长天沟排水、双层天沟排水，如图 11-92 所示。

图 11-92　下沉式天窗的排水方式

（a）无组织排水；（b）上层通长天沟排水；（c）下层通长天沟排水；（d）双层天沟排水

（2）泛水：井口周围应做 150～200mm 的泛水，为防止雨水流入车间，在井底板的边缘也应设泛水，高度≥300mm（图 11-93）。

**四、平天窗**

平天窗是根据采光需要设置带孔洞的屋面板，在孔洞上安装透光材料所形成的天窗。

它具有采光效率高、不设天窗架、构造简单、屋面荷载小、布置灵活等优点。但易造成太阳直接热辐射和眩光，防雨、防雹较差，易产生冷凝水和积灰。

平开窗是利用屋顶水平面安设透光材料进行采光的天窗。平天窗宜采用安全玻璃（如钢化玻璃，夹丝玻璃等），但此类材料价格较高，当采用平板玻璃、磨砂玻璃、压花玻璃等非安全玻璃时，为防止玻璃破碎落下伤人，须加安全网。

平天窗可分为采光玻璃、采光罩和采光带三种类型。

（1）采光板：在屋面板上留孔，装平板式透光材料（图11-94）。

（2）采光罩：是在屋面板上留孔，装弧形采光材料，有固定和开启两种（图11-95）。

（3）采光带：是将部分屋面板的位置空出来，铺上透光材料做成较长的（6m以上）横向或纵向采光带（图11-96）。

图 11-93　井式天窗的泛水构造

图 11-94　采光板

(a) 小孔采光板；(b) 中孔采光板；(c) 大孔采光板；(d) 采光板组成

图 11-95 采光罩

图 11-96 采光带
(a) 横向采光带；(b) 纵向采光带

# 第六节 地面及其他构造

## 一、地面

### (一) 厂房地面的组成

#### 1. 面层

直接承受作用于地面上的各种影响。应根据生产特征、使用要求和影响地面的各种因素来选择地面。面层的选择见表 11-2。

地面面层选择                                                                表 11-2

| 生产特征及对垫层使用要求 | 适宜的面层 | 生产特征举例 |
| --- | --- | --- |
| 机动车行驶、受坚硬物体磨损 | 混凝土、铁屑水泥、粗石 | 车行通道、仓库、钢绳车间等 |
| 坚硬物体对地面产生冲击(10kg 内) | 混凝土、块石、缸砖 | 机械加工车间、金属结构车间等 |
| 坚硬物体对地面有较大冲击(50kg 以上) | 矿渣、碎石、素土 | 铸造、锻压、冲压、废钢处理等 |
| 受高温作用地段(500℃以上) | 矿渣、凸缘铸铁板、素土 | 铸造车间的熔化浇铸工段、轧钢车间加热和轧机工段、玻璃熔制工段 |
| 有水和其他中性液体作用地段 | 混凝土、水磨石、陶板 | 选矿车间、造纸车间 |
| 有防爆要求 | 菱苦土、木砖沥青砂浆 | 精苯车间、氢气车间、火药仓库等 |
| 有酸性介质作用 | 耐酸陶板、聚氯乙烯塑料 | 硫酸车间的净化、硝酸车间的吸收浓缩 |
| 有碱性介质作用 | 耐碱沥青混凝土、陶板 | 纯碱车间、液氨车间、碱熔炉工段 |
| 不导电地面 | 石油沥青混凝土、聚氯乙烯塑料 | 电解车间 |
| 要求高度清洁 | 水磨石、陶板马赛克、拼花木地板、聚氯乙烯塑料、地漆布 | 光学精密器械、仪器仪表、钟表、电讯器材装配 |

#### 2. 垫层

274

垫层是承受面层传来的荷载，并将其分布到基层上的构造层。垫层可分为刚性垫层、半刚性垫层和柔性垫层三类。

（1）刚性垫层是指用混凝土、沥青混凝土和钢筋混凝土等材料做成的垫层，它整体性好，不透水，强度大，变形小。

（2）半刚性垫层是指灰土、三合土、四合土等材料做成的垫层，它整体性稍差，受力后有一定的塑性变形。

（3）柔性垫层是用砂、碎石、矿渣等材料做成的垫层。它造价低，施工方便。

地面垫层的最小厚度应满足表11-3的规定

地面垫层的最小厚度 表 11-3

| 垫层名称 | 材料强度等级或配合比 | 厚度(mm) |
| --- | --- | --- |
| 混凝土 | ≥C10 | 60 |
| 四合土 | 1:1:6:12(水泥:石灰膏:砂:碎砖) | 80 |
| 三合土 | 1:3:6(熟化石灰:砂:碎砖) | 100 |
| 灰土 | 3:7或2:8(熟化石灰:黏性土) | 100 |
| 砂、炉渣、碎(卵)石 | | 60 |
| 矿渣 | | 80 |

3. 基层

基层是地面的最下层，是经过处理的地基土，最常见的是素土夯实。

地面应铺设在均匀密实的地基上。当地基土层不够密实时，应用夯实、掺骨料、铺设灰土层等措施加强。地面垫层下的填土应选用砂土、粉土、黏性土及其他有效填料，不得使用过湿土、淤泥、腐殖土、冻土、膨胀土及有机物含量大于8%的土。

4. 结合层

结合层是连接块材面层与垫层的中间层。

5. 隔离层

隔绝地面上部或地面下部水、潮气的附加层，以防止渗透扩散，保证正常生产和建筑结构的安全，隔离层的层数，见表11-4。

隔离层的层数 表 11-4

| 隔离层材料 | 隔离层层数 | 隔离层材料 | 隔离层层数 |
| --- | --- | --- | --- |
| 石油沥青油毡 | 1~2层 | 防水冷胶剂 | 一布三胶 |
| 沥青玻璃布油毡 | 1层 | 防水涂膜(聚氯酯类涂料) | 2道~3道 |
| 再生胶油毡 | 1层 | 热沥青 | 2道 |
| 软聚氯乙烯卷材 | 1层 | 防油渗胶泥玻璃纤维布 | 一布二胶 |

（二）厂房地面的细部构造

1. 缩缝

混凝土垫层需考虑温度变化产生的附加应力的影响，同时防止因混凝土收缩变形所导致的地面裂缝。一般厂房内混凝土垫层按3~6m间距设置纵向缩缝，6~12m间距设置横向缩缝，设置防冻层的地面纵横向缩缝间距不宜大于3m。缝的构造形式有平头缝、企口缝、假缝，一般多为平头缝，如图 11-97 所示。企口缝适合于垫层厚度大于 150mm 的情况，假缝只能用于横向缩缝。

2. 变形缝

地面变形缝的位置应与建筑物的变形缝一致。同时在地面荷载差异较大和受局部冲击荷载的部分亦应设变形缝。变形缝应贯通地面各构造层（图 11-98）。

3. 交界缝

两种不同材料的地面，由于强度不同，接缝处易遭受破坏。应根据不同情况采取措施（图 11-99）。

二、其他构造

1. 坡道

厂房的室内外高差一般为 150mm，为了便于各种车辆通行，在门口外侧须设置坡道，坡道的坡度常取 10% ～ 15%，宽度应比大门宽 600～1000mm 为宜（图 11-100）。

图 11-97　混凝土垫层缩缝

(a) 平头缝；(b) 企口缝；(c) 假缝

图 11-98　地面变形缝构造示意图

图 11-99　不同地面接缝处理图

图 11-100　坡道

2. 钢梯

单层工业厂房中有各种钢梯，如作业台钢梯、吊车钢梯、消防及屋面检修钢梯等。

(1) 作业台钢梯。

作业台钢梯是工人上下生产操作平台或跨越生产设备联动线上下交通道。其坡度为45°、59°、73°和90°（图11-101）。

图 11-101　作业台钢梯

(2) 吊车钢梯。

吊车钢梯是为吊车司机上下吊车使用的专用梯，吊车梯一般为斜梯，梯段有单跑和双跑两种，坡度有51°、55°63°，如图11-102所示。

图 11-102　吊车钢梯

（3）消防及屋面检修钢梯。

单层厂房屋顶高度大于 10m 时，应设专用梯自室外地面通至屋面，或从厂房屋面通至天窗屋面，作为消防及检修之用。消防、检修常用直梯，宽度为 600mm，它由梯段、踏步、支撑组成，如图 11-103 所示。

图 11-103　消防及屋面检修钢梯

# 本 章 小 结

1. 单层厂房主要结构构件基础与基础梁、柱、屋盖、吊车梁、连系梁与圈梁及支撑。

2. 单层工业厂房的外墙按材料不同，可分为砖墙、砌块墙和板材墙；按承重方式不同，可以分为承重墙、承自重墙、框架墙等。

3. 厂房屋面排水方式和民用建筑相同，分有组织排水和无组织排水两种。屋面防水主要有卷材防水、构件自防水屋面和波形瓦（板）屋面等类型。同时屋面按需求做好保温或者隔热算处理。

4. 单层工业厂房侧窗洞口的尺寸应符合《建筑模数协调标准》的规定，以利于窗的设计、加工制作标准化和定型化。

5. 为了使满载货物的车辆能顺利地通过大门，厂房大门的宽度应比满载货物的车辆外轮廓宽 600～1000mm，高度则应高出 400～500mm。为了便于采用标准构配件，大门的尺寸应符合《建筑模数协调标准》的规定，以 300mm 作为扩大模数进级。

6. 在大跨度和多跨度的单层工业厂房中，为了满足天然采光和自然通风的要求，常在厂房的屋顶设置各种类型的天窗。主要用作采光的有矩形天窗、锯齿形天窗、平天窗、横向下沉式天窗等；主要用作通风的有矩形避风天窗、纵向或横向下沉式天窗、井式天窗、M 形天窗。

7. 矩形天窗横断面呈矩形，主要由天窗架、天窗屋面板、天窗端壁、天窗侧板、天窗扇等组成。

8. 矩形通风天窗由矩形天窗及其两侧的挡风板所构成。

9. 下沉式天窗是在拟设天窗的部位把屋面板下移，铺在屋架的下弦上，利用屋架上、下弦之间的空间做成采光口或通风口。可分为纵向下沉式天窗、横向下沉式天窗及井式天窗。

10. 厂房地面主要由面层、垫层、基层、结合层、隔离层。地面要处理好地面缩缝、变形缝等细部构造。

## 思 考 题

1. 单层厂房墙板的布置方式有哪几种形式

2. 在工业厂房中，为什么要设基础梁？基础梁设置在什么位置？其搁置方式有哪几种？

3. 厂房中，抗风柱有什么作用？有何构造要求？

4. 连系梁有什么作用？

5. 什么是柔性连接？什么是刚性连接？

6. 天窗按其在屋面上的位置不同分为几种？

7. 矩形天窗由哪几部分组成？

8. 分别说明什么是井式天窗、横向下沉式天窗和纵向下沉式天窗。

9. 工业建筑地面有哪些构造层次？它们各有什么作用？

10. 钢筋混凝土构件自防水的板缝处理有哪几种？试画出节点图。

# 第十二章 多层厂房简介

---

**学习目标**

通过本章的学习，了解多层工业建筑的特点及适用范围，熟悉多层工业建筑结构分类，掌握多层工业厂房定位轴线的标定。

**引例**

某多层工业厂房跨度为 9.0m，柱距为 6m，屋顶采用平屋顶。试分析多层工业厂房与单层工业厂房的联系与区别。

随着科学技术的发展、工艺和设备的进步、工业用地的日趋紧张，多层厂房在机械、电子、电器、仪表、光学、轻工、纺织、化工和仓储等行业中已具有举足轻重的地位，多层工业厂房在整个工业建筑中所占的比重将会越来越大。

---

## 第一节 多层厂房概述

### 一、多层厂房的特点

多层厂房在建筑平面布置和结构形式选择方面都与单层厂房有很大区别。它的特点主要是：

（1）占地面积小、节约用地。这对于用地紧张的城市来讲更为适宜。由于节约用地，相对地缩短了厂区一切管网、道路、围墙等设施，因而全厂基本建设费用可以降低。

（2）外围护结构小。多层厂房宽度较小，可利用侧面采光，一般都不需设置天窗，因而使屋顶构造简化。屋顶面积较小，故雨雪排除方便，并有利于室内的保温、隔热的要求。

（3）交通运输面积大。由于多层厂房增加了垂直方向的运输系统（如电梯、楼梯等）。这样就增加了用于交通运输的面积和体积。

（4）柱网尺寸小，厂房的通用性小。由于多层厂房在楼层上要布置设备，又受梁板结构经济合理性的制约，因而不利于工艺改革和设备更新，不如单层厂房灵活。

（5）结构构造复杂。多层厂房多采用梁板柱承重，因而除底层外，一些荷载大、重量大或振动大的设备对于楼层难以适应，须作特殊的结构、构造处理。

（6）立面丰富。多层厂房能点缀城市，美化环境，改变城市面貌。

### 二、多层厂房的适用范围

在现代化企业建设中。一般具有下列条件者可以采用多层厂房

（1）生产上需要垂直运输的厂房，如面粉厂、啤酒厂、乳制品厂等。

（2）生产上要求在不同层高操作的厂房，如化工厂的大型蒸馏塔等设备，高度比较高，生产上又需要在不同的层高上进行。

（3）生产环境有特殊要求的厂房，如仪表、电子、医药、食品类厂房。采用多层厂房容易解决生产中要求的恒温、恒湿、洁净、无尘、无菌等问题。

（4）生产设备、原料及产品较轻，运输量不大的厂房，如服装厂。

（5）城市建设规划需要或厂区基地受到限制的厂房，如城市中的旧厂房改建、扩建等。

# 第二节　多层厂房的结构类型

多层厂房结构形式的选择首先应该结合生产工艺及层数的要求进行。其次还应该考虑建筑材料的供应、当地的施工安装条件、构（配）件的生产能力以及基地的自然条件等。目前我国多层厂房承重结构有混合结构、钢筋混凝土结构、钢结构等。

**一、混合结构**

混合结构为钢筋混凝土楼（屋）盖和砖墙承重的结构。分为墙承重和内框架承重两种形式。适用于楼面荷载不大，又无振动设备，层数在五层以下的中小型厂房。在地震区不宜选用。

**二、钢筋混凝土结构**

钢筋混凝土结构是我国目前采用最广泛的结构形式。它的构件截面较小，强度较大，能适应层数较多、荷重较大、空间较大的需要。

1. 框架结构

一般可分为梁板式结构和无梁楼板结构两种。其中梁板式结构可分为横向承重框架、纵向承重框架及纵横向承重框架三种。

（1）横向承重框架刚度较好，适用于室内要求空间比较固定的厂房，是目前经常采用的一种形式。

（2）纵向承重框架的横向刚度较差，需在横向设置抗风墙、剪力墙，但由于横向连系梁的高度较小，楼层净空较高，有利于管道的布置。一般适用于需要灵活分隔的厂房。

（3）纵横向承重框架，采用纵横向均为刚接的框架，厂房整体刚度好，适用于地震区及各种类型的厂房。

2. 框架—剪力墙结构

框架与剪力墙共同工作的结构形式，具有较大的承载能力。一般适用于层数较多，高度和荷载较大的厂房。

3. 无梁楼板结构

无梁楼板结构系由板、柱帽、柱和基础组成。其特点是没有梁。因此楼板底面平整、室内净空可有效利用。它适用于布置较大空间及需灵活分间布置的要求，一般应用于荷载较大（$10kN/m^2$以上）及无较大振动的厂房。柱网尺寸以近似或等于正方形为宜。

除上述的结构形式外，还可采用为设置技术夹层而采用的无斜腹杆平行弦屋架的大跨度桁架式结构。

### 三、钢结构

钢结构具有重量轻、强度高、施工方便等优点。是国内外采用较多的一种结构形式。它施工速度快，能使工厂早日投产（一般认为可提高速度1倍左右）。

目前钢结构主要趋向是采用轻钢结构和高强度钢材。采用高强度钢结构较普通钢结构可节约钢材15％～20％，造价降低15％，减少用工20％左右。

# 第三节　多层厂房定位轴线

### 一、柱网尺寸

多层厂房由于受到楼层结构的限制，柱网尺寸一般较单层厂房小，但随着建筑材料、建筑结构以及施工技术的不断发展和适应生产灵活性的需要，柱网（主要是跨度）有扩大的趋势。

多层厂房柱网尺寸的确定应考虑生产工艺要求和结构形式的经济合理性以及施工上的可能性，也应符合《建筑模数协调统一标准》（GBJ2）和《厂房建筑模数协调标准》（GBJ6）的要求。根据厂房建筑模数协调标准，多层厂房的跨度（进深）应采用扩大模数15M数列，宜采用6 0m、7.5m、9.0m、10.5m和12m。厂房的柱距（开间）应采用扩大模数6M数列，宜采用6.0m、6.6m和7.2m，（图12-1）。内廊式厂房的跨度可采用扩大模数6M数列，宜采用6.0m、6.6m和7.2m。走廊的跨度应采用扩大模数3M的数列，宜采用2.4m、2 7m和3.0m。

图12-1　多层厂房柱网尺寸

### 二、多层厂房柱网类型

在工程实践中，常见的多层厂房柱网类型有内通道式柱网、等跨式柱网、不等跨式柱网、大跨度式柱网四种（图12-2）。

1. 内廊式柱网

内廊式柱网适用于内廊式的平面布置且多采用对称式。在仪表、电子、电器等类企业中应用较多，主要用于零件加工或装配车间。过去这种柱网应用较多，近年来有所减少。常见的柱距 $d$ 为6.0m，房间的进深 $a$、$c$ 有6.0m、6.6m和7.2m等，而走廊宽 $b$ 则为2.4m、2.7m、3.0m。

2. 等跨式柱网

图 12-2　柱网的类型

*(a)* 内通道式柱网；*(b)* 等跨式柱网；*(c)* 不等跨式柱网；*(d)* 大跨度式柱网

它主要使用于需要大面积布置生产工艺的厂房，底层一般布置加工、仓库或总装配车间等，有的还布置有起重运输设备。适用于机械、轻工、仪表、仓库等的工业厂房。这类柱网可以是两个以上连续等跨的形式。用轻质隔墙分隔后，亦可作内廊式的平面布置。目前采用的柱距 $d$ 为 6.0m，跨度 $a$ 有 6.0m、7.5m、9.0m、10.5m 及 12.0m 等数列。

3. 对称不等跨柱网

这种柱网的特点及适用范围基本和等跨柱网类似。现在常用的柱网尺寸有（6.0＋7.5＋7.5＋6.0）m×6.0m（仪表类），（1.5＋6.0＋6.0＋1.5）m×6.0m（轻工类），（7.5＋7.5＋12.0＋7.5＋7.5）m×60m 及（9.0＋12.0＋9.0）m×6.0m（机械类）等数种。

4. 大跨度柱网

这种柱网由于取消了中间柱子，为生产工艺的变革提供更大的适应性。因为扩大了跨度（大于12m），楼层常采用桁架结构，这样楼层结构的空间（桁架空间）可作为技术层，用于布置各种管道及生活辅助用房。

除上述主要柱网类型外，在实践中根据生产工艺及平面布置等各方面的要求，也可用其他一些类型的柱网，如（9.0＋6.0）m×6.0m，[(6.0－9.0)＋3.0＋(6.0～9.0)＋3.0＋(6.0～9.0)]m×6.0m 等。

**三、多层厂房定位轴线布置**

1. 墙承重时定位轴线的定位

小型厂房采用墙承重时，其定位轴线的划分相当于砖混结构定位轴线的划分，与单层厂房建筑的划分一致。横向定位轴线与顶层横墙的中心线相重合。山墙顶层墙内缘与横向定位轴线间的距离可按砌体材料类别，分别为半块或半块的倍数或墙厚的一半。

纵向外墙为承重砌体时，因层高和荷载的原因，多在墙体内侧设置壁柱，此时，纵向定位轴线与墙体的内缘相重合。也可定位于砌体中半块或半块的倍数处。纵向中间墙承重时，纵向定位轴线通过墙体中心线，一般这种情况较少，因其影响到空间的使用。

2. 框架承重时定位轴线的定位

（1）墙、柱与横向定位轴线的定位。

横向定位轴线一般与柱中心线相重合。在山墙处定位轴线仍通过柱中心，这样可以减少构件规格、品种，使山墙处横梁与其他部分一致，虽然屋面板与山墙间出现空隙，但构造上易于处理（图 12-3）。

横向伸缩缝或防震缝处应采用加设插入距的双柱并设两条横向定位轴线，柱的中心线与横向定位轴线相重合。插入距 $a$ 一般取 900mm。此处节点可采用加长板的方法处理（图 12-4）。

图 12-3　柱与横向定位轴线的定位　　图 12-4　横向伸缩缝或防震缝处横向定位轴线的定位

（2）纵墙、边柱与纵向定位轴线的定位。

纵向定位轴线在中柱处应与柱中心线相重合。在边柱处，纵向定位轴线在边柱下柱截面高度 $h_1$ 范围内浮动定位。浮动幅度 $a_n$ 最好为 50mm 的整倍数，这与厂房柱截面的尺寸应是 50mm 的整倍数是一致的。$a_n$ 值可以是零，也可以是

图 12-5　纵墙、边柱与纵向定位轴线的定位

$h_1$。当 $a_n$ 为零时，纵向定位轴线即定于边柱的外缘了（图 12-5）。

（3）纵横跨处定位轴线的定位。

厂房纵横跨处的连接，应采用双柱并设置含有伸缩缝或防震缝的插入距。插入距应包括伸缩缝或防震缝，还应包括山墙处柱宽的一半、纵向边柱浮动幅度、墙体厚度以及施工所需的净空尺寸（图 12-6）。

图 12-6　纵横跨处定位轴线的定位

## 本 章 小 结

1. 多层厂房有占地面积小、节约用地、外围护结构小、交通运输面积大、柱网尺寸小、结构构造复杂和立面丰富等特点。

2. 我国多层厂房承重结构有：混合结构、钢筋混凝土结构、钢结构。

3. 多层厂房的跨度（进深）应采用扩大模数 15M 数列；厂房的柱距（开间）应采用扩大模数 6M 数列。

4. 在工程实践中，常见的多层厂房柱网类型有内通道式柱网、等跨式柱网、不等跨式柱网、大跨度式柱网四种。

5. 多层小型厂房采用墙承重时，其定位轴线的划分相当于砖混结构定位轴线的划分，与单层厂房建筑的划分一致。横向定位轴线与顶层横墙的中心线相重合。

6. 框架承重时横向定位轴线一般与柱中心线相重合。

7. 纵向定位轴线在中柱处应与柱中心线相重合；在边柱处，纵向定位轴线在边柱下柱截面高度 $h_1$ 范围内浮动定位。

## 思 考 题

1. 多层厂房的特点和适用范围是什么？

2. 多层厂房常采用的柱网形式有哪些？

3. 多层厂房定位轴线如何定位？

4. 绘图表示变形缝处柱与横向定位轴线的联系。

5. 绘图表示外墙、边柱与纵向定位轴线的联系。

# 第二篇

▶▶▶ 建筑设计基础

# 第十三章  建筑设计概述

---

**学习目标**

通过学习建筑设计概述的基本知识，掌握建筑设计的要求及设计依据。了解建筑设计内容及设计程序。

**提示**

本章节的内容涉及全书各章节，是影响建筑形式与内容的客观因素。通过本章节的学习，对建筑施工图的图纸和文件，更进一步地加深理解，要求能够熟悉一些规范的规定。

---

## 第一节  设计内容及设计程序

### 一、设计内容

建造房屋，从拟定计划到建成使用，通常有编制计划任务书、选择和勘测基地、设计、施工，以及交付使用后的回访总结等几个阶段。设计工作又是其中比较关键的环节，它必须严格执行国家基本建设计划，贯彻建设方针和政策。通过设计这个环节，把计划中有关设计任务的文字资料，编制成表达整幢或成组房屋立体形象的全套图纸。

设计内容包括：建筑设计、结构设计、设备设计三个方面。

1. 建筑设计

建筑设计是在总体规划的前提下，根据建设任务要求和工程技术条件，进行房屋的空间组合设计和细部设计，并以建筑设计图的形式表示出来。是整个设计工作的先行，常处于主导地位。

2. 结构设计

结构设计其主要任务是配合建筑设计选择切实可行的结构方案，进行结构构件的计算和设计，并用结构设计图表示。通常由结构工程师完成。

3. 设备设计

设备设计是指建筑物的给水排水、采暖、通风和电气照明等方面的设计。一般由有关专业的工程师配合建筑设计完成，并分别用水、暖、电等设计图表示。

以上几个方面的工作，既有分工，又相互密切配合。由于建筑设计是建筑功能、工程技术和建筑艺术的综合，因此它必须综合考虑建设、结构、设备等工种的要求，以及这些工种的相互联系和制约。设计人员必须贯彻执行建设方针和政策，正确掌握建筑标准，重视调查研究和群众路线的工作方法。建筑设计还和城市建设、建筑施工、材料供应以及环境保护等部门的关系极为密切。

## 二、设计程序

### 1. 设计招标投标

为了规范建筑工程设计市场，优化建筑工程设计，促进设计质量的提高，除了采用特定的专利技术、专有技术或建筑艺术造型有特殊要求的项目，经有关部门批准以后可以直接委托设计以外，在规定范围内的工程项目一般在方案阶段通过设计招标来确定委托的设计单位。

在招标的过程中，招标方提供工程的名称、地址、占地面积、建筑面积等，还提供批准的项目建议书或可行性报告，工程经济技术要求，城市规划管理部门确定的规划控制条件和用地红线图，可参考的工程地质、水文地质、工程测量等建设场地勘察成果报告，供水、供电、供气、供热、环保、市政道路等方面的基础材料。投标方则据此按招标文件的编制要求在规定的时间内提交投标文件。投标文件一般可能包括含有建筑总平面图、各主要楼层的平面图、建筑主要立面图和主要剖面图所组成的建筑方案，反映该方案设计特点的若干分析图和彩色建筑表现图或建筑模型，以及必要的设计说明。设计说明的内容以建筑构思为主，也包括结构、设备各专业、环保、卫生、消防等各个方面的基本设想和设计依据，同时还提供设计方案的各项技术经济指标和概算书。

投标文件经专家评审后，被认为建筑设计方案中标的设计单位，就获得该项目的设计承包资格。

### 2. 初步设计阶段

初步设计是建筑设计的第一阶段，它的主要任务是提出设计方案，即在已定的基地范围内，按照设计任务书所拟的房屋使用要求，综合考虑技术经济条件和建筑艺术方面的要求，提出设计方案。

初步设计的内容包括确定建筑物的组合方式，选定所用建筑材料和结构方案，确定建筑物在基地的位置，说明设计意图，分析设计方案在技术上、经济上的合理性，并提出概算书。

初步设计的图纸和设计文件有：

（1）建筑总平面：比例尺 1∶500～1∶2000（建筑物在基地上的位置、标高、道路、绿化以及基地上设施的布置和说明）。

（2）各层平面及主要剖面、立面：比例尺 1∶100～1∶200（标出房屋的主要尺寸、房间的面积、高度以及门窗位置，部分室内家具和设备的布置）。

（3）说明书：设计方案的主要意图，主要结构方案及结构特点，以及主要技术经济指标等。

（4）建筑概算书。

（5）根据设计任务的需要，可能辅以建筑透视图或建筑模型。

建筑初步设计有时可有几个方案进行比较，送审经有关部门协商并确定的方案批准下达后，这一方案便是二阶段设计时的施工准备、材料设备订货、施工图编制以及基建拨款等的依据文件。

### 3. 技术设计阶段

技术设计是三阶段建筑设计时的中间阶段。它的主要任务是在初步设计的基础上，进一步确定房屋各工种和工种之间的技术问题。

技术设计的内容为各工种相互提供资料、提出要求，并共同研究和协调编制拟建工程各工种的图纸和说明书，为各工种编制施工图打下基础。在三阶段设计中，经过送审并批准的技术设计图纸和说明书等，是施工图编制、主要材料设备订货以及基建拨款的依据文件。技术设计的图纸和设计文件，要求建筑工种的图纸标明与技术工种有关的详细尺寸，并编制建筑部分的技术说明书，结构工种应有房屋结构布置方案图，并附初步计算说明，设备工种也提供相应的设备图纸及说明书。

对于不太复杂的工程，技术设计阶段可以省略，把这个阶段的一部分工作纳入初步设计阶段，称为"扩大初步设计"；另一部分工作则留待施工图设计阶段进行。

4. 施工图的设计阶段

施工图设计是建筑设计的最后阶段。它的主要任务是满足施工要求，即在初步设计或技术设计的基础上，综合建筑、结构、设备各工种，相互交底、核实核对，深入了解材料供应、施工技术、设备等条件，把满足工程施工的各项具体要求反映在图纸中，做到整套图纸齐全统一，明确无误。

施工图设计的内容包括：确定全部工程尺寸和用料，绘制建筑、结构、设备等全部施工图纸，编制工程说明书、结构计算书和预算书。

施工图设计的图纸及设计文件有：

（1）建筑总平面：比例尺 1：500（建筑基地范围较大时，也可用 1：1000，1：2000应详细标明基地上建筑物、道路、设施等所在位置的尺寸、标高，并附说明）。

（2）各层建筑平面、各个立面及必要的剖面：比例尺 1：100～1：200。

（3）建筑构造节点详图：根据需要可采用 1：1，1：5，1：10，1：20 等比例尺（主要为檐口、墙身和各构件的连接点，楼梯、门窗以及各部分的装饰大样等）。

（4）各工种相应配套的施工图：如基础平面图和基础详图、楼板及屋顶平面和详图，结构构造节点详图等结构施工图。给水排水、电气照明以及暖气或空气调节等设备施工图。

（5）建筑、结构及设备等的说明书。

（6）结构及设备的计算书。

（7）工程预算书。

## 第二节  建筑设计的要求及设计依据

### 一、建筑设计的要求

1. 满足建筑功能要求

满足建筑物的功能要求，为人们生产和生活活动创造良好的环境，是建筑设计的首要任务。例如，设计学校首先考虑满足教学活动的需要，教室设置应做到合理布局，使各类活动有序进行、动静分离、互不干扰；教学区应有便利的交通联系和良好的采光及通风条件，同时还要合理安排教师备课、办公、贮藏和厕所等行政管理和辅助用房，并配置良好的体育场和室外活动场地等。又如工业厂房，首先应该适应生产流程的安排，合理布置各类生产和生活、办公及仓储等用房，使得人流、物流能方便有效的运行，同时还要达到安全、节能等各项标准。

2. 采用合理的技术措施

正确选用建筑材料，根据建筑空间组合的特点，选择合理的结构、施工方案，使房屋坚固耐久、建造方便。例如，近年来，我国设计建造的一些覆盖面积较大的体育馆，由于屋顶采用钢网架空间结构和整体提升的施工方法，既节省了建筑物的用钢量，也缩短了施工期限。

3. 考虑建筑美观要求

建筑物是社会的物质和文化财富，它在满足使用要求的同时，还需要考虑人们对建筑物在美观方面的要求，考虑建筑物所赋予人们在精神上的感受。建筑是凝固的音乐，建筑设计应该做到既有鲜明的个性特征、满足人们良好的视觉效果的需要，同时又是整个城市空间和谐乐章中的有机部分，建筑设计要努力创造具有我国时代精神的建筑空间组合与建筑形象。历史上创造的具有时代印记和特色的各种建筑形象，往往是一个国家、一个民族文化传统宝库中的重要组成部分。

4. 具有良好的经济效果

建造房屋是一个复杂的物质生产过程，需要大量人力、物力和资金，在房屋的设计和建造中，要因地制宜、就地取材，尽量做到节省劳动力，节约建筑材料和资金。设计和建造房屋要有周密的计划和核算，重视经济领域的客观规律，讲究经济效果。房屋设计的使用要求和技术措施，要和相应的造价、建筑标准统一起来。

5. 符合总体规划要求

单体建筑是总体规划中的组成部分，单体建筑应符合总体规划提出的要求。建筑物的设计，还要充分考虑和周围环境的关系，例如原有建筑的状况，道路的走向，基地面积大小以及绿化等方面和拟建建筑物的关系。新设计的单体建筑，应使所在基地形成协调的室外空间组合、良好的室外环境。

**二、建筑设计依据**

1. 使用功能

(1) 人体尺度和人体活动所需的空间尺度。

建筑物中家具、设备的尺寸，踏步、窗台、栏杆的高度，门洞、走廊、楼梯的宽度和高度，以至各类房间的高度和面积大小，都和人体尺度以及人体活动所需的空间尺度直接或间接有关，因此人体尺度和人体活动所需的空间尺度，是确定建筑空间的基本依据之一。我国成年男子和女子的平均高度分别为1670mm 和 1560mm（图 13-1）。

图 13-1　中等身材成年男子的人体基本尺度

近年来在建筑设计中日益重视人体工程学的运用，人体工程学是运用人体计测、生理心理计测和生物力学等研究方法，综合地进行人体结构、功能、心理等问题的研究，用以解决人与物、人与外界环境之间的协调关系并提高效能。建筑设计中人体工程学的运用，将使确定空间范围，始终以人的生理、心理需求为研究中心，使空间范围的确定，具有定量计测的科学依据。图 13-2 为人体活动所需要的空间尺度。

图 13-2　人体基本动作尺度

（2）家具、设备的尺寸和使用它们的必要空间。

家具、设备的尺寸，以及人们在使用家具和设备时，在它们近旁必要的活动空间，是考虑房间内部使用面积的重要依据（图 13-3、图 13-4）。

2. 自然条件

（1）气象条件。

建设地区的温度、湿度、日照、雨雪、风向、风速等气候条件是建筑设计的重要依据。例如湿热地区，房屋设计要很好考虑隔热、通风和遮阳等问题；干泠地区，通常又希望把房屋的体型尽可能设计得紧凑一些，以减少外围护面的散热，有利于室内采暖、保温。

日照和主导风向，通常是确定房屋朝向和间距的主要因素，风速是高层建筑、电视塔等设计中考虑结构布置和建筑体型的重要因素，雨雪量的多少对屋顶形式和构造也有一定影响。在设计前，需要收集当地上述有关的气象资料，作为设计的依据。

图 13-5 为我国部分城市的风向频率玫瑰图。图中实线部分表示全年风向频率，虚线部分表示夏季风向频率。风向是指由外吹向地区中心，比如由北吹向中心的风称为北风。风向频率玫瑰图（简称风玫瑰图）是依据该地区多年来统计的各个方向吹风的平均日数的百分数按比例绘制而成。

（2）地形、地质条件和地震烈度。

基地地形的平缓或起伏，基地的地质构成、土壤特性和地耐力的大小，对建筑物的平面组合、结构布置和建筑体型都有明显的影响。坡度较陡的地形，常使房屋结合地形错层建造，复杂的地质条件，要求房屋的构成和基础的设置采取相应的结构构造措施。

地震烈度表示地面及房屋建筑遭受地震破坏的程度。在烈度 6 度及 6 度以下地区，地震对建筑物的损坏影响较小。9 度以上的地区，由于地震过于强烈，从经济因素及耗用材料考虑，除特殊情况外，一般应尽可能避免在这些地区建设。房屋抗震设防的重点，是对 7、8、9 度地震烈度的地区。

图 13-3　建筑常用家具基本尺寸示例

(a) 办公室；(b) 厨房；(c) 宿舍

图 13-4  常用家具基本尺寸

图 13-5  我国部分城市的风向频率玫瑰图

（3）水文条件。

水文条件是指地下水位的高低及地下水的性质，直接影响到建筑物的基础及地下室。一般应根据地下水位的高低及地下水性质，确定是否在该地区建造房屋或采取相应的防水和防腐蚀措施。

3. 地震区的房屋设计

（1）选择对抗震有利的场地和地基，例如应选择地势平坦、较为开阔的场地，避免在陡坡、深沟、峡谷地带，以及处于断层上下的地段建造房屋。

（2）房屋设计的体型应尽可能规整、简洁，避免在建筑平面及体型上的凹凸。例如住宅设计中，地震区应避免采用凸出的楼梯间和凹阳台等。

（3）采取必要的加强房屋整体性的构造措施，不做或少做地震时容易倒塌域脱落的建筑附属物，如女儿墙、附加的花饰等。

（4）从材料选用和构造做法上尽可能减轻建筑物的自重，特别需要减轻屋顶和围护墙的重量。

4. 技术要求

设计标准化是实现建筑工业化的前提。因为只有设计标准化，做到构件定型化，使构（配）件规格、类型少，才有利于大规模采用工厂生产及施工的机械化，从而提高建筑工业化的水平。为此，建筑设计应依据《建筑模数协调统一标准》。

除此之外，建筑设计应遵照国家制定的标准、规范以及各地或国家各部、委颁发的标准执行。如，建筑防火规范、采光设计标准、住宅设计规范等。

# 本 章 小 结

1. 广义的建筑设计是指设计一个建筑物或建筑群所做的全部工作，包括建筑设计、结构设计、设备设计。以上几方面的工作是一个整体，彼此分工而又密切配合，通常建筑工种是先行，常常处于主导地位。

2. 为使建筑设计顺利进行，少走弯路，少出差错，取得良好的成果，设计工作必须按照一定的程序进行。为此，设计工作的全过程包括收集资料、初步方案、初步设计、技术设计、施工图设计等几个阶段，其划分视工程的难易而定。

3. 两阶段设计是指初步设计（或扩大初步设计）和施工图设计、技术设计和施工图设计。

4. 建筑设计是一项综合性工作，是建筑功能、工程技术和建筑艺术相结合的产物，因此，从实际出发、有科学的依据是做好建筑设计的关键，这些依据通常包括：人体尺度和人体活动所需的空间尺度；家具、设备的尺寸和使用它们的必要空间；气象条件、地形、地质、地震烈度及水文；建筑模数协调统一标准及国家制定的其他规范及标准等。

## 思 考 题

1. 建筑工程设计包括哪几个方面的设计内容？
2. 建筑设计的程序如何？
3. 两阶段设计和三阶段设计的含义及适用范围是什么？
4. 建筑施工图包括哪些内容？
5. 建筑设计的要求有哪些？
6. 建筑设计的主要依据是什么？

# 第十四章  民用建筑设计原理

---

**学习目标**

通过学习民用建筑设计原理的基本知识，掌握建筑的平面设计、剖面设计、立面设计。了解建筑技术经济指标。

**提示**

本章节内容介绍建筑设计原理知识，是从事一般中小型建筑设计或建筑施工等工作所必备的基本知识，同时也是训练绘制施工图的重要过程。

---

## 第一节  建筑平面设计

一幢建筑物的平、立、剖面图，是这幢建筑物在不同方向的外形及剖切面的正投影，这几个面之间是有机联系的。建筑设计中将二维的平、立、剖面综合在一起，用来表达建筑物三维空间的相互关系及整体效果。其中，建筑平面图即表达建筑物在水平方向各部分之间的组合关系，又反映各建筑空间与围合它们的垂直构件之间的相互关系。平面设计是整个建筑设计中的一个重要组成部分。一般来说，它对建筑方案的确定起着决定性的作用，是建筑设计的基础。因为平面设计不仅决定了建筑各部分的平面布局、面积、形状，而且还影响到建筑空间的组合，结构方案的选择，技术设备的布置，建筑造型的处理和室内设计等许多方面因素，所以在进行建筑平面设计时，需要反复推敲，综合考虑剖面、立面、技术、经济等方面因素，使平间设计尽善尽美。

从建筑平面组成各部分空间的使用性质来分析，主要可归纳为使用和交通联系两部分。

使用部分是指主要使用活动和辅助使用活动的面积，即各类建筑中的使用房间和辅助房间。

使用房间：例如住宅中的起居室、卧室；学校中的教室、实验室；商店中的营业厅；剧院中的观众厅等。

辅助房间：例如住宅中的厨房、浴室、厕所，一些建筑中的贮藏室、厕所以及各种电气、水暖等设备用房。

交通联系部分是建筑中各个房间之间、楼层之间和房间内外之间联系通行的面积，即各类建筑物中的走廊、门厅、过厅、楼梯、坡道，以及电梯和自动楼梯等所占的面积。

建筑物的平面面积，除了以上两部分外，还有房屋构件所占的面积，即构成房屋承重系统、分隔平面各组成部分的墙、柱以及隔断等构件所占的面积。

图 14-1 是某市财政学校教学楼底层平面图，其平面布置灵活，流线清晰，功能分区明确，教室平面呈矩形，南北两部分教室间采用两边单外廊局部连接，普通教室、阶梯教室、语音教室和微机室显然是使用房间，而配电间、卫生间等则是辅助房间；门厅、楼梯间、走道则起着联系各房间的作用。

图 14-1　某市财政学校教学楼底层平面图

1—普通教室；2—阶梯教室；3—教师办公或休息室；4—管理室；
5—配电室；6—卫生间；7—盥洗室；8—门厅；9—放映间

**一、使用部分的平面设计**

建筑平面中各个使用房间和辅助房间，是建筑平面组合的基本单元。本节先简要叙述使用房间的分类和设计要求，然后着重从房间本身的使用要求出发，分析房间面积大小、形状尺寸、门窗在房间平面的位置等，考虑单个房间布置的几种可能性，是进行建筑平面和空间组合的基本依据之一。

1. 使用房间的分类和设计要求

（1）从使用房间功能要求分类，主要有：

1）生活用房间：住宅的起居室、卧室、宿舍和招待所的卧室等。

2）工作、学习用的房间：各类建筑中的办公室、值班室，学校中的教室、实验室等。

3）公共活动房间：商场的营业厅，剧院、电影院的观众厅、休息厅等。

一般来说，生活、工作和学习用的房间要求安静，少干扰，由于人们在其中停留的时间相对地较长，因此希望能有较好的朝向；公共活动房间的主要特点是人流比较集中，通常进出频繁，因此室内人们活动和通行面积的组织比较重要，特别是人流的疏散问题较为突出。使用房间的分类，有助于平面组合中对不同房间进行分组和功能分区。

（2）对使用房间平面设计的要求，主要有：

1）房间的面积、形状和尺寸要满足室内使用活动和家具、设备合理布置的要求。

2）门窗的大小和位置，应考虑房间的出入方便，疏散安全，采光通风良好。

3）房间的构成应使结构构造布置合理，施工方便，也要有利于房间之间的组合，所用材料要符合相应的建筑标准。

4）室内空间，以及顶棚、地面、各个墙面和构件细部，要考虑人们的使用和审美要求。

2. 使用房间的面积、形状和尺寸

(1) 房间的面积

房间的面积取决于功能。不同使用特点的房间面积差异很大。房间面积的确定一般采取下列三种方式。

1) 根据使用特点、人数和家具设备的布置确定房间面积。图 14-2 (a)、(b) 分别为住宅的卧室和教室室内使用面积分析示意。室内使用面积和室内交通面积也可能有重合或互换，但是这并不影响对使用房间面积的基本确定。

| (1) | 家具面积 |
| (2) | 使用活动面积 |
| (3) | 交通面积 |

图 14-2　房间使用面积分析图

(a) 卧室面积分析；(b) 教室面积分析

2) 根据国家颁发的面积定额指标确定房间面积。

在实际设计工作中，国家或所在地区设计主管部门，对住宅、学校、商店、医院、剧院等各种类型的建筑物，通过大量调查研究和设计资料的积累，结合我国经济条件和各地具体情况，编制出一系列面积定额指标，用以控制各类建筑中使用面积的限额，并作为确定房间使用面积的依据。表 14-1 是部分民用建筑房间面积定额参考指标。在专项设计规范中，房间面积也有控制性指标，如《住宅设计规范》（GB 50096—2011）规定，双人卧室不小于 10m²，兼起居室的卧室不小于 12m²；在《办公建筑设计规范》（JGJ 67—2006）中规定，单人办公室不小于 10m²。

部分民用建筑房间面积定额参考指标　　　　　　　　　　表 14-1

| 项目<br>建筑类型 | 房间名称 | 面积定额（m²/人） | 备注 |
|---|---|---|---|
| 中小学 | 普通教室 | 1～1.2 | 小学取下限 |
| 办公楼 | 一般办公室 | 3.5 | 不包括走道 |
| | 会议室 | 0.5 | 无会议桌 |
| | | 2.3 | 有会议桌 |
| 铁路旅客站 | 普通候车室 | 1.1～1.3 | |
| 图书馆 | 普通阅览室 | 1.8～2.5 | 4～6 座双面阅览桌 |

3) 当房间的人数不确定，又无明确的面积定额指标可供选择时，如展厅、营业厅等，则需要根据委托设计任务书的要求，并通过对建筑标准和规模大体相同的同类建筑进行调

查，然后进行技术经济分析比较，最后再予确定。

（2）房间平面形状。

初步确定了使用房间面积的大小以后，可选择的平面形状很多。如矩形、方形、多边形、三角形、圆形等。而最终需要综合考虑房间的使用要求、结构与构造的形式、艺术效果等因素再确定。

1）使用性质对房间平面形状的影响。一般生活、工作、学习用的房间常采用矩形平面。这种平面简单，墙身平直，便于家具设备布置，使用上能充分利用面积并有较大的灵活性；同时，结构简单，施工方便，房间的开间或进深易于调整统一，有利于平面组合，只要长宽比例处理得当，也能达到美观大方的效果，如图 14-3（a）所示。

(a)                                    (b)

图 14-3　教室的平面形状

(a) 矩形教室；(b) 六角形教室

当然，矩形平面也不是唯一的形式。就中学教室而言，在满足视听及其他要求的情况下，也可以采用方形及六角形，如图 14-3（b）所示。对于一些单层大空间如观众厅、杂技场、体育馆等房间，它的形状则首先应满足这类建筑的特殊功能及视听要求。如杂技场常采用圆形平面以满足演马戏时动物跑弧线的需要。观众厅要满足良好的视听条件，既要看得清也要听得好。在平面形状的选择上特别注意良好的音质要求，做到音色不失真，声音丰满，没有回声、轰鸣、干涩等不良现象，使声场分布均匀，也要避免有害反射声造成的回声及聚焦现象。观众厅的平面形状一般有矩形、钟形、扇形、六角形、圆形（图 14-4）。

矩形　　　　钟形　　　　扇形　　　　六角形　　　　圆形

图 14-4　观众厅的几种平面形状

2）日照和基地条件对平面形状的影响。

为了使使用空间获得良好的日照条件，朝向至关重要。我国处于北半球，房间的采光面以朝南或偏南为宜。但是，在建筑平面空间组合时受诸多因素的制约而很难避免朝东、西的房间。为了减少东、西晒，除了采取遮阳措施外，也可以改变房间的平面形状。基地条件，包括大小、宽窄、起伏、形状等，对房间平面也有一定制约性。

3）结构选型对平面形状的影响。

新材料、新技术、新结构对创造丰富的空间形态提供了物质保证。例如采用钢筋混凝土框架、折板、壁板等结构体系，作为室内空间界面的墙体不一定要承重，内部空间划分可以自由灵活，房间平面形状可以多种多样。

房间形状的确定，不仅仅取决于功能、结构和施工条件，也要考虑房间的空间艺术效果，使其形状有一定的变化，具有独特的风格，在空间组合中，还往往将圆形、多边形及不规则形状的房间与矩形房间组合在一起，形成强烈的对比，丰富建筑造型。图 14-5 为某学校平面图，为了使学生能生活在严肃又活泼的环境里，教室、音乐教室、阅览室等采用六角形平面，使整个建筑显得生动活泼，富有朝气，以利于学生的健康成长。

图 14-5　某学校教学楼平面图

（3）房间平面尺寸。

确定房间尺寸是使房间设计的内容进一步量化，房间平面尺寸，主要是由室内使用活动的特点，家具布置方式，以及采光、通风、视听等要求所决定的。在满足使用要求的同时，构成房间的技术经济条件，以及人们对室内空间的观感，也是确定房间平面尺寸的重要因素。

对于民用建筑中常用的矩形平面来说，房间的平面尺寸是指房间的开间和进深。开间亦称面宽或面阔，是指房间建筑外立面上所占宽度。进深是指垂直于开间的房间深度尺寸。开间和进深是房间两个方向的轴线间的距离。

确定房间的平面尺寸，主要应考虑以下几个方面的要求：

1）结构类型与平面尺寸。结构类型对平面尺寸有很大的制约性。采用砖混结构时，房间平面尺寸由开间和进深两个向度构成。如选用单一开间、横墙承重方案，房间开间尺寸不宜大于 4.2m。当使用上空间面积较大时，可选用多开间形式。此时需要设楼面梁，梁的跨度一般小于 9m。砖混结构由于墙体要承重，内部空间划分灵活性较小。当采用框架结构时，建筑平面形成整齐的柱网，平面尺寸由柱距跨度两个向度构成，柱网尺寸一般等于 6m 或大于 6m。由于墙不承重，房间的划分有很大的灵活性。当使用空间具有较大的跨度时，屋顶结构的造型变得很突出，常采用的结构形式有桁架、网架、悬索、刚架、折板、薄壳等。

2）家具布置与平面尺寸。平面尺寸与家具设备的尺寸相配合，便于家具设备的布置，并保证使用活动所需尺寸。

例如,主要卧室要求床能两个方向布置,因此开间尺寸常取 3.6m,深度方向常取 3.90~4.50m。小卧室开间尺寸常取 2.70~3.00m。医院病房主要是满足病床的布置及医护活动的要求,3~4 人的病房开间尺寸常取 3.30~3.60m,6~8 人的病房开间尺寸常取 5.70~6.00m。图 14-6、图 14-7 分别为卧室和病房的开间和进深尺寸。

图 14-6 卧室开间和进深尺寸

图 14-7 病房开间和进深尺寸

3)采光、通风与平面尺寸。一般房间多采用单侧或双侧采光,因此,房间的深度常受到采光的限制。一般单侧采光时进深不大于窗上口至地面距离的 2 倍,双侧采光时进深可较单侧采光时增大一倍,图 14-8 为采光方式与进深的关系。

4)房间的比例与平面尺寸。房间的尺寸还应注意视觉方面的因素,因为人对建筑空间的认识,除通过在使用过程中接触之外,在很大程度上是由于人的视觉连续性所形成的综合印象,所以人的视觉规律同样是确定房间尺寸的因素。各种形状的比例关系不同,矩形平面的房间的长宽比一般为 (1:1) ~ (1:2),以 (1:1) ~ (1:1.5) 为宜。一般不应大于 2。过大则显得狭长,也会带来使用上的很多缺憾。

图 14-8 采光方式与进深的关系
(a) 单侧采光；(b) 双侧采光

### 3. 使用房间的门窗设置

门的功能是解决室内外交通联系，有时也兼作采光和通风。窗的主要功能是采光、通风。房间平面设计中，门窗的大小和数量是否恰当，它们的位置和开启方式是否合适，对房间的平面使用效果也有很大影响。同时，门窗的形式和组合方式又和建筑立面设计的关系极为密切，门窗的宽度在平面中表示，它们的高度在剖面中确定。而窗和外门的组合形式又只能在立面中看到全貌。因此在平、立、剖的设计过程中，门窗的布置须要多方面综合考虑，反复推敲。下面先从门窗的布置和单个房间平面设计的关系进行分析。

(1) 门的宽度、数量和开启方式。

1) 宽度：门的最小宽度，是由通过人流多少和搬进房间家具、设备的大小决定的。一般单股人流通行的最小宽度为 0.55m。加上人行走时身体的摆幅 0～0.15m，以及携带物品等因素，因此门的最小宽度为 0.7m。例如，住宅中卧室、起居室等生活用房间，门的宽度常用 900mm 左右，这样的宽度可使一个携带东西的人，方便地通过，也能搬进床、柜等尺寸较大的家具（图 14-9）。住宅中厕所、浴室的门，宽度只需 650～800mm，阳台的门 800mm 即可。这些较小的门扇，开启时可以少占室内的使用面积，这对平面紧凑的住宅建筑，显得很重要。一些人流大量集中的公共活动房间，如会场、观众厅等，考虑疏散要求，门的总宽度按每 100 人 600mm 宽计算，并应设置双扇的外开门。

图 14-9 卧室门的宽度

2) 数量：门的数量根据房间人数的多少、面积的大小以及疏散方便程度等因素决定，防火规范中规定，单层公共建筑（托儿所、幼儿园除外），如果面积不超过 200m² 、使用人数不超过 50 人时，可设一个直接通室外的安全出口。当一个房间面积不超过 60m²，且人数不超过 50 人时，可设一扇门。位于走道尽端的房间（托儿所、幼儿园除外）由最远一点到房间门口的直线距离不超过 14m。且人数不超过 80 人时，可设一个向外开启的门，但门的净宽不应小于 1.4m。短时间有大量人流集散的房间，如剧院、电影院、礼堂的观众厅安全出口的数目不应少于 2 个，且每个安全出口平均疏散人数不应超过 25 人，即 1000 人的大厅安全出口的数目不应小于 4 个。

3) 门的位置：房间平面中门的位置应考虑室内交通路线简捷和安全疏散的要求，门的位置还对室内使用面积能否充分利用、家具布置是否方便，以及组织室内穿堂风等关系很大。

对于面积大、人流量大的房间，门应均匀布置，满足安全疏散要求。对于面积小、人流量小的房间，应使门的布置有利于家具的布局和提高房间面积利用率。图 14-10 为同一面积情况下由于房间门的位置不同，出现了不同的使用效果。图 14-10（a）表示住宅卧室的门布置在房间一角，使房间有比较完整使用空间和墙面，有利于家具的布置，房间利用率高；图 14-10（b）门布置在房间墙中间，使家居布置受到了限制；图 14-10（c）是集体宿舍，将门布置在墙的中间，有利于床位的摆设，且活动方便，互不干扰；图 14-10（d）布置干扰大，使用不便。

图 14-10　卧室、集体宿舍门位置的比较

（a）合理；（b）不合理；（c）合理；（d）不合理

4）门的开启方向与方式：当相邻墙面有门时，几个门的位置比较集中，并且经常需要同时开启，这时要注意协调几个门的开启方向，防止门扇相互碰撞和妨碍人们通行（图14-11）。房间门一般内开，以免妨碍走道交通；但人流量大，疏散安全要求高的房间应向外开启。采用推拉门的，推拉时应不影响其他物品设置。采用双向弹簧门的，应在视线高度范围内的门扇上装玻璃。

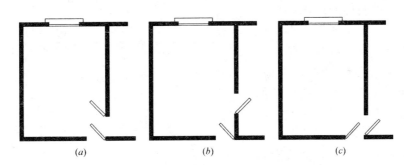

图 14-11　房间中两个门靠近时的开启方式

（a）不好；（b）好；（c）较好

房间平面中门的位置，在平面组合时，从整幢房屋的使用要求考虑也可能需要改变。例如有的房间需要尽可能缩短通往房间出入口或楼梯口的距离，有些房间之间联系或分隔的要求比较严密，都可能重新调整房间门的位置。

（2）窗的面积

房间窗的面积，主要根据室内采光、通风要求来考虑，尤以采光更突出。采光方面，窗的大小直接影响到室内照度是否足够。各类房间照度要求，是由室内使用上精确细密的程度来确定的。由于影响室内照度强弱的因素，主要是窗户面积的大小，因此，通常以窗口透光部分的面积和房间地面面积的比（即采光面积比）又叫做窗地面积比，来初步确定或校验窗面积的大小，然后再结合美观、模数等要求加以调整。表 14-2 是民用建筑中根据房间使用性质确定的采光分级和面积比。

民用建筑中房间使用性质的采光分级和采光面积比　　　　　　　　　表 14-2

| 采光等级 | 视觉工作特征 | | 房间名称 | 照度系数 | 采光面积比 |
| --- | --- | --- | --- | --- | --- |
| | 工作或活动要求精确程度 | 要求识别的最小尺寸(mm) | | | |
| Ⅰ | 极精密 | <0.2 | 绘画室、制图室、画廊、手术室、阅览室 | 5～7 | 1/3～1/5 |
| Ⅱ | 精密 | 0.2～1 | 医务室、健身房、专业实验室 | 3～5 | 1/4～1/6 |
| Ⅲ | 中精密 | 1～10> | 办公室、会议室、营业厅 | 2～3 | 1/6～1/8 |
| Ⅳ | 粗糙 | 10 | 观众厅、休息厅、盥洗室、厕所 | 1～2 | 1/81/10 |
| Ⅴ | 极粗糙 | 不作规定 | 贮藏室、门厅、走廊、楼梯间 | 0.25 | 1/10 以下 |

当然，采光要求也不是确定窗口面积的唯一因素，还应结合通风要求、朝向、建筑节能、立面设计、建筑经济等因素综合考虑。在南方炎热地区，有时为了取得良好的通风效果，往往加大开窗面积。寒冷地区为了防止热量从窗口过多散失，可以适当减少窗口面积。

（3）窗的位置。

窗的平面位置，主要影响到房间沿外墙（开间）方向来的照度是否均匀、有无暗角和眩光。如果房间的进深较大，同样面积的矩形窗户竖向设置，可使房间进深方向的照度比较均匀。中小学教室在一侧采光的条件下，窗户应位于学生左侧；窗间墙的宽度从照度均匀考虑，一般不宜过大（具体窗间墙尺寸的确定需要综合考虑房屋结构或抗震要求等因素）。同时，窗户和挂黑板墙面之间的距离要适当，这段距离太小会使黑板上产生眩光，距离太大又会形成暗角（图 14-12）。

图 14-12　教室侧窗的布置
(*a*) 对采光有利；(*b*) 对采光比较有利；(*c*) 对采光有一定影响

建筑物室内的自然通风，除了和建筑朝向、间距、平面布局等因素有关外，房间中窗的位置对室内通风效果的影响也很关键，通常利用房间两侧相对应的窗户或门窗之间组织穿堂风通过室内使用活动部分的空间。教室平面中，常在靠走廊一侧开设高窗，以改善教室内通风条件。图 14-13 为一有天井的住宅卧室，夏季利用贮藏室的门，调节出风通路，改善通风。

**二、辅助房间的平面设计**

各类民用建筑中辅助房间的平面设计，和上述使用房间的设计原理及分析方法基本相同。民用建筑中的辅助房间是指厕所、盥洗室、浴室、通风机房、水泵房、配电间、储藏间等，其中，厕所、盥洗室、浴室更为多见。下面重点介绍这几种房间的设计。

1. 设计的一般规定

图 14-13 门窗平面位置对气流组织的影响
(a) 一般房间门窗相对位置; (b) 教室门窗相对位置; (c) 内廊式房间门窗相对位置

(1) 用房不宜布置在餐厅、食品加工、食品储存、配电及变电等有严格卫生要求或防潮要求用房的直接上层。

(2) 各类建筑卫生设备的数量应符合单项建筑设计规范的规定, 见表 14-3。

(3) 厕所、盥洗室、浴室用房宜有天然采光和不向邻室对流的直接自然通风, 严寒及寒冷地区宜设自然通风道; 当自然通风不能满足通风、换气要求时, 应采用机械通风。

(4) 楼地面和墙面应严密防水、防渗漏。小便槽表面应采用不吸水、不吸污、耐腐蚀、易清洗的材料。

(5) 厕所应设洗手盆, 并应设前室或有遮挡措施。盥洗室宜设搁板、镜子、衣钩等设施。浴室应设置洗脸盆与衣钩。浴室不与厕所比邻时, 应设便器。浴位较多时, 应设集中更衣室及存衣柜。

部分民用建筑厕所设备各参考指标　　　　　表 14-3

| 建筑类型 | 男小便器（人/个） | 男大便器（人/个） | 女大便器（人/个） | 洗手盆或龙头（人/个） | 男女比例 |
|---|---|---|---|---|---|
| 中、小学 | 50 | 50 | 20～25 | 90 | 1:1 |
| 宿舍 | 20 | 20 | 15 | 12 | 按实际使用情况 |
| 办公楼 | 50 | 50 | 30 | 50～80 | 3:1 |
| 门诊部 | 50 | 100 | 50 | 150 | 1:1 |
| 幼托 | | 5～10 | 5～10 | 2～5 | 1:1 |
| 影剧院 | 50 | 150 | 50 | 200 | 1:1 |
| 体育馆 | 80 | 250 | 100 | 150 | 2:1 |
| 火车站 | 80 | 80 | 40 | 150 | 7:3 |

注: 一个小便器折合 0.6m 长小便槽。一个洗手盆折合 0.7m 长盥洗槽。

2. 厕所

厕所、浴室、盥洗室中, 考虑设备大小和人体使用所需要尺度的几种基本布置方式和所需尺寸。

(1) 厕所设备：大便器、小便器、洗手盆或污水池等。

大便器有蹲式和坐式两种。可根据建筑标准及使用习惯分别选用。一般多采用蹲式，这是因为蹲式大便器使用卫生，便于清洁，对于使用频繁的公共建筑如学校、医院、办公楼、车站等尤其适用；而标准较高、使用人数少或老年人使用的厕所，如宾馆、敬老院等，则宜采用坐式大便器。

小便器有小便斗和小便槽两种。较高标准及使用人数少的可采用小便斗．一般厕所常用小便槽。图 14-14 为厕所设备及组合所需的尺寸。

图 14-14　厕所设备及组合所需的尺寸

(2) 厕所设备的数量。

卫生设备的数量及小便槽的长度主要取决于使用人数、使用对象、使用特点。如中、小学一般是下课后集中使用，因此卫生设备数量应适当多一些．以免造成拥挤。一般民用建筑每一个卫生器具可供使用的人数参考表 14-3 所列。具体设计中可按此表并结合调查研究最后确定其数量。

(3) 厕所布置。

厕所的平面形式可分为两种：一种是无前室的，另一种是有前室的（图 14-15）。带前室的 厕所有利于隐蔽，可以改善通往厕所的走道和过厅的卫生条件。前室设双重门，通往厕所的门可设弹簧门，便于随时关闭。前室内一般设有洗手盆及污水池。为保证必要的使用空间，前室的深度应不小于 1.5～3.0m。当厕所面积小，不可能布置前室时，应注意门的开启方向，务必使厕所蹲位及小便器处于隐蔽位置。

3. 浴室、盥洗间

浴室和盥洗室的主要设备有洗脸盆（或洗脸槽）、污水池、淋浴器，有的设置浴盆等。除此以外，公共浴室还有更衣室，其中主要设备有挂衣钩、衣柜、更衣凳等。设计时可根据使用人数确定卫生器具的数量，同时结合设备尺寸及人体活动所需的空间尺寸进行房间布置。图 14-16、图 14-17 分别表示浴室、盥洗室卫生设备及其组合尺寸。

4. 卫生间

浴室、盥洗室常与厕所布置在一起，称为卫生间。按使用对象不同，卫生间又可分为专用卫生间及公共卫生间。图 14-18 为专用卫生间的几种平面布置。

图 14-15 厕所布置形式

(a)、(b)、(c) 有前室；(d)、(e) 无前室

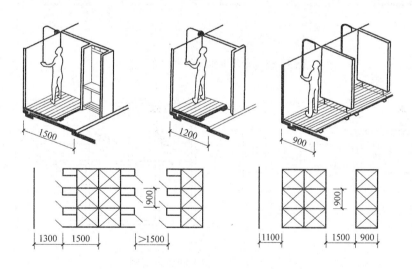

图 14-16 浴室设备及其组合尺寸

专用卫生间使用人数少，常用于住宅、标准较高的旅馆、医院等。这类房间面积小，一般均附设在房间周围。为保证主要使用房间靠近外墙，常将卫生间沿内墙布置，采用人工照明及抽风井或气窗通风。

公共卫生间常设前室，通过前室进入厕所和浴室，前室中布置盥洗设备，这样既便于隔绝污水臭气，避免过道太湿，又可遮挡视线。图 14-19 为公共卫生间布置实例。

5. 厨房

这里主要讲住宅、公寓内每户使用的专用厨房。它是家务劳动的中心，主要供烹饪、

图 14-17    盥洗室设备及其组合尺寸

图 14-18    专用卫生间的平面布置方式

图 14-19    公共卫生间布置实例

洗刷、清洁之用，面积较大的厨房还兼作就餐用。厨房设备有灶台、案台、水池、贮藏设施及排烟装置等。

（1）厨房设计要求：

1）厨房应有良好的采光和通风条件，为此，在平面组合中应将厨房紧靠外墙布置。为防止油烟、废气、灰尘进入卧室、起居室，厨房布置应尽可能避免通过卧室、起居室来组织自然通风、厨房灶台上方可设置专门的排油烟罩。

2）尽量利用厨房的有效空间布置足够的贮藏设施，如壁龛、吊柜等。为方便存取，吊柜底距地高度不应超过 1.7m。除此以外，还可充分利用案台、灶台下部的空间贮藏物品。

3）厨房的墙面、地面应考虑防水，便于清洁。地面应比一般房间地面低 20～30mm。

4）厨房室内布置应符合操作流程（图 14-20）并保证必要的操作空间，为使用方便，提高效率，节约时间创造条件。

图 14-20　厨房作业基本流程

（2）厨房的布置形式。

厨房的布置形式有单排、双排、L 形、U 形、半岛形、岛形几种（图 14-21）。从厨房作业基本流程看，L 形与 U 形 ［图 14-21（c）、（d）］ 较为理想，提供了连续案台空间，与双排布设相比，避免了操作过程中频繁转身的缺点。

图 14-21　厨房布置形式

（a）单排布置；（b）双排布置；（c）L 形布置；（d）U 形布置；（e）半岛形布置；（f）岛形布置；（g）室内透视

### 三、交通联系部分的平面设计

一幢建筑物除了有满足使用要求的各种房间外，还需要有交通联系部分把各个房间之间以及室内外之间联系起来，建筑物内部的交通联系部分可以分为：水平交通联系的走廊、过道等；垂直交通联系的楼梯、坡道、电梯、自动梯等；交通联系枢纽的门厅、过厅等。

交通联系部分的面积，在一些常见的建筑类型（如宿舍、教学楼、医院或办公楼）中，约占建筑面积的 1/4 左右。这部分面积设计得是否合理，除了直接关系到建筑中各部分的联系通行是否方便外，它也对房屋造价、建筑用地、平面组合方式等许多方面有很大影响。

1. 交通联系设计应遵守的原则

（1）交通流线组织符合建筑功能特点，有利于形成良好的空间组合形式。

（2）交通路线简捷明确，具有导向性。

（3）满足一定的采光通风及照明要求。

（4）适当的空间尺度，完美的空间形象。

（5）节约交通面积，提高面积利用率。

（6）严格遵守防火规范的要求，能保证紧急疏散时的安全。

2. 水平交通部分

水平交通空间指走道（走廊）、连廊等。过道（走廊）是连接各个房间、楼梯和门厅等各部分，以解决房屋中水平联系和疏散问题。

根据不同建筑类型的使用特点，可以分为：

（1）完全交通需要，如办公楼、旅馆、电影院、体育馆的安全走道等都是供人流集散用的，这类走道一般不允许安排作其他功能的用途。

（2）主要作为交通联系同时也兼有其他的使用功能，例如学校教学楼中的过道，兼有学生课间休息活动的功能，医院门诊部分的过道，兼有病人候诊的功能等，这时过道的宽度和面积相应增加。可以在过道边上的墙上开设高窗或设置玻璃隔断，以改善过道的采光通风条件。为了遮挡视线，隔断可用磨砂玻璃。

（3）多种功能综合使用，如展览馆、画廊、浴室等，由于房屋中人流活动和使用的特点，也可以把过道等水平交通联系面积和房间的使用面积完全结合起来，组成套间式的平面布置。

1）过道的宽度。走道的宽度应符合人流通畅和建筑防火要求，通常单股人流的通行宽度约 550~600mm。在通行人数少的住宅过道中，考虑到两人相对通过和搬运家具的需要，过道的最小宽度也不宜小于 1100~1200mm。在通行人数较多的公共建筑中，按各类建筑的使用特点、建筑平面组合要求、通过人流的多少及根据调查分析或参考设计资料确定过道宽度。公共建筑门扇开向过道时，过道宽度通常不小于 1500mm。例如，中小学教学楼中过道宽度，根据过道连接教室的多少，常采用 1800mm（过道一侧设教室）或 2400mm 左右（过道两侧设教室）（图 14-22）。

为了满足人的行走和紧急情况下的疏散要求，我国《建筑设计防火规范》（GB 50016—2006）规定，学校、商店、办公楼、候车（船）室、民航候机厅、展览厅等民用建筑中的疏散走道、安全出口、疏散楼梯以及房间疏散门的各自总宽度，应按有关规定计

图 14-22  走道的宽度的确定

算确定并不应低于 14-4 表所示指标。

疏散走道、安全出口、疏散楼梯和房间疏散门每 100 人的净宽度（m）  表 14-4

| 宽度指标(m/100 人)／耐火等级／楼层 | 一、二级 | 三级 | 四级 |
|---|---|---|---|
| 地上一、二层 | 0.65 | 0.75 | 1.00 |
| 地上三层 | 0.75 | 1.00 | — |
| 地上四层及四层以上各层 | 1.00 | 1.25 | — |
| 与地面出入口地面的高差≤10m 地下建筑 | 0.75 | — | — |
| 与地面出入口地面的高差>10m 地下建筑 | 1.00 | — | — |

2）过道的长度。走道的在满足使用要求的前提下，还应尽可能缩短，以减少交通面积。走道的长度除满足使用要求外，还必须遵守建筑设计防火规范的有关规定。《建筑设计防火规范》（GB 50016—2006）要求，过道从房间门到楼梯间或外门的最大距离，以及袋形过道的长度，从安全疏散考虑也有一定的限制，见表 14-5 和图 14-23。

房间到外部出口或楼梯间的最大距离（m）  表 14-5

| 建筑类型 | 位于两个外部出口或楼梯间之间的房间 | | | 位于袋形过道两侧或尽端的房间 | | |
|---|---|---|---|---|---|---|
| | 耐火等级 | | | 耐火等级 | | |
| | 一、二级 | 三级 | 四级 | 一、二级 | 三级 | 四级 |
| 托儿所、幼儿园 | 25.0 | 20.0 | — | 20.0 | 15.0 | — |
| 医院、疗养院 | 35.0 | 30.0 | — | 20.0 | 15.0 | — |
| 学校 | 35.0 | 30.0 | — | 22.0 | 20.0 | — |
| 其他民用建筑 | 40.0 | 35.0 | 25.0 | 22.0 | 20.0 | 15.0 |

3）过道的天然采光与通风。走道应以天然采光和自然通风为主。采用单面走道，采光和通风都易解决。走道双面都布置房间时，如内走道长度不超过 20m，至少一端应设采光口；超过 20m，应两端应设采光口；超过 40m，中间应还增加采光口，否则就采用人工照明。走道中间的采光口与开敞式或用玻璃隔断分割的辅助使用空间、交通联系空间结合起来。此外，还可以将内、外走到结合，穿插处理，也可以获得良好的采光通风效果。

图 14-23　走道的长度

4）连廊。将在空间上有一定距离且相互独立的两个或多个使用空间，用一条狭长的空间联系起来，组成建筑的总体空间，这个狭长的空间就是连廊。连廊可以是开敞的，也可以是封闭的（如暖廊）。当连廊结合地形起伏设置时，连廊内还可以设置台阶。

3. 垂直交通部分

（1）楼梯

楼梯是房屋各层间的垂直交通联系部分，是楼层人流疏散必经的通路。楼梯设计主要根据使用要求和人流通行情况确定梯段和休息平台的宽度，选择适当的楼梯形式，考虑整幢建筑的楼梯数量，以及楼梯间的平面位置和空间组合。有关楼梯的各个组成部分和构造要求，在本书民用建筑构造中叙述。

1）楼梯的形式与位置。

楼梯形式的选择，主要以房屋的使用要求为依据。两跑楼梯由于面积紧凑，使用方便，是一般民用建筑中最常采用的形式。当建筑物的层高较高，或利用楼梯间顶部天窗采光时，常采用三跑楼梯，一些旅馆、会场、剧院等公共建筑，经常把楼梯的设置和门厅、休息厅等结合起来。这时，楼梯可以根据室内空间组合的要求，采用比较多样的形式，如会场门厅中显得庄重的直跑大平台楼梯，剧院门厅中开敞的不对称楼梯，以及旅馆门厅中比较轻快的圆弧形楼梯等。

楼梯在建筑平面中的数量和位置，是交通联系部分的设计和建筑平面组合中比较关键的问题，它关系到建筑物中人流交通的组织是否通畅安全，建筑面积的利用是否经济合理。

一些公共建筑物，通常在主要出入口处，相应地设置一个位置明显的主要楼梯；在次要出入口处，或者房屋的转折和交接处设置次要楼梯供疏散及服务用。这些楼梯的宽度和形式，根据所在平面位置，使用人数多少和空间处理的要求，也应有所区别。位于走廊中部不封闭的楼梯，为了减少走廊中人流和上下楼梯人流的相互干扰，这些楼梯的楼段应适当从走廊墙面后退。由于人们只是短暂地经过楼梯，因此楼梯间可以布置在房屋朝向较差的一面，但应有自然采光（图 14-24）。

2）楼梯的宽度和数量。

楼梯的宽度和数量是根据使用性质、通行人数的多少和建筑防火要求决定的。梯段的宽度和过道一样，考虑双人通行，通常不小于 1100～1200mm。单人通行的楼梯段宽度应不小于 850mm，但住宅内部楼梯梯段的宽度可以减少到 850～900mm（图 14-25）。

所有楼梯段宽度的总和应按照《建筑设计防火规范》（GB 50016—2006）和《高层民用建筑设计防火规范》（GB 50045—95，2005 版）的最小宽度进行校核，见表 14-6、表 14-7。

图 14-24 某医院平面图中楼梯的位置

图 14-25 楼梯梯段及平台的宽度

**疏散楼梯的最小净宽**                                    表 14-6

| 高层建筑 | 疏散楼梯的最小净宽度（m） | 高层建筑 | 疏散楼梯的最小净宽度（m） |
|---|---|---|---|
| 医院病房楼 | 1.30 | 其他建筑 | 1.20 |
| 居住建筑 | 1.10 | | |

**公共建筑可设置一个疏散楼梯的条件**                        表 14-7

| 耐火等级 | 最多层数 | 每层最大建筑面积（m²） | 人数 |
|---|---|---|---|
| 一、二级 | 二、三层 | 500 | 第二层和第三层人数之和不超过 100 人 |
| 三级 | 二、三层 | 200 | 第二层和第三层人数之和不超过 50 人 |
| 四级 | 二层 | 200 | 第二层人数不超过 30 人 |

（2）电梯

电梯通常使用在多层或高层建筑中，一些有特殊使用要求的建筑，如大型宾馆、百货公司、医院等常采用。

电梯按其使用性质可分为乘客电梯、载货电梯、消防电梯、客货两用电梯、杂物梯等几类。确定电梯间的位置及布置方式时，应充分考虑以下几点要求：

1）电梯间应布置在人流集中的地方，如门厅、出入口等，位置要明显，电梯前面应有足够的等候面积，以免造成拥挤和堵塞。

2）按防火规范的要求，设计电梯时应配置辅助楼梯，供电梯发生故障时使用。布置时可将两者靠近，以便灵活使用，并有利于安全疏散。

3）电梯井道无天然采光要求，布置较为灵活，通常主要考虑人流交通方便、通畅。电梯等候厅由于人流集中，最好有天然采光及自然通风。具体内容见构造部分。

（3）自动扶梯

自动扶梯适用于具有频繁而连续人流的大型公共建筑中，如百货大楼、展览馆、游乐场、火车站、地铁站、航空港等建筑物中。自动扶梯可供人流随时上、下，省时省力，在发生故障时可按一般楼梯使用。自动扶梯常设在大厅中及相邻位置，既有利于人流集散，又丰富了大厅的空间效果（图14-26）。

自动扶梯不计作安全出口，所以设有自动扶梯的建筑仍应按规定设计疏散楼梯。自动扶梯使上下空间联通，被连通的空间应列为一个防火分区，并符合防火设计规范的要求。如果多层建筑中共享大厅与周围空间设有防火门、窗，并装有水幕，以及封闭屋盖安装有自动排烟设施，共享大厅则为一个独立的防火分区。

图14-26　公共建筑中设置的自动扶梯

（4）坡道

坡道分为室内坡道和室外坡道。室内坡道的特点是上下比较省力（楼梯的坡度在30°～40°左右），室内坡道的坡度通常＜10°，通行人流的能力几乎和平地相当（人群密集时，楼梯由上往下人流通行速度为10m/min，坡道人流通行速度接近于平地，为16m/min），但是坡道的最大缺点是所占面积比楼梯面积大得多，主要用于多层车库；一些医院为了病人上下和手推车通行的方便可采用坡道；为儿童上下的建筑物，也可采用坡道，有些人流大量集中的公共建筑，如大型体育馆的部分疏散通道，也可用坡道来解决垂直交通联系。室外坡道一般设在公共建筑的出入口处，其主要用途是供车辆到达出入口，另外，也可以满足无障碍设计的要求。

4．交通枢纽部分

交通枢纽空间主要指门厅、过厅、中庭、出入口等，是人流集散、方向转换、空间过渡与衔接的场所，因而在建筑空间组合中占有重要的地位。

（1）门厅

门厅是建筑物主要出入口处的内外过渡、人流集散的交通枢纽。在一些公共建筑中，门厅除了交通联系外，还兼有适应建筑类型特点的其他功能要求，例如旅馆门厅中的服务台、问讯处或小卖部（图14-27），医院门诊所门厅中的挂号、取药、收费等部分，有的门厅还兼有展览、陈列等使用要求。

1）布局合理、形式多样。

门厅的布局通常有对称和非对称的两种。对称的门厅有明显的轴线，如起主要交通联

图 14-27 兼有会客、休息功能的旅馆门厅

系作用的过道或主要楼梯沿轴线布置，主导方向较为明确，具有严肃的气氛。非对称的门厅，由于门厅中没有明显的轴线，布置灵活，楼梯可根据人流交通布置在大厅中任意位置，室内空间丰富有变化（图 14-28）。

图 14-28　门厅的布置方式
（a）非对称；（b）对称

2）流线简捷，导向明确。

导向性明确，避免交通路线过多的交叉和干扰，是门厅设计中的重要问题。门厅的导向明确，即要求人们进入门厅后，能够比较容易地找到各过道口和楼梯口，并易于辨别这些过道或楼梯的主次，以及它们通向房屋各部分使用性质上的区别。门厅中还应组织好各个方向的交通路线，尽可能减少来往人流的交叉和干扰。对一些兼有其他使用要求的门厅，更需要分析门厅中人们的活动特点，在各使用部分留有尽量少穿越的必要活动面积。

3）空间完美，环境协调。

不同的门厅有不同的艺术处理要求，或高敞宏伟，或富丽堂皇，或亲切宜人，都应与建筑的功能和建筑的标准相适应。空间氛围的形成，除门厅的尺度与平面形状外，还包括门厅的空间组织与装修做法等。门厅有单层，也有贯穿两层或两层以上的。

4）面积适宜，疏散安全。

门厅的面积大小，主要根据建筑物的使用性质和规模确定，在调查研究、积累设计经验的基础上，根据相应的建筑标准，不同的建筑类型都有一些面积定额可以参考。表14-8为部分民用建筑门厅面积参考指标。

部分民用建筑门厅面积参考指标 表 14-8

| 建筑名称 | 面积定额 | 备注 |
|---|---|---|
| 中、小学校 | $0.06\sim0.08m^2$/每生 | |
| 食堂 | $0.08\sim0.18m^2$/每座 | 包括洗手、小卖 |
| 城市综合医院 | $11m^2$/每日百人次 | 包括询问 |
| 旅馆 | $0.2\sim0.5m^2$/床 | |
| 电影院 | $0.13m^2$/每个观众 | |

（2）过厅

过厅通常设置在过道和过道之间、或过道和楼梯的连接处，它起到交通路线的转折和过渡的作用，有时为了改善过道的采光、通风条件，也可以在过道的中部设置过厅。

（3）中庭

在质量标准高的建筑中，有时也会采用中庭。中庭是供人们休息、观赏、交往的多功能共享大厅。在中庭内或在其附近设楼梯、观赏电梯或自动扶梯时，中庭又具有交通枢纽作用。围绕中庭，往往布置公共活动用房，如餐厅、商店、酒吧、咖啡茶座等。为获得良好的天然采光条件，可在外墙上开窗，或设置采光顶棚。中庭在建筑空间中重点处理，所以应注意提高其艺术品位。

（4）出入口

建筑物的出入口处，为了给人们进出室内外时有一个过渡的地方，通常在出入口前设置雨篷、门廊或门斗等，以防止风雨或寒气的侵袭。雨篷、门廊、门斗的设置，也是凸出建筑物的出入口，进行建筑重点装饰和细部处理的设计内容。在寒冷地区，门廊可改为挡风间或双门道，其深度不小于两个门扇的宽度加上 0.55m，或不小于 2.1m。

**四、建筑平面的组合设计**

建筑平面的组合设计，一方面，是在熟悉平面各组成部分的基础上，进一步从建筑整体的使用功能、技术经济和建筑艺术等方面，来分析对平面组合的要求；另一方面，还必须考虑总体规划、基地环境对建筑单体平面组合的要求。即建筑平面组合设计需要综合分析建筑本身提出的，以及总体环境对单体建筑提出的内外两方面的要求。如何将建筑平面中的使用部分、交通联系部分有机地联系起来，使之成为一个使用方便、结构合理、体型简单、构图完整、造价经济及与环境协调的建筑物，这就是平面组合设计的任务。

1. 影响平面组合的因素

（1）使用功能

不同的建筑，由于性质不同，也就有不同的功能要求。而一幢建筑物的合理性不仅体现在单个房间上，而且很大程度取决于各种房间按功能要求的组合上。如教学楼设计中，虽然教室、办公室本身的大小、形状、门窗布置均满足使用要求，但它们之间的相互关系及走道、门厅、楼梯的布置不合理，就会造成不同程度的干扰、人流交叉、使用不便。因此，可以说使用功能是平面组合设计的核心。

平面组合的优劣主要体现在合理的功能分区及明确的流线组织两个方面。当然，采光、通风、朝向等要求也应予以充分的重视。

1）合理的功能分区。

合理的功能分区是将建筑物若干部分按不同的功能要求进行分类，并根据它们之间的密切程度加以划分，使之分区明确，联系方便。在分析功能关系时，常借助于功能分析图来形象地表示各类建筑的功能关系及联系顺序。按照功能分析可将性质相同、联系密切的房间邻近布置或组合在一起，将使用中有干扰的部分适当分隔。这样，既满足联系密切的要求，又能创造相对独立的使用环境。

具体设计时，可根据建筑物不同的功能特征，从以下几个方面进行分析：

① 主次关系。一幢建筑物，根据它的功能特点，平面中各个房间相对说来总是有主有次，例如学校教学楼中，满足教学的教室、实验室等，应是主要的使用房间，其余的管理、办公、贮藏、厕所等，属次要房间；住宅建筑中，生活用的起居室、卧室是主要的房间，厨房、浴厕、贮藏室等属次要房间。同样，商店中的营业厅、体育馆中的比赛大厅，也属于主要房间。

平面组合时，要根据各个房间使用要求的主次关系，合理安排它们在平面中的位置，上述教学、生活用主要房间，应考虑设置在朝向好、比较安静的位置，以取得较好的日照、采光、通风条件；公共活动的主要房间，它们的位置应在出入和疏散方便，人流导向比较明确的部位。

图 14-29、图 14-30 分别表示居住建筑、商业建筑房间的主次关系。

(a)

(b)

图 14-29　居住建筑房间的主次关系
(a) 功能分析图；(b) 平面图

② 内外关系。建筑物中各类房间或各个使用部分，有的对外联系比较密切、频繁，例如商店的营业厅，门诊所的挂号、问讯等房间，它们的位置需要布置在靠近人流来往的地方或出入口处。有的主要是内部活动或内部工作之间的联系，例如商店的行政办公、生活用房、门诊所的药库、化验室等，这些房间主要考虑内部使用时和有关房间的联系。图14-31表示食堂房间的内外关系。对于食堂建筑，餐厅是对外的，人流量大，应布置在交

图 14-30 商业建筑房间的主次关系

(a) 功能分析图；(b) 平面图

通方便、位置明显处，而对内性强的厨房等部分布置在后部，次要入口，面向内院较隐蔽的场所。

图 14-31 食堂房间的内外关系

(a) 餐厅功能分区图；(b) 某餐厅平面及交通联系

在建筑平面组合中，分清各个房间使用上的主次、内外关系，有利于确定各个房间在平面中的具体位置。

③ 联系与分隔。在分析功能关系时，常根据房间的使用性质如"闹"与"静"、"清"与"污"等方面的进行功能分区，使其既分隔而互不干扰，且又有适当的联系。如教学楼中的普通教室和音乐教室同属教室，它们之间联系密切，但为防止声音干扰，必须适当隔开。教室与办公室之间要求方便联系，但为了避免学生影响教师的工作，需适当隔开。因此，教学楼平面组合设计中，对以上不同要求部分的联系与分隔处理，是促使功能合理的重要问题（图 14-32）。

又如，医院建筑中，通常可以分为门诊、住院、辅助医疗和生活服务用房等几部分，其中门诊和住院两个部分都和包括化验、理疗、放射、药房等房间的辅助医疗部分关系密切，需要联系方便；但是门诊部分比较嘈杂，住院部分需要安静，它们之间又需要有较好的分隔。

以上例子说明，建筑平面组合需要在功能分区的基础上，深入分析各个房间或各个部分之间的联系、分隔要求，使平面组合更趋合理。

图 14-32　教学楼房间的联系与分隔

（a）教学楼各房间的功能关系；（b）某小学体育室、音乐室布置在教学楼一端

2）明确的流线组织。

各类民用建筑，因使用性质不同，往往存在着多种流线，归纳起来，分为人流及货流两类。所谓流线组织明确，即是要使各种流线简捷、通畅，不迂回逆行，尽量避免相互交叉。

在建筑平面设计中，各房间一般是按使用流线的顺序关系有机地组合起来的。因此，流线组织合理与否，直接影响到平面组合是否紧凑、合理，平面利用是否经济等。如展览馆建筑，各展室常常是按人流参观路线的顺序连贯起来。火车站建筑有旅客进出站路线、行包线，人流路线按先后顺序为到站—问讯—售票—候车—检票—上车，出站时经站台验票出站。平面布置时以人流线为主，使进出站及行包线分开并尽量缩短各种流线的长度（图 14-33）。

图 14-33　小型火车站流线关系及平面图

（a）小型火车站流线关系示意；（b）400 人火车站设计方案平面图

（2）结构类型

建筑结构与材料是构成建筑物的物质基础，在很大程度上影响着建筑的平面组合。因此，平面组合在考虑满足使用功能要求的前提下，应选择经济合理的结构方案，并使平面组合与结构布置协调一致。

目前民用建筑常用的结构类型有三种，即混合结构、框架结构、空间结构。

1）混合结构。

建筑物的主要承重构件有墙、柱、梁板、基础等，以砖墙和钢筋混凝土梁板的混合结构最为普遍。这种结构形式的优点是构造简单、造价较低，其缺点是房间尺寸受钢筋混凝土梁板经济跨度的限制，室内空间小，开窗也受到限制，仅适用于房间开间和进深尺寸较小、层数不多的中小型民用建筑，如住宅、中小学校、医院及办公楼等（图14-34）。

图 14-34  采用墙体承重的建筑平面

2）框架结构。

框架结构适用于房间的面积较大、层高较高、荷载较重或建筑物的层数较多的建筑，如开间和进深较大的商店、教学楼、图书馆之类的公共建筑，以及多高层住宅、旅馆等。框架结构是以钢筋混凝土或钢梁、柱构成建筑的骨架，墙体只起分隔、围护的作用。此种结构形式强度高、自重轻，整体性和抗震性好；建筑平面布置灵活，可以获得较大的使用空间；门窗布置的大小、形状都较自由，但钢及水泥用量大，造价比混合结构高。为保证建筑体型齐整，框架结构在进行平面组合设计时应尽量符合柱网尺寸的规格和模数以及梁的经济跨度的要求，当以钢筋混凝土梁板布置时，通常柱网的经济尺寸为 6～8m×4～6m。

3）空间结构。

当建筑的跨度与体量都较大、平面形状较复杂时，可采用各种形式的空间结构。例如，剧院的观众厅、体育馆的比赛大厅等。空间结构具有跨度大（可达100m以上）、自重轻、平面灵活和建筑造型生动的特点，是一种科技含量较高的结构形式。常见的空间结构体系有各种形状的折板结构、壳体结构、网架壳体结构以及悬索结构等。

（3）设备管线

民用建筑中的设备管线主要包括给水排水、采暖、空气调节以及电气照明、通信等所需的设备管线，它们都占有一定的空间。在进行平面组合时，除应考虑一定的设备位置，恰当地布置相应的房间，如厕所、盥洗间、配电房、空调机房、水泵房等以外，对于设备管线比较多的房间，如住宅中的厨房、厕所；学校、办公楼中的厕所、盥洗间；旅馆中的客房卫生间、公共卫生间等，在满足使用要求的同时，应尽量将设备管线集中布置，上下对齐，方便使用，有利施工和节约管线。

图 14-35 中旅馆卫生间成组布置，利用两个卫生间中间的竖井作为管道垂直方向布置的空间，管道井上下叠合，管线布置集中。

图 14-35　旅馆卫生间集中设置管道

（4）建筑造型

建筑平面组合除受到使用功能、结构类型、设备管线的影响外，建筑造型在一定程度上也影响到平面组合。当然，造型本身是离不开功能要求的，它一般是内部空间的直接反映，但是，简洁、完美的造型要求以及不同建筑的外部性质特征又会反过来影响到平面布局及平面形状。一般来说，简洁、完整的建筑造型无论对缩短内部交通流线，还是对于结构简化，节约用地，降低造价以及抗震性能等都是极为有利的。

2. 建筑平面组合的几种方式

建筑物的平面组合，是综合考虑房屋设计中内外多方面因素，反复推敲所得的结果。建筑功能分析和交通路线的组织，是形成各种平面组合方式内在的主要根据，通过功能分析初步形成的平面组合方式，大致可以归纳为以下几种：

（1）走廊式组合

走廊式组合是以走廊的一侧或两侧布置房间的组合方式，房间的相互联系和房屋的内外联系主要通过走廊。走廊式组合能使各个房间不被穿越，较好地满足各个房间单独使用的要求。这种组合方式，常见于单个房间面积不大，同类房间多次重复的平面组合，例如办公、学校、旅馆、宿舍等建筑类型中，工作、学习或生活等使用房间的组合。

1）单外廊。房间位于走道一侧，房间朝向及采光通风效果良好，房间之间干扰较小。为了使房间有较好的隔声、保温效果，也可将单外廊封闭。这种布局的交通路线偏长，占用土地较多，经济性较差。

2）单内廊。它充分地利用了内走廊服务于较多的房间。因而应用较广，这种布局房屋进深较大，有利于节省土地。同时减少了外围护结构面积，在寒冷地区对保温节能有利。它的缺点是走廊两侧房间有一定的干扰，房间通风受到影响。

3）双外廊。这种形式应用于特殊的建筑组合平面中，它利用两外廊将使用房间包围起来，适用于温度、湿度、洁净要求较高的建筑，如实验室、手术室等。

4）双内廊。这种组合方式通常是将楼梯、电梯、设备间布置在建筑平面的中部，两侧设走廊，服务于更多的房间，它进深较大，在大型宾馆建筑中常采用这种形式。图14-36是走道式组合举例。

（2）套间式组合

房间之间直接穿通的组合方式。套间式的特点是房间之间的联系最为简捷，把房屋的

图 14-36 走道式组合

(a) 走道式组合示意；(b) 某小学平面图

1—门厅 ；2—内廊（双侧布置房间）；3—内廊（单侧布置房间）；4—外廊

双外廊

单内(外)廊

双内廊

单内廊(双侧房间)

*(a)*

*(b)*

交通联系面积和房间的使用面积结合起来，通常是在房间的使用顺序和连续性较强，使用房间不需要单独分隔的情况下形成的组合方式，如展览馆、车站、浴室等建筑类型中主要采用套间式组合；对于活动人数少，使用面积要求紧凑、联系简捷的住宅，在厨房、起居室、卧室之间也常采用套间布置。

套间式组合按其空间序列的不同又可分为串联式和放射式两种。串联式是按一定的顺序关系将房间连接起来，放射式是各房间围绕交通枢纽呈放射状布置。

（3）大厅式组合

大厅式组合是在人流集中、厅内具有一定活动特点并需要较大空间时形成的组合方式。这种组合方式常以一个面积较大、活动人数较多、有一定的视、听等使用特点的大厅为主，辅以其他的辅助房间。例如，剧院、会场、体育馆等建筑类型的平面组合。大厅式组合中，交通路线组织问题比较突出，应使人流的通行通畅安全、导向明确。同时合理选择覆盖和围护大厅的结构布置方式也极为重要（图 14-37）。

（4）单元式组合

将关系密切的房间组合在一起成为一个相对独立的整体，称为单元。将一种或多种单元按地形和环境情况在水平或垂直方向重复组合起来成为一幢建筑，这种组合方式称为单元式组合。

单元式组合的优点是能提高建筑标准化，节省设计工作量，简化施工，同时功能分区明确，平面布置紧凑，单元与单元之间相对独立，互不干扰。除此以外，单元式组合布局灵活，能适应不同的地形，形成多种不同组合形式。因此，广泛用于大量的民用建筑，如住宅、学校、医院等（图 14-38）。

以上是民用建筑常用的平面组合形式，随着时代的前进，使用功能也必然会发生变化，加上新结构、新材料、新设备的不断出现，新的形式将会层出不穷，如自由灵活的大

图 14-37　大厅式组合（体育馆）

(a)

(b)　　　　　　　　　　　　(c)

图 14-38　单元式住宅组合形式

(a) 单元组合及交通组织示意；(b) 单元拼接方式；(c) 透视图

空间分隔形式及庭园式空间组合形式等。

3. 建筑平面组合与总平面的关系

任何一幢建筑物（或建筑群）都不是孤立存在的，而是处于一个特定的环境之中，它在基地上的位置、形状、平面组合、朝向、出入口的布置及建筑造型等都必然受到总体规划及基地条件的制约。由于基地条件不同，相同类型和规模的建筑会有不同的组合形式，即使是基地条件相同，由于周围环境不同，其组合也不会相同。为使建筑既满足使用要求，又能与基地环境协调一致，首先必须做好总平面设计，即根据使用功能要求，结合城市规划的要求、场地的地形地质条件、朝向、绿化以及周围建筑等因地制宜地进行总体布置，确定主要出入口的位置，进行总平面功能分区，在功能分区的基础上进一步确定单体建筑的布置。

（1）基地大小、形状和道路走向

基地的大小和形状，对房屋的层数、平面组合的布局关系极为密切。在同样能够满足使用要求的情况下，房屋功能分区各个部分，可采用较为集中紧凑的布置方式，或采用分散的布置方式，这方面除了和气候条件、节约用地以及管道设施等因素有关外，还和基地大小和形状的现实可能性有关。基地内人流、车流的主要走向，又是确定建筑平面中出入口和门厅位置的重要因素。

（2）基地的地形条件

坡地建筑的平面组合应依山就势，结合坡度大小、朝向以及通风要求，使建筑物内部的平面组合、剖面关系结合具体的地形条件。坡地上房屋位置的选择，由于地形、地质条件比较复杂，需要进行详细的勘测调查，如滑坡、溶洞、地下水的分布情况等；房屋的位置和平面组合应考虑节省土石方，减少基础工程量，并和周围道路联系方便。地震区应尽量避免在陡坡及断层上建造房屋。

1）建筑物平行于等高线的位置。当基地坡度小于25％时，房屋可以平行于等高线布置。这样的布置通往房屋的道路和入口的台阶容易解决，房屋建造的土方量和基础造价都较省。

2）建筑物垂直或斜交于等高线的布置。当基地坡度大于25％，房屋平行于等高线布置对朝向不利时，常采用垂直或斜交于等高线的布置方式。这种布置方式，在坡度较大时，房屋的通风、排水问题比平行于等高线时较容易解决，但是基础处理和道路布置比平行于等高线时复杂得多。

（3）建筑物朝向

建筑物的朝向主要是考虑太阳辐射强度、日照时间、主导风向、建筑使用要求及地形条件等综合的因素。

在日常生活中，人们感觉到在不同季节与时间里，太阳的位置、高度都在发生变化，射进房间里的深度和日照时间也不相同。太阳在天空的位置可以用高度角和方位角来确定（图14-39）。太阳高度角是指太阳射到地球表面的光线与地平面的夹角 $h$，方位角是太阳射到地球表面的光线与南北轴线所成的夹角 A。方位角在南北轴线之西标注正值，在南北轴线之东标注负值。我国大部分地区处于夏季热、冬季冷的状况。为了改善室内卫生条件，人们常将主要房间朝南或南偏东、偏西少许角度。这是因为在我国夏季南向太阳高度角大，射入室内光线很少、深度小，冬季太阳高度角小，射入室内光线多、深度大，这就有利于做到冬暖夏凉。但设计时不可能所有的房间都能满足理想的朝向，如内廊式平面当建筑正背面部有主要房间时，应尽量兼顾两列房间的朝向。

图 14-39　太阳的高度和方位角

（a）太阳运行轨迹图；（b）平面示意

在确定建筑朝向时，还可根据主导风向的不同适当加以调整，这样可以改变室内气候条件，创造舒适的室内环境。

在严寒地区，由于冬季时间长、夏季不热，应争取日照，建筑朝向以东、南、西为宜，同时避免正对冬季的主导风向。

对于人流集中的公共建筑，房屋朝向主要考虑人流走向，道路位置和邻近建筑的关系。对于风景区建筑，则应以创造优美的景观作为考虑朝向的主要因素。所以合理的建筑朝向，还应考虑建筑物的性质、基地环境等因素。

(4) 建筑物的间距

在一定的基地条件下（如基地的大小、基地的朝向等），建筑物之间必要的间距和建筑朝向，也将对房屋的平面组合方式、房间的进深等带来影响。

拟建房屋和周围房屋之间距离的确定，主要考虑以下一些因素：

1) 房屋的室外使用要求：房屋周围人行或车辆通行必要的道路面积，房屋之间对声响、视线干扰必要的间隔距离等。

2) 日照、通风等卫生要求：主要考虑成排房屋前后的阳光遮挡情况及通风条件。

3) 防火安全要求：考虑火警时保证邻近房屋安全的间隔距离，以及消防车辆的必要通行宽度。例如两幢一级耐火等级建筑物之间的防火间距不应小于 6m。

4) 根据房屋的使用性质和规模：对拟建房屋的观瞻、室外空间要求，以及房屋周围环境绿化等所需的面积。

5) 拟建房屋施工条件的要求：房屋建造时可能采用的施工起重设备、外脚手架的地位，以及新旧房屋基础之间必要的间距等。

对于走廊式或套间式长向布置的房屋，如住宅、宿舍、学校、办公楼等，成排房屋前后的日照间距，通常是确定房屋间距的主要因素。这是因为这些房屋前后之间的日照间距，通常大于它们在室外使用、防火，或其他方面要求的间距。例如居住小区建筑物的用地指标，主要也和日照间距有关。

房屋日照间距的要求，是使后排房屋在底层窗台高度处，保证冬季能有一定的日照时间。房间日照的长短，是由房间和太阳相对位置的变化关系决定的，这个相对位置以太阳的高度角和方位角表示，它和建筑物所在的地理纬度、建筑方位以及季节、时间有关。通常以当地冬至日正午十二时太阳的高度角，作为确定房屋日照间距的依据（图 14-40），日照间距的计算式为：

$$L = H/\tan h$$

式中　$L$——房屋水平间距；

　　　$H$——前排房屋檐口和后排房屋底层窗台的高差；

　　　$h$——冬至日正午太阳高度角（当房屋正南向时）。

在实际设计工作中，房屋的间距，通常是结合日照间距、卫生要求和地区用地情况，作出对房屋间距 $L$ 和前排房屋的高度 $H_1$ 比值的规定，如 $L/H_1 = 0.8$、1.2、1.5 等。建筑物的朝向，除了根据建筑物内部房间的使用要求外，当地主导风向、太阳辐射、基地周围的道路环境等情况，也是确定建筑物朝向的重要因素。我国许多地区由于夏暑冬寒，从室内日照、通风等卫生要求来考虑，一般希望建筑物朝南或朝南稍带偏角。根据地区纬度和主导风向的不同，适当调整建筑物的朝向，常能改善房屋的日照和通风条件。如上海地区，在房屋间距不变 $L/H_1 = 1.5$ 的情况下，南偏东或偏西 15° 的朝向，后排房屋底层房间

图 14-40　建筑物的日照间距

(a) 平地；(b) 向阳坡

冬至日的日照时间，都比正南朝向延长一小时左右，结合该地区夏季多东南风，从日照、通风条件分析，以南偏东15°左右的朝向较好。

# 第二节　建筑剖面设计

建筑剖面设计确定建筑物各部分高度、建筑层数、建筑空间组合与利用，以及建筑剖面中的结构、构造关系。它与平面设计从两个不同的方面来反映建筑物内部空间的关系。平面设计着重解决内部空间的水平方向的问题，而剖面设计则主要研究竖向空间的处理，两个方面同样涉及建筑的功能、技术经济条件、周围的环境等问题。

剖面设计主要包括以下内容：

(1) 确定房间的剖面形状、尺寸及比例关系。

(2) 确定房屋的层数和各部分的标高，如层高、净高、窗台高度、室内外地面标高。

(3) 解决天然采光、自然通风、保温、隔热、屋面排水及选择建筑构造方案。

(4) 选择主体结构与围护结构方案。

(5) 进行房屋竖向空间的组合，研究建筑空间的利用。

**一、房间剖面形状**

房间的剖面形状分为矩形和非矩形两类，绝大多数的建筑采用矩形，因为矩形简单、规整，便于竖向组合，容易获得简洁而完整的的体型，同时结构简单，施工方便。例如住宅、学校、办公楼、旅馆、商店等。非矩形剖面常用于有特殊要求的房间。

房间的剖面形状主要是根据使用要求和特点来确定，同时也要结合具体的物质技术、经济条件及特定的艺术构思考虑，使之既满足使用又能达到一定的艺术效果。

房间剖面形状确定主要考虑以下几方面：

1. 室内使用性质和活动特点的要求

在民用建筑中，绝大多数的建筑是属于一般功能要求的，如住宅、学校、办公楼、旅馆、商店等。这类建筑室内使用人数少，房间的剖面形状多采用矩形，因为矩形剖面不仅能满足这类建筑的使用要求，而且具有上面谈到的一些优点。一些室内人数较多、面积较大具有视听等使用特点的活动房间，如学校的阶梯教室、电影院、剧院的观众厅、会场等，剖面形状，需要综合许多方面的因素才能确定。如仅以视线要求为例来分析，对室内地坪的剖面形状就有一定的要求。为了在房间的剖面中保证有良好的视线质量，即从人们的眼睛到观看对象之间没有遮挡，需要进行视线设计，使室内地坪按一定的坡度变化升起。地坪升起，可用按比例绘制的图解方法或计算方法求得。

设计视点是划分可见与不可见范围的界限，设计视点以上是可见范围。设计视点与人眼睛的连线称为设计视线，以此作为视线设计的主要依据。

图 14-41　电影院和体育馆设计视点与地面坡度的关系
(a) 电影院；(b) 体育馆

图 14-41 为影剧院和体育馆设计视点与地面坡度的关系，从影剧院观众厅和体育馆比赛厅剖面中地坪升起的比较可知，观看对象的位置越低，即选定的设计视点越低，地坪坡度升起越高。

学校中普通教室和阶梯教室由于观看对象的高低、座椅排数的多少（排数少时，后排学生可以适当移动头部位置看到目的物），有错位排列（即后排人的视线擦过前面隔一排人的头顶而过）和对位排列（即后排人的视线擦过前排人的头顶而过），以上两种排列法均可保证视线无遮挡的要求。地面有逐排升高和每两排升高一级，所得的两种不同地坪（图 14-42、图 14-43）。

图 14-42　视觉标准与地面升起的关系

设计视点要选择观看对象最不利的部位，否则地坪升起不够，将引起严重遮挡。各类建筑由于功能不同，观看对象性质不同，设计视点的选择也不一致。如电影院定在银幕底边的中点，这样可保证观众看清银幕的全部，体育馆定在篮球场边线或边线上空 300～500mm 处等。

同时，房间中由于音质方面的要求，以及电影放映、体育活动等其他使用特点的考

图 14-43　中学演示教室的地面升高剖面
(a) 对位排列，每排升高 120mm；(b) 错位排列，每两排升高 120mm

虑，也都对房间剖面形状和高度有一定的影响。为保证室内声场分布均匀，防止出现空白区、回声和聚焦等现象，在剖面设计中要注意顶棚、场面和地面的处理。为有效地利用声能，加强各处直达声，必须使大厅地面逐渐升高，对于剧院、电影院、会堂等，声学上的这种要求和视线上的要求是一致的，按照视线要求设计的地面一般能满足声学要求。除此以外，顶棚的高度和形状是保证听得清、听得好的一个重要因素。它的形状应使大厅各座位都能获得均匀的反射声，同时并能加强声压不足的部位。一般说来，凹面易产生聚焦，声场分布不均匀，凸面是声扩散面，不会产生聚焦，声场分布均匀。为此，大厅顶棚应尽量避免采用凹曲面或拱顶。图 14-44 为观众厅的几种剖面形状示意，其中图 14-44 (a)平顶棚仅适用于容量小的观众厅；图 14-44 (b) 降低舞台口顶棚，并使其向舞台面倾斜，声场分布较均匀；图 14-44 (c) 采用波浪形顶棚，反射声能均匀分布到大厅各座位。

图 14-44　观众厅的几种剖面形状示意
(a) 平顶棚；(b) 降低舞台口顶棚；(c) 波浪形顶棚

2. 采光、通风的要求

一般进深不大的房间，通常采用侧窗采光和通风已经足够满足室内卫生要求。单层房屋中进深较大的房间，从改善室内采光条件考虑，常在屋顶设置各种形式的天窗，使房间的剖面形状有明显的特点，例如大型展览厅、室内游泳池等建筑物，主要大厅常以天窗的顶光，或顶光和侧光相结合的布置方式以提高室内采光质量（图 14-45）。图 14-46 为不同采光方式对剖面形状的影响。

一些房间，如食堂的厨房部分，室内高度应考虑到操作时散发大量的蒸汽和热量，这些房间的顶部常设置气楼（图 14-47）。

3. 结构、材料和施工的影响

房间的剖面形状除应满足使用要求及采光通风以外，还应考虑结构类型、材料及施工的影响，长方形的剖面形状规整、简洁，有利于梁板式结构布置，同时施工也较简单。即使有特殊要求的房间，在能满足使用要求的前提下，也宜优先考虑采用矩形剖面。不同的结构类型对房间的剖面形状起着一定的影响。

图 14-45　天窗采光

图 14-46　不同采光方式对剖面形状的影响

图 14-47　设顶部排气窗的剖面形状

　　空间结构是另一种不同的结构系统，它的高度和剖面形状是多种多样的。选用空间结构时，尽可能和室内使用活动特点所要求的剖面形状结合起来。图 14-48 为薄壳结构的体育馆比赛大厅，结合考虑了球类活动和观众看台所需要的不同高度。北京体育馆比赛大厅（图 14-49）采用跨度为 50 多米的三铰拱钢桁架，既满足使用要求，又具有独特的空间形状。

**二、房屋各部分高度的确定**

1. 房屋的净高和层高

　　房间的剖面设计，首先需要确定房间的净高和层高。房间的净高是指楼地面到结构层（梁、板）底面或顶棚下表面之间的距离。层高是指该层楼地面到上一层楼面之间的距离

（图 14-50）。房间的高度恰当与否，直接影响到房间的使用、经济以及至内空间的艺术效果，在通常情况下，房间高度的确定主要考虑以下几个方面。

图 14-48　巴塞罗那奥运会体育馆比赛大厅

图 14-49　北京体育馆比赛大厅

$(a)$　　　　　　　　$(b)$　　　　　　　　$(c)$

图 14-50　净高与层高

$H_1$—净高；$H_2$—层高

（1）人体活动及家具设备的要求

房间的净高与人体活动尺度有很大关系。为保证人们的正常活动，一般情况下，室内最小净高应使人举手不接触到顶棚为宜。为此，房间净高应不低于 2.20m。

不同类型的房间，由于使用人数不同、房间面积大小不同，对房间的净高要求也不相同。卧室使用人数少、面积不大，又无特殊要求，故净高较低，常取 2.8～3.0m，但不应小于 2.4m。教室使用人数多，面积相应增大，净高宜高一些，一般常取 3.30～3.60m；公共建筑的门厅是接纳、分配人流及联系各部分的交通枢纽，也是人们活动的集散地，人流较多，高度可较其他房间适当提高；商店营业厅净高受房间面积及客流量多少等因素的影响，国内大中型营业厅（无空调设备的）底层层高为 4.2～6.0m，二层层高为 3.6～5.1m 左右。

除此以外，房间的家具设备以及人们使用家具设备所需的必要空间，也直接影响到房间的净高和层高。图 14-51 表示家具设备和使用活动要求对房间高度的影响。学生宿舍通常设有双人床，考虑床的尺寸及必要的使用空间，净高应比一般住宅适当提高，结合楼板层高度考虑，层高不宜小于 3.25m［图 14-51（$a$）］；演播室顶棚下装有若干灯具，要求距顶棚有足够的高度，同时为避免灯光直接投射到演讲人的视野范围而引起严重眩光，灯光源距演讲人头顶至少有 2.0～2.5m 的距离，这样，演播室的净高不应小于 4.5m ［图 14-51（b）］；医院手术室净高应考虑手术台、无影灯以及手术操作所必要的空间 ［图 14-51（c）］；游泳馆比赛大厅，房间净高应考虑跳水台的高度，跳水台至顶棚的最小高度 ［图 14-51（d）］；对于有空调要求的房间，通常在顶棚内布置有水平风管，确定层高时应考虑风管尺寸及必要的检修空间 ［图 14-51（e）］。

图 14-51　家具设备和使用活动要求对房间高度的影响
（a）宿舍；（b）中学演播室；（c）手术室；（d）游泳馆；（e）恒温实验室

（2）采光、通风要求

房间的高度应有利于天然采光和自然通风，以保证房间必要的学习、生活及卫生条件。室内光线的强弱和照度是否均匀，除了和平面中窗户的宽度及位置有关外，还和窗户在剖面中的高低有关。房间里光线的照射深度，主要靠侧窗的高度来解决。进深越大，要求侧窗上沿的位置越高，即相应房间的净高也要高一些。当房间采用单侧采光时，通常窗户上沿离地的高度，应大于房间进深长度的一半；当房间允许两侧开窗时，房间的净高不小于总深度的 1/4。室内单侧采光时，需要指出，单侧采光的房间里，提高侧窗上沿高度，对改善室内照度的均匀性效果显著。例如，6m 进深单侧采光的教室，窗上沿每提高 100mm，室内最不利位置的照度可提高 1％。

房间内的通风要求，室内进出风口在剖面上的高低位置，也对房间净高的确定有一定影响。温湿和炎热地区的民用房屋，经常利用空气的气压差，对室内组织穿堂风。如在内墙上开设高窗，或在门上设置亮子，使气流通过内外墙的窗户，组织室内通风。南方地区的一些商店，也常在营业厅外墙橱窗上下的墙面部分，加设通风铁栅和玻璃百页的进出风口以组织室内通风，从而改善营业厅内的通风和采光条件。

除此以外，容纳人数较多的公共建筑，应考虑房间正常的气容量，保证必要的卫生条件。按照卫生要求．中小学教室每个学生气容量为 $3\sim5m^3$/人，电影院为 $4\sim5m^3$/人。根据房间的容纳人数、面积大小及气容量标准，可以确定出符合卫生要求的房间净高。

（3）结构高度及其布置方式的影响

从图 14-52 中可知，层高等于净高加上楼板层（或屋顶结构层）的高度。因此在满足房间净高要求的前提下，其层高尺寸随结构层的高度而变化。结构层越高，则层高越大；结构层高度小，则层高相应也小。住宅建筑由于房间开间进深小，多采用墙体承重，在墙上直接搁板，由于结构高度小，层高可取得小一些，如图 14-52（a）所示。随着房间面积加大，如教室、餐厅、商店等，多采用梁板布置方式，板搁置在梁上，梁支承在墙上，结构高度较大，确定层高时，应考虑梁所占的空间高度。图 14-52（b）为梁板结构高度对房间高度的影响，在相同净高的情况下，结构布置不同，房屋的层高也相应不同。图 14-52（c）为采用梁板结构的渥太华加拿大银行大型办公室剖面图，梁板结构高度约占层高的 1/4 左右。坡屋顶建筑的屋顶空间高，不做吊顶时可充分利用屋顶空间，房间高度可较平屋顶建筑低。

图 14-52　梁板结构高度对房间高度的影响

（4）建筑经济效果

层高是影响建筑造价的一个重要因素。因此，在满足使用要求和卫生要求的前提下，适当降低层高可相应减小房屋的间距，节约用地，减轻房屋自重，改善结构受力情况，节约材料。寒冷地区以及有空调要求的建筑，从减少空调费用、节约能源出发，层高也宜适当降低。实践表明，普通砖混结构的建筑物，层高每降低 100mm 可节省投资 1%，由于减少间距可节约居住区的用地 2%左右，但是房屋层高的最后确定，仍然需要综合功能、技术经济和建筑艺术等多方面的要求。

（5）室内空间比例

按照上述要求合理地确定房间高度的同时，还应注意房间的高宽比例，给人以适宜的空间感觉。一般说，面积大的房间高度要高一些，面积小的房间则可适当降低。同时，不同的比例尺度往往得出不同的心理效果，高而窄的比例易使人产生兴奋、激昂、向上的情绪，且具有严肃感，如图 14-53（a）所示，但过高就会觉得不亲切；宽而矮的空间使人感觉宁静、开阔、亲切，如图 14-53（b）所示，但过低又会使人产生压抑、沉闷的感觉。住宅建筑要求空间具有小巧、亲切、安静的气氛，纪念性建筑则要求高大的空间，以造成严肃、庄重的气氛；大型公共建筑的休息厅、门厅要求具有开阔、博大的气氛。巧妙地运用空间比例的变化，使物质功能与精神感受结合起来，就能获得理想的效果。图 14-54（a）所示的中国革命历史博物馆运用高而窄的比例处理门廊空间，从而获得庄严、雄伟的效果。图 14-54（b）所示的北京饭店新楼大宴会厅宽而相对较矮的空间使人感到亲切与开阔。

（a）          （b）

图 14-53　空间比例给人以不同的感受

（a）高而窄的空间比例；（b）宽而矮的空间比

处理空间比例时，在不增加房间高度的情况下，可以借助于以下手法来获得满意的空间效果：

1）利用窗户的不同处理来调节空间的比例感。图 14-54 细而长的窗户使房间感觉高一些，宽而扁的窗户则感觉房间低一些。德国萨尔布吕根画廊门厅，宽而低矮的房间由于侧面开了一排落地窗，将窗外景色引入室内，增大了视野，起到了改变空间比例的效果（图 14-55）。

2）运用以低衬高的对比手法，将次要房间的顶棚降低，从而使主要空间显得更加高大，次要空间感到亲切宜人。图 14-56 为北京火车站中央大厅，以低矮的夹层空间衬托出中部高大的空间。

2.窗台高度

窗台高度与使用要求、人体尺度、家具尺寸及通风要求有关。大多数的民用建筑的窗台高度主要考虑方便人们工作、学习，保证书桌上有充足的光线。

图 14-54　窗户的比例不同对房间高度感的影响

图 14-55　设大片落地窗来改变房间的比例效果

图 14-56　不同采光方式对剖面形状的影响

　　窗台过高，书桌将全部或大部分处在阴影区，影响使用效果，一般常取 900～1000mm，这样窗台距桌面高度控制在 100～200mm，保证了桌面上充足的光线，并使桌上纸张不致被风吹出窗外，如图 14-57（a）所示。

　　对于有特殊要求的房间，如图 14-57（b）设有高侧窗的陈列室，为消除和减少眩光，应避免陈列品靠近窗台布置。实践中总结出窗台到陈列品的距离要使保护角大于 14°。为此，一般将窗下口提高到离地 2.5m 以上。厕所、浴室窗台可提高到 1800mm 左右，如图 14-57（c）所示。托儿所、幼儿园窗台高度应考虑儿童的身高及较小的家具设备，医院儿童病房为方便护士照顾病儿，窗台高度均应较一般民用建筑低一些，如图 14-59（d）所示。

　　除此以外，某些公共建筑的房间如餐厅、休息厅、娱乐活动场所，以及疗养建筑和旅

图 14-57　窗台高度

（a）一般民用建筑；（b）展览馆陈列室；（c）卫生间；（d）托儿所、幼儿园；（e）儿童病房

游建筑，为使室内阳光充足和便于观赏室外景色，丰富室内空间，常将窗台做得很低，甚至采用落地窗。

3. 室内外地面高差

为了防止室外雨水流入室内，并防止墙身受潮，一般民用建筑常把室内地坪适当提高，使室内外地面形成一定高差，该高差主要由以下因素确定。

（1）内外联系方便。建筑物室内外高差应方便联系，特别对于一般住宅、商店、医院等建筑更是如此。室外踏步的级数常以不超过四级，即室内外地而高差不大于 600mm 为好。对于仓库一类建筑，为便于运输，在入口处常设置坡道，为不使坡道过长影响室外道路布置，室内外地面高差以不超过 300mm 为宜。

（2）防水、防潮要求。为了防止室外雨水流入室内，并防止墙身受潮，底层室内地面应高于室外地面，一般为 300mm 或 300mm 以上，对于地下水位较高或雨量较大的地区以及要求较高的建筑物，也有意识地提高室内地面以防止室内过潮。

（3）地形及环境条件。位于山地和坡地的建筑物，应结合地形的起伏变化和室外道路布置等因素，综合确定底层地面标高，使其既方便内外联系，又有利于室外排水和减少土石方工程量。

（4）建筑物性质特征。一般民用建筑如住宅、旅馆、学校、办公楼等，是人们工作、学习和生活的场所，应具有亲切、平易近人的感觉，因此室内外高差不宜过大（图 14-58）。纪念性建筑除在平面空间布局及造型上反映出它独自的性格特征以外，还常借助于室内外高差值的增大，如采用高的台基和较多的踏步处理，以增强严肃、庄重、雄伟的气氛（图 14-59）。

图 14-58 某别墅踏步处理

图 14-59 纪念性建筑物性格特征

建筑设计常取底层室内地坪相对标高为±0.000，低于底层地坪为负值，高于底层地坪为正值，逐层累计。对于一些易于积水或需要经常冲洗的地方，如开敞的外廊，阳台以及浴厕、厨房等，地坪标高应稍低一些（低 20～50mm），以免溢水。

**三、房屋层数的确定**

影响确定房屋层数的因素很多，主要有房屋本身的使用要求、城市规划（包括节约用地）的要求、选用的结构类型，以及建筑防火等。

1. 使用要求

建筑物的使用性质，对房屋的层数有一定要求。

住宅、办公楼、旅馆等建筑，使用人数不多，室内空间高度较低，房间荷载不大。因此可采用多层和高层（图 14-60、图 14-61）。

图 14-60　多层住宅建筑

图 14-61　高层建筑——上海金茂大厦

幼儿园为了使用安全和便于儿童与室外活动场地的联系，应建低层。其层数不应超过三层。医院的门诊楼为方便病人上下也应建造低层。影剧院、体育馆等一类公共建筑都具有面积和高度较大的房间，人流集中，为迅速而安全的疏散，宜建成底层（图 14-62）。

图 14-62　体育馆

2. 建筑材料、结构体系、施工条件要求

此外，房屋建造时所用材料、结构体系、施工条件以及房屋造价等因素，对建筑物层数的确定也有一定影响。混合结构的建筑由于自重大、整体性差，一般为 1～6 层。常用于一般大量性民用建筑，如住宅、宿舍、中小学教学楼、中小型办公楼、医院、食堂等。表 14-9、图 14-63 分别表示各种结构体系的适用层数及高层建筑的结构体系。

各种结构体系的适用层数及高层建筑的结构体系表　　　　表 14-9

| 结构体系名称 | 框架 | 框架剪力墙 | 剪力墙 | 框筒 | 筒体 | 筒中筒 | 束筒 | 带刚臂框筒 | 巨型支撑 |
|---|---|---|---|---|---|---|---|---|---|
| 使用功能 | 商业娱乐办公 | 酒店办公 | 办公酒店公寓 | 办公酒店公寓 | 办公酒店公寓 | 办公酒店公寓 | 办公酒店公寓 | 办公酒店公寓 | 办公酒店公寓 |
| 适宜高度 | 12 层，50m | 24 层，80m | 40 层，120m | 30 层，100m | 100 层，400m | 110 层，450m | 110 层，450m | 120 层，500m | 150 层，800m |

336

图 14-63 高层建筑的结构体系

(a) 框架结构；(b) 框架剪力墙结构；(c) 剪力墙结构；(d) 筒体结构

空间结构体系适用于低层大跨度建筑，如影剧院、体育馆、仓库、食堂等。

确定房屋层数除受结构类型的影响外，建筑的施工条件、起重设备、吊装能力以及施工方法等均对层数有所影响。

3. 城市规划的要求

城市总体规划从改善城市面貌和节约用地考虑，常对城市内各个地段、沿街部分或城市广场的新建房屋，明确规定建造的层数。城市航空港附近的一定地区，从飞行安全考虑也对新建房屋的层数和总高度有所限定。风景园林区宜采用小巧、低层的建筑群（图14-64）。

4. 城市消防能力的影响

建筑物的耐火等级不同，相应对建筑层数也有一定限制。建筑物层数应符合《建筑设计防火规范》的规定，见表14-10。

图 14-64　风景园林区建筑

民用建筑的耐火等级、层数、允许长度和面积　　　　　　　　表 14-10

| 耐火等级 | 最多允许层数 | 防火分区间 | | 备注 |
| --- | --- | --- | --- | --- |
| | | 最大允许长度(m) | 每层最大允许建筑面积(m²) | |
| 一级、二级 | 住宅九层,其他民用建筑的建筑高度不超过24m | 150 | 2500 | 1. 体育馆、剧院等的长度和面积可以放宽<br>2. 单层公共建筑的高度可以超过24m<br>3. 托儿所、幼儿园的儿童用房不应设在四层及四层以上 |
| 三级 | 5 层 | 100 | 1200 | 1. 托儿所、幼儿园的儿童用房不应设在三层及三层以上<br>2. 电影院、剧院、礼堂、食堂不应超过二层<br>3. 医院、疗养院不应超过三层 |
| 四级 | 2 层 | 60 | 600 | 学校、食堂、菜市场、托儿所、幼儿园、医院等不超过一层 |

### 四、建筑空间的组合与利用

1. 建筑空间的组合

在进行建筑空间组合时，应根据使用性质和使用特点对各房间进行合理的垂直分区，做到分区明确，使用方便，流线清晰，合理利用空间，同时应注意结构合理，设备管线集中。对于不同空间类型的建筑也应采取不同的组合方式。

（1）高度相同或高度接近的房间组合

这类空间的特点是大小、高度相等或相近，在一幢建筑物内房间的数量较多，功能要求各房间应相对独立。因此常采用走道式和单元式的组合方式，如住宅、医院、学校、办公楼等。组合中常将高度相同、使用性质相近的房间组合在同一层上，以楼梯将各垂直排列的空间联系起来构成一个整体。由于空间的大小、高低相等，对于统一各层楼地面标高，简化结构是有利的。

有的建筑由于使用要求或房间大小不同，出现了高低差别。如学校中的教室和办公室，由于容纳人数不同，使用性质不同，教室的高度相应比办公室大些。为了节约空间、降低造价，可将它们分别集中布置，采取不同的层高，以楼梯或踏步来解决两部分空间的联系。

（2）高度相差较大房间的组合

1）以大空间为主体穿插布置小空间。

有的建筑如影剧院、体育馆等，虽然有多个空间，但其中有一个空间是建筑主要功能所在，其面积和高度都比其他房间大得多。空间组合常以大空间（观众厅和比赛大厅）为中心，在其周围布置小空间，或将小空间布置在大厅看台下面，充分利用看台下的结构空间。这种组合方式应处理好辅助空间的采光、通风以及运动员、工作人员的人流交通问题。如天津市体育馆，以比赛大厅为中心将运动员休息室、更衣室、贵宾室以及设备用房等布置在看台下，并利用四周的休息廊格辅助空间和比赛大厅、门厅联系起来。这样布置既充分利用了空间，又利于比赛大厅的保温。

2）以小空间为主灵活布置大空间。

某些类型的建筑，如教学楼、办公楼、旅馆、临街带商店的住宅等，虽然构成建筑物的绝大部分房间为小空间，但由于功能要求还需布置少量大空间，如教学楼中的阶梯教室，办公楼中的大会议室，旅馆中的餐厅，临街住宅中的营业厅等。这类建筑在空间组合中常以小空间为主形成主体，将大空间附建于主体建筑旁，从而不受层高与结构的限制；或将大小空间上下叠合起来，分别将大空间布置在顶层或一、二层（图14-65）。

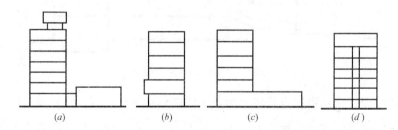

图14-65　大小、高低不同的空间组合

（a）大空间作附楼；（b）大空间上下叠合；（c）大空间在一二层；（d）大空间在顶层

（3）其他高度差房间的组合

当建筑物内部出现高低差，或由于地形的变化使房屋几个部分空间的楼地面出现高低错落现象时，可采用错层的处理方式使空间取得和谐统一。具体处理方式如下：

1）以踏步或楼梯联系各层楼地面以解决错层高差。

有的公共建筑，如教学楼、办公楼、旅馆等主要使用房间空间高度并不高，为了丰富门厅空间变化并得到合适的空间比例，常将门厅地面降低。这种高差不大的空间联系常借助于少量踏步来解决（图14-66）。

当组成建筑物的两部分空间高差较大，或由于地形起伏变化，房屋几部分之间楼地面高低错落，这时常利用楼梯间解决错层高差。通过调整梯段踏步的数量，使楼梯平台与错层楼地面标高一致。这种方法能够较好地结合地形、灵活地解决纵横向的错层高差。图14-67两部分房间层高比为3：2，分别通过两个平台进入各层房间。

2）以室外台阶解决错层高差。

图14-68为垂直等高线布置的住宅建筑。各单元垂直错落，错层高差为一层，均由室

图 14-66　以踏步解决错层高差

图 14-67　以楼梯间解决错层高差

外台阶到达楼梯间。这种错层方式较自由，可以随地形变化相当灵活地进行随意错落。

　　台阶式空间组合的特点是建筑由下至上形成内收的剖面形式，从而为人们提供了进行户外活动及绿化布置的露天平台。此种建筑形式如用于连排的总体布置中，可以减少房屋间距，取得节约用地的效果。同时由于台阶式建筑采用了竖向叠层、向上内收、垂直绿化等手法，从而丰富了建筑外观形象。建筑空间的利用涉及建筑的平面及剖面设计。充分利用室内空间不仅可以增加使用面积、节约投资，而且，如果处理得当还可以起到改善室内空间比例、丰富室内空间艺术的效果。因此，合理地、最大限度地利用空间以扩大使用面积，是空间组合的重要问题。

图 14-68　以室外台阶解决错层高差

图 14-69　夹层空间的利用

(a) 杭州机场候机大厅；(b) 前苏联德罗拜莱夫"现代波兰"商店

图 14-70　房间上空设搁板、吊柜

(a) 居室设悬挑搁板；(b) 居室设吊柜；(c) 厨房设吊柜

2. 建筑空间的利用

(1) 夹层空间的利用

在公共建筑中的营业厅、体育馆、影剧院、候机楼等，由于功能要求其主体空间与辅助空间在面积和层高要求上常常不一致，因此常采取在大空间周围布置夹层的方式。从而达到利用空间及丰富室内空间的效果（图 14-69）。

在设计夹层的时候，特别在多层公共大厅中（如营业厅）应特别注意楼梯的布置和处理，应充分利用楼梯平台的高差来适应不同层高的需要，以不另设楼梯为好。

(2) 房间上部空间的利用

房间上部空间主要是指除了人们日常活动和家具布置以外的空间，如住宅中常利用房间上部空间设置搁板、吊柜作为贮藏之用（图 14-70）。

图 14-71　利用墙空间设壁龛、窗台柜

(a) 壁龛；(b) 窗台柜

图 14-72　走道及楼梯间空间的利用

(a) 楼梯间上下空间作贮藏室；(b) 走道上空作技术层；(c) 住宅走道上空作吊柜

342

（3）结构空间的利用

如住宅中常利用房间上部空间设置在建筑物中，随着墙体厚度的增加，所占用的室内空间也相应增加，因此充分利用墙体空间可以起到节约空间的作用。通常多利用墙体空间设置壁龛、窗台柜（图14-71），利用角柱布置书架及工作台。

除此以外，设计中还应将结构空间与使用功能要求的空间在大小、形状、高低上尽量统一起来大限度地利用空间。

（4）楼梯间及走道空间的利用

一般民用建筑楼梯间底层休息平台下至少有半层高，为了充分利用这部分空间，可采取降低平台下地面标高或增加第一梯段高度以增加平台下的净空高度，作为布置贮藏室及辅助用房和出入口之用。同时，楼梯间顶层有一层半空间高度，可以利用部分空间布置一个小贮藏间（图14-72）。

# 第三节　建筑体型和立面设计

建筑体型和立面设计是整个建筑设计的重要组成部分。建筑在满足使用要求的同时，它的体型、立面以及内外空间的组合，还会给人们在视觉和精神上某一种感受。例如我国古典建筑中故宫、天坛的雄浑、壮丽，江南园林建筑的秀美、典雅，各个地方居民的淳朴、亲切，以及当代高层建筑的伟岸、挺拔……凡此种种，无一不令人相信，建筑物的确可谓是静止的音符，是它们千姿百态，勾勒了人类活动的万千景象。它们的存在的确反映了社会的经济基础、文化生活和人的精神面貌。因此，我们在进行建筑设计时，尤其是在进行建筑物的各部分组合时，还必须注重其体型和立面美观。

建筑物的体型和立面，即房屋的外部形象，必须受内部使用功能和技术经济条件所制约，并受基地环境群体规划等外界因素的影响。建筑物体型的大小和高低，体型组合的简单或复杂，通常总是先以房屋内部使用空间的组合要求为依据，立面上门窗的开启和排列方式，墙面上构件的划分和安排，主要也是以使用要求、所用材料和结构布置为前提的。

建筑物的外部形象，并不等于房屋内部空间组合的直接表现，建筑体型和立面设计，必须符合建筑造型和立面构图方面的规律性，如均衡、韵律、对比、统筹等，把适用、经济、美观三者有机地结合起来。

有关内部空间的组织和处理，已在剖面设计中有所涉及，本章将结合建筑体型和立面设计，着重分析房屋外部形象的美观问题。

## 一、建筑体型和立面设计的要求

1. 反映建筑功能要求和建筑类型的特征

建筑是为了满足人们生产和生活需要而创造出来的物质空间环境，不同功能要求的建筑类型，具有不同的内部空间组合特点，房屋的外部形象也相应地表现这些建筑类型的特征。例如住宅建筑，由于内部房间较小、人流出入较少的特点，和一般公共建筑相比，通常体型上进深较浅，立面上常以较小的窗户和入口、分组设置的楼梯和阳台，反映住宅建筑的特征（图14-73）；学校建筑中的教学楼，由于室内采光要求高，人流出入多，立面上往往形成高大明快、成组排列的窗户和宽敞的入口；大片玻璃的陈列橱窗接近人流的明显入口，通常又是一些商业建筑立面的特征（图14-74）；剧院建筑由于观演部分声响和灯光设施等要求，以及观众场间休息所需的空间，在建筑体型上，常以高耸封闭的舞台箱和宽广开敞的休息厅形成对比。图14-75所示为上海大剧院，整幢建筑物晶莹、透明、典雅、壮观，其屋顶的天空展开，犹如中华民族的聚宝盆，承接来自宇宙人类的思想与智慧，象征着上海对世界文化艺术的热情追求，建筑平面采用中国传统环绕观众厅、舞台组合成"♯"字形，充满活力和梦幻，反映了四个世纪以来的剧院建设，并充分运用现代高科技手段与新材料来充实营造自身的形象。

房屋外部形象反映建筑类型内部空间的组合特点，美观问题紧密地结合功能要求，正是建筑艺术有别于其他艺术的特点之一。脱离功能要求，片面追求外部形象的美观，违反适用、经济、美观三者的辩证统一关系，必然导致建筑形式和内容的分离。

图14-73 综合办公楼

图14-74 城市住宅建筑

图14-75 上海大剧院

**2. 符合建筑所选用结构体系的特点及物质技术的可能性**

建筑物的体型、立面和所用材料、选用的结构体系以及采用的施工技术、构造措施关系极为密切，这是由于建筑物内部空间组合和外部体型的构成，只能通过一定的物质技术手段来实现。中国传统建筑的形象和使用木材以及运用木构架系统分不开，希腊古典柱式又和使用石材以及采用梁柱布置密切相关，两种不同风格的建筑造型和立面处理，又都和当时手工生产为主的施工技术相适应。

344

建筑体型及立面设计必然在很大程度上受到物质技术条件的制约，并反映出结构、材料和施工的特点。

　　墙体承重的砖混结构，由于构件受力要求，窗间墙必须保留一定宽度，窗户不能开得太大，这类结构的房屋外观形象，可以通过门窗的良好比例和合理组合，以及墙面材料质感和色彩的恰当配置，取得朴实、稳重的建筑造型效果（图14-76）。

(a) (b)

图14-76　建筑结构体系对建筑造型的影响
(a) 某砖石结构建筑；(b) 某骨架结构建筑

　　钢筋混凝土或钢框架的结构体系，由于墙体只起围护作用，立面上门窗的开启具有很大的灵活性，建筑物的整个柱间可以开设横向窗户，也使房屋底层有可能采用灵活开敞的布置方式，以取得室内外空间的相互渗透的效果。有些框架结构的房屋，立面上外露的梁柱构件，形成节奏鲜明的立面构图，显示出框架房屋的外形特点（图14-77、图14-78）。以高强度的钢材、钢筋混凝土或钢丝网水泥等不同材料构成的空间结构，不仅为室内各种大型活动提供了理想的使用空间，同时，各种形式的空间结构也极大地丰富了建筑物的外部形象，使建筑物的体型和立面，能够结合材料的力学性能，结

图14-77　框架结构建筑外形特征

合结构的特点，而具有很好的表现力。这些房屋根据室内使用要求由空间结构构成的屋顶形状，给建筑物带来了明显的造型特点；钢筋混凝土网格结构的体育馆，其空间结构的构件本身，同时又是建筑外形和室内装饰有机的组成部分（图14-79）。图14-79是奥运会主馆"佐治亚穹顶索网与膜杂交结构的屋顶"它采用了"张拉整体"大跨结构设计概念，以三角形和张拉菱形的平面稳定性为结构单元的形体基础，构成了称之为"双曲抛物面-整拉整体屋顶"。索穹与膜杂交构成的屋盖结构体系，是一种结构效率极高全张力体系，整体索穹顶除少数几根压杆外都处于张力状态，它充分发挥了钢索与膜材的张拉强度。

　　施工技术的工艺特点，同样也对建筑体型和立面以一定的影响，例如滑动模板的施工工艺，由于模板的垂直滑动，要求房屋的体型和立面，以采用筒体或竖向线条为主比较合理；升板施工工艺，由于楼板提升时适当出挑对板的受力有利，建筑物的外形处理，以层层出挑横向线条为主比较恰当，如图14-80（a）所示。

　　大量性建造的民用建筑物，由于实行建筑工业化，如大型板材、盒子结构等

(a)　　　　　　　　　　　　(b)

(c)　　　　　　　　　　　　(d)

图 14-78　各种空间结构的建筑形象

(a) 折板结构；(b) 双曲面薄壳结构；(c) 穹形网架结构；(d) 单曲面悬索结构

图 14-79　空间结构的体形处理——张拉结构

［图 14-80 (b)］，常以构件本身的形体、材料质感和大面上色彩的对比，使建筑体型和立面更趋简洁、新颖，显示工业化生产工艺的外形特点。

房屋外形的美观问题除了功能要求外，还需要和建筑材料、工程技术密切结合，这是建筑艺术的又一特点。

3. 适应基地环境和建筑规划的群体布置

建筑本身就是构成城市空间和环境的重要因素，单体建筑是规划群体中的一个局部，拟建房屋的体型、立面、内外空间组合以至建筑风格等方面，要认真考虑和规划中建筑群体的配合。同时，建筑物所在地区的气候、地形、道路、原有建筑物以及绿化等基地环境，也是影响建筑体型和立面设计的重要因素。

总体规划的要求以及基地的大小和形状，使房屋的体型受到一定制约。

(1) 位于自然环境中的建筑要因地制宜，结合地形起伏变化使建筑高低错落、层次分

(a)　　　　　　　　　　　　　　　　(b)

图 14-80　不同的施工方法对建筑造型的影响
(a) 滑模建筑；(b) 盒子建筑

明、并与环境融为一体。如美国建筑大师赖特设计的流水别墅位于一片风景优美的山林之中，把别墅就建在小瀑布之上。别墅分三层，每一层都如同一个钢筋混凝土的托盘，支承在墙和柱墩之上，一边与山石连接，另外几边悬在空中，各层托盘大小和形状都不相同，向不同方向远远近近嵌入周围的山林环境。别墅的各层有的地方围以石墙，有的地方是大玻璃窗，有的地方封闭如石洞，有的地方开敞轩亮。整个建筑悬在溪流和小瀑布之上。流水别墅充分利用现代建筑材料与技术的性能，以一种非常独特的方式实现了古老的建筑与自然高度结合的建筑梦想。

（2）位于城市街道和广场的建筑物，建筑造型设计要密切结合城市道路、基地环境、周围原有建筑物的风格及城市规划部门的要求等。

图 14-81 是著名美籍华裔建筑师贝聿铭设计的华盛顿国家美术馆东馆，建筑体型由许多棱柱体和三角形合成，造型清新简洁而庄重典雅，具有现代风格，与邻近的美国国会大厦等古典建筑在对比中有配合。美术馆东馆内部几乎全是六角形或三角形的空间而不用普

图 14-81　华盛顿国家美术馆东馆

通的矩形空间。中央大厅上为玻璃亭，天光自上泻下，中间有纵横跨越的栈桥，挑出或凹进的廊子，供参观者其中走动，步移景异，空间景象变化万端。

4. 适应社会经济条件

建筑物从总体规划、建筑空间组合、材料选择、结构形式、施工组织直到维修管理等都包含着经济因素。建筑外形设计应本着勤俭的精神，严格掌握质量标准，尽量节约资金。

建筑体型和立面设计应该遵循设计方针政策，根据房屋的使用性质和规模，严格掌握国家规定的建筑标准和相应的经济指标。在建筑标准、所用材料、造型要求和装饰外观等方面，区别国家一级具有历史性、纪念性的重要建筑物，和省市一级或一般城镇公共建筑物之间的不同要求。同一城市中建筑物所在地区不同，以及少数大型公共建筑和大量性中小型民用建筑之间，在造型要求上也应有所区别。建筑外形设计的任务，应该在合理满足使用要求的前提下，用较少的投资建造起简洁、明朗、朴素、大方以及和周围环境协调的建筑物来。

**二、建筑体型组合和立面设计**

建筑体型和立面设计，除了要从功能要求，技术经济条件，以及总体规划和基地环境等因素考虑外，还必须符合建筑造型和立面构图的一些规律，例如比例尺度、完整均衡、变化统一，以及韵律和对比等。这些有关造型和构图的基本规律，同样也适用于建筑群体布局和室内外的空间处理。不同时代、不同地区、不同民族，尽管建筑形式千差万别，尽管人们审美观各不相同，但这些建筑的基本构图规律是一致的，是被人们普遍承认的客观规律。由于建筑艺术是和功能要求、材料以及结构技术的发展紧密地结合在一起，因此这些规律，也会随着社会政治文化和经济技术的发展而发展。

1. 主从分明，以陪衬求统一

复杂体量的建筑在外形设计中，应恰当地处理好主要与从属、重点与一般的关系，使建筑形成主从分明，以次衬主，以取得完整统一的效果。

（1）运用轴线的处理突出主体

采用对称的手法在建筑中运用可以创造出一个完整统一的外观形象。如国家博物馆（图14-82）利用中央主轴线的高大空廊将两翼对称的陈列室联系起来，通过两翼对空廊的衬托，既突出了主体，又创造了一个完整统一的外观形象，一些纪念性建筑和大型办公

图 14-82　国家博物馆以两翼衬托中央主体形象

楼常采取这种手法。

(2) 以低衬高突出主体

在建筑外形设计中，充分利用建筑功能要求上所形成的高低不同，采取以低衬高，以高控制整体的处理手法是取得完整统一的有效措施。图 14-83 是瑞典斯德哥尔摩市政厅，这座建在水边的市政厅，体型高低错落，虚实相配，极富诗情画意，市政厅内有一个装饰精美的典礼厅，每年一度庆贺诺贝尔奖颁发盛典的宴会即在此大厅中举行。

图 14-83　瑞典斯德哥尔摩市政厅

(3) 利用形象变化突出主体

在建筑造型上运用圆形、折线形或比较复杂的轮廓线都可取得突出主体、控制全局的效果。图 14-84 为上海东方商厦正立面四周圆弧玻璃逐步跌落，造型犹如张开双臂在迎接宾客光临。

图 14-84　上海东方商厦

2. 稳定与均衡

一幢建筑物由于各体量的大小、高低、材料的质感、色彩的深浅、虚实变化不同，常表现出不同的厚重感，一般说来，体量大的、实体的、材料粗糙及色彩暗的，感觉上要厚重些；体量小的、通透的、材料光洁和色彩明快的，感觉上要轻一些。研究均衡与稳定，就是要使建筑形象显得安定、平稳。

（1）稳定

1）建筑物达到稳定往往要求有较宽大的底面，上小下大、上轻下重，使整个建筑重心尽量下降而达到稳定的效果，许多建筑在底层布置宽阔的平台式雨篷，形成一个形似稳固的基座，或者逐层收分形成上小下大呈三角形或阶梯形状（图14-85）。

图14-85 体型组合的稳定构图
(a) 稳定构图手法举例；(b) 北京的中国美术馆

2）随着现代新结构、新材料的发展，传统的砖石结构上轻下重、上小下大的稳定观念也在逐渐发生变化。不少底层架空的建筑，利用悬臂结构的特性、粗糙材料的质感和浓郁的色彩加强底层的厚重感，同样达到稳定的效果（图14-86）。

图14-86 体型组合的稳定构图
(a) 稳定构图手法举例；(b) 布劳恩医疗器械厂；(c) 美国古根汉姆博物馆

（2）均衡

均衡，主要是研究建筑物各部分前后左右的轻重关系，在建筑构图中，均衡是与力学的杠杆原理有联系的。如图14-87中的支点表示均衡中心，根据均衡中心的位置不同，又可分为对称均衡与不对称的均衡。

1）对称均衡。建筑物可以通过对称均衡的形式体现出不同建筑的特征，获得明显的

图 14-87　均衡的力学原理

图 14-88　对称均衡

（a）对称均衡示意；（b）上海通志馆

均衡与稳定概念（图 14-88）。

2）不对称均衡。不对称均衡是将均衡中心偏于建筑的一侧，利用不同体量、材质、色彩、虚实变化等的平衡达到目的。它与对称均衡相比显得轻巧、活泼（图 14-89）。

图 14-89　不对称均衡

（a）不对称均衡示意；（b）飞虹剧院

3. 韵律

韵律是任何物体各要素重复或渐变出现所形成的一种特性，它广泛渗透于自然界一切事物和现象中，如心跳、呼吸、水纹、树叶等，这种有规律的变化和有秩序的重复所形成的节奏，能产生具有条理性、重复性、连续性为特征的韵律感，给人以美的享受。利用建筑物存在的很多重复的因素，有意识地对这些构图因素进行重复（图 14-90）或渐变的处理，能使建筑形体以至细部给人以更加强烈而深刻的印象。如山西省洪洞县广胜寺飞虹塔（图 14-91），根据墙身和结构的稳定要求由下至上逐渐缩小，加上每层根部的重复交替出现，不仅具有渐变的韵律，而且也丰富了建筑外轮廓线。图 14-92 为德国斯图加特美术馆新馆，是由美术馆、剧场、图书馆、音乐教室及办公楼组成的一座群体建筑。建筑的造型使人联想到琴弦演奏时的交错变化。

图 14-90　某住宅门窗的重复韵律感

图 14-91　中国古塔的渐变韵律感

图 14-92　德国斯图加特美术馆新馆交错的韵律感

4. 统一与变化

建筑物在客观上普遍存在着统一与变化的因素。应巧妙处理它们之间的相互关系，以取得整齐、简洁、秩序而又不至于单调、呆板，体型丰富而又不至于杂乱无章的建筑形象。统一与变化是一切形式美的基本规律，具有广泛的普遍性和概括性。以简单的几何形状求统一，任何简单的容易被人们辨认的几何形体都具有一种必然的统一性，如圆柱体、圆锥体、长方体、正方体、球体等形体由于它们的形状简单、明确与肯定，很自然取得统一（图 14-93）。

5. 对比

在二物之间彼此相互衬托作用下，使其形、色更加鲜明，如大者更觉其大、小者更觉其小、深者更觉其深、浅者更觉其浅，给人以强烈的感受，深刻的印象称为对比。

在建筑造型同一要素之间通过对比，相互衬托，就能产生不同的形象效果。在建筑设计中恰当地运用对比是取得统一与变化的有效手段。图 14-94 是北京民族文化宫，建筑东

(a)

(b)

图 14-93　以简单的几何形求统一

(a) 建筑的基本形状；(b) 巴基斯坦伊斯兰体育馆

西两翼为二层至三层，中部塔楼地上十三层，高达 67m，挺拔高耸，形成了高体量与低体量的对比。图 14-95 是直与曲的对比、图 14-96 是虚与实的对比。

图 14-94　北京民族文化宫

图 14-95　直与曲的对比

图 14-96　虚与实的对比

6. 比例与尺度

（1）比例

比例是指长、宽、高三个方向之间的大小关系。无论是整体或局部以及整体与局部之间，局部与局部之间都存在着比例关系。良好的比例能给人以和谐、完美的感受，反之，比例失调就无法使人产生美感（图 14-97）。

建筑物的各部分一般是由一定的几何形体所构成。因此，在建筑设计中，有意识地注意几何形体的相似关系，对于推敲和谐的比例是有帮助的（图 14-98）。

图 14-97　某建筑各部分比例合适并表现了结构的逻辑

图 14-98　某建筑各部分比例关系

（2）尺度

尺度所研究的是建筑物整体与局部构件给人感觉上的大小与其真实大小之间的关系。在建筑设计中，常以人或与人体活动有关的一些不变因素如门、台阶、栏杆等作为比较标准，通过与它们的对比而获得一定的尺度感。尺度的处理通常有三种方法：

1）自然的尺度。以人体大小来度量建筑物的实际大小，从而给人的印象与建筑物真实大小一致。常用于住宅、办公楼、学校等建筑（图 14-99）。

图 14-99　建筑物的尺度感

2）夸张的尺度。运用夸张的手法给人以超过真实大小的尺度感。常用于纪念性建筑或大型公共建筑，以表现庄严、雄伟的气氛（图 14-100）。

3）亲切的尺度。以较小的尺度获得小于真实的感觉，从而给人以亲切宜人的尺度感。常用来创造小巧、亲切、舒适的气氛，如庭园建筑（图 14-101）。

图 14-100　南京中山陵

图 14-101　园林建筑

7. 立面的虚实与凹凸

建筑立面中"虚"的部分是指窗、空廊、凹廊等，给人以轻巧、通透的感觉；"实"的部分主要是指墙、柱、屋面、栏板等，给人以厚重、封闭的感觉。巧妙地处理建筑外观的虚实关系，可以获得轻巧生动、坚实有力的外观形象。

处理的立面虚实与凹凸的几种方法：

（1）以虚为主、虚多实少的处理手法能获得轻巧、开朗的效果。常用于高层建筑、剧院门厅、餐厅、车站、商店等大量人流聚集的建筑。图 14-102 是中国银行大厦（香港）四个组合在一起的高度递增的三棱柱，类似一个多面的水晶体。

（2）以实为主的立面处理，以实为主、实多虚少能产生稳定、庄严、雄伟的效果。常用于纪念性建筑及重要的公共建筑。图 14-103 为淮安周恩来纪念馆运用最简洁的方形造型，将之置于圆形外堤中，以实为主的立面处理，更显得宁静、庄重。通过这种建筑造型美、环境美来达到形象的表达，用象征手法赞颂不朽的精神，寄托无尽的思念。

图 14-102　中国银行大厦（香港）

图 14-103　淮安周恩来纪念馆

（3）通过建筑外立面凹凸关系的处理可以加强光影变化，增强建筑物的体积感，丰富立面的效果（图 14-104）。

图 14-104　美国波士顿市政厅

8. 立面的色彩与质感

立面色彩设计主要通过材料色彩的变化使其相互衬托与对比来增强建筑的表现力。不同的色彩具有不同的表现力，运用不同色彩的处理，可以表现出不同建筑的性格、地方特点及民族风格。

一般说来，白色或浅色为主的立面色调，常使人感觉明快、清新；以深色为主的立面，又显得端庄、稳重；红、褐等暖色趋于热烈；蓝、绿等冷色感到宁静等。对于各种冷暖和深浅的色彩进行不同的组合和配置，会产生多种不同的效果。此外，由于人们生活环境和气候条件的不同，以及传统习惯等因素，对色彩的感觉和评价也有差异。

建筑外形色彩设计应注意以下问题：

（1）色彩处理必须和谐统一且富有变化。

在用色上可采取大面积基调色为主，局部运用其他色彩形成对比而突出重点。如红砖清水墙或白色搓砂面的住宅，常在阳台、檐口和窗台处加以重点抹面，以色彩对比使建筑物显得活泼且富有变化。

（2）色彩的运用必须与建筑物性质相一致。

由于色彩在人们心理上有不同的反应，因此选择色彩应考虑建筑物的性质，适当体现建筑物的性质。图 14-105 是美国迪斯尼集团总部，该建筑中部比较特异，体型穿插错动，还有一个大圆桶状的体量，起着标志作用。建筑外部的色彩奇丽斑驳，形成一个沐浴在佛罗里达阳光下充满愉悦的游戏般的建筑，此点与迪斯尼集团事业的性质倒很相符。

（3）色彩的运用必须注意与环境密切协调。

图 14-106 为英国红屋，建筑平面根据功能需要布置成 L 形，外墙用本地产的红砖砌筑，不加粉刷，并且取消了传统的外部装饰，屋顶也用红瓦覆盖，充分表现出材料本身的质感与艺术造型的精美。由于建筑物外貌全为红色，故名红屋。

（4）基调色的选择应结合各地的气候特征。

图 14-107 为美国西泰里埃森，是一组单层的建筑群，坐落在一片沙漠之中。它用红木作梁，毛石墙，篷布屋顶。需要通风的时候，屋顶的帆布板可以打开或移走。粗乱的毛石墙，没有油饰的木料和白色的帆布板错综复杂地组织在一起，不拘形式，充满野趣。但

图 14-105　美国迪斯尼集团总部

图 14-106　英国红屋

图 14-107　美国西泰里埃森

给人的感觉是严整、雅观，而不是杂乱无章。既具有原始形态的自然性，同时也反映出强烈的几何性。它同当地炎热少雨的气候和粗犷的自然植物非常匹配，在沙漠的景观中十分令人瞩目。

立面设计中常常利用不同质感材料的处理来增强建筑物的表现力。运用不同材料质感的对比容易获得生动的效果。一般说来，粗糙的混凝土或砖石表面，显得较为厚重；平整而光滑的面砖以及金属、玻璃的表面，感觉比较轻巧（图 14-108）。

9. 立面的线条处理

任何线条本身都具有一种特殊的表现力和多种造型的功能。建筑立面通过各种线条在位置、粗细、长短、方向、曲直、疏密、繁简、凹凸等方面的变化而形成千姿百态的优美形象。墙面中构件和竖向或横向划分，也能够明显地表现立面的节奏感和方向感。例如柱和墙墩的竖向划分、通长的栏板、遮阳和飘板等的横向划分等。横向划分的立面通常具有轻巧、亲切的感觉（图 14-109）。竖向划分的立面一般具有庄重、挺拔的感觉（图 14-110）。

10. 重点及细部处理

在建筑物某些局部位置通过对比手法进行重点和细部处理，可以突出主体，打破单调感。建筑物的主要出入口及楼梯间是人流最多的部位，要求明显突出、易于寻找。为了吸引人们的视线，常在这些部位进行重点处理（图 14-111）。建筑立面上一些构件的构造搭

图 14-108　立面中材料质感的对比

图 14-109　横向划分的建筑立面

图 14-110　竖向划分的建筑立面

图 14-111　建筑入口及楼梯的立面处理

(a)

(b)

图 14-112　檐口、阳台处理实例

(a) 檐口；(b) 阳台

接，勒脚、窗台、阳台、遮阳、雨篷以及檐口等的线脚处理，应予一定的注意（图 14-112）。建筑细部处理必须从整体出发，接近人体的细部应充分发挥材料色泽、纹理、质感和光泽度的美感作用。对于位置较高的细部，一般应着重于总体轮廓和注意色彩、线条等大效果，而不宜刻画得过于细腻。

## 第四节　技术经济分析与技术经济指标

经济是我国建筑技术政策的重要组成部分。建筑从选址、勘察基地、设计、施工都要进行技术经济分析。

**一、建筑经济分析评价方法**

经济是我国建筑技术政策的重要组成部分。建筑从选址、勘察基地、设计、施工，直到使用与维修管理，无不包含着经济问题。因而建筑师应从方案构思开始，便把经济问题放在一个重要的位置来考虑。

目前，评价单体民用建筑设计的经济性，主要根据技术经济指标来进行，而每平方米建筑面积的造价是最重要的指标。但是，仅仅根据技术经济指标来评价建筑的经济性是很片面的。全面评价应从以下几个方面进行。

1. 建筑技术经济指标

这些指标包括建筑面积、建筑系数、每平方米造价等。它是评价建筑经济性的重要指标。其中，每平方米造价的指标最重要，它是建筑所消耗的工日、材料、机械以及其他费用的综合反映。在保证建筑的功能和质量标准的前提下，每平方米造价越低越经济。建筑系数也是一个重要的衡量指标。在保证安全的前提下，减少结构面积；在保证使用的条件下，提高有效面积系数，减少有效面积的体积系数或增加单位体积的有效面积系数，都能取得经济效果。但是，进行建筑经济分析时必须具有全面的观点，不能追求较低的每平方米的造价而降低建筑质量标准，也不能追求各项建筑系数的表面效果而影响实用功能。过窄的楼梯，过低的层高，过小的辅助面积，既不方便使用，又会因为需改建等原因造成更大的浪费。

此外，为了增加可比性，我国还将平均每平方米建筑面积的主要材料（钢材、木材、水泥和砖）消耗量作为衡量建筑经济性的一项指标。

2. 长期经济效益

要取得良好的长期经济效益，就需要恰当的选择建筑的质量标准。片面追求建筑费用的节约而降低质量标准，不但影响建筑的使用水平，而且会增加使用期的维修费用，降低使用年限，从而造成浪费。一幢建筑使用期内各项费用的总和，通常比一次性建设投资大若干倍。由此可见，注重建筑的长期经济效益，是取得良好经济效果的一个重要途径。基于这种原因，在建筑设计中，选择建筑的质量标准时，具有适当的超前意识是必要的。

3. 结构形式与建筑材料

分析表明，砖混结构房屋各部分造价占总造价的比例约为：基础 6%～15%，墙体 30%～40%，楼、屋盖 20%～40%，门窗 10% 左右，设备 5%～10%。可见，结构部分对建筑的经济性影响很大。因此，在建筑设计时必须合理选择结构形式，并做好结构设计。

建筑材料的费用一般占工程总造价的 60%～70%。因此，合理选择材料，尽量就地取材和利用工业废料，并注意材料的节省，也是降低建筑造价的重要内容。

4. 建筑工业化

在建筑设计中，采用标准设计越多，工业化程度越高，对加快施工进度，提高劳动生产率，从而减少建设投资就越有利。

5. 适用、经济、技术和美观的统一

一切设计工作，都应力求在节约的基础上达到实用的目的，在合理的物质基础上努力创新，设计出既经济实用，又美观大方的建筑来。一幢不适用的建筑实质上是一种浪费。技术上不合理的节约会带来不良后果。片面强调经济而不注意美观也不可取。

为了更科学地做好建筑的技术经济评价工作，原建设部于 1988 年制定了《住宅建筑技术评价标准》（JGJ 47—1988）。这个标准建立了住宅建筑的评价指标体系，确定了评价指标的计算方法以及综合评价的方法，对搞好建筑的技术经济评价工作具有重要的意义。

## 二、建筑设计中主要技术经济指标

### 1. 建筑面积

建筑面积是指建筑物勒脚以上各层外墙墙面所围合的水平面积之和。它是国家控制建筑规模的重要指标,是计算建筑物经济指标的主要单位。

对于建筑面积的计算规则,目前全国尚不统一。1995年,原建设部颁布的《建筑面积计算规则》是国家基本建设主管部门关于建筑面积计算的指导性文件。各地根据这个文件也制定了实施细则。根据规定,地下室、层高未超过2.2m的设备层和储藏室,阳台、门斗、走廊、室外楼梯以及缝宽在300mm以内的变形缝等,不计建筑面积。具体计算方法见《建筑经济评价与法规》课程。

### 2. 每平方米造价

每平方米造价也称单方造价,是指每平方米建筑面积的造价。它是控制建筑质量标准和投资的重要指标。它包括土建工程造价和室内设备工程造价,不包括室外设备工程造价、环境工程造价以及家具设备费用(如教室的桌凳、实验室的实验设备、影剧院的座椅和放映设备)。影响单方造价的因素很多,除建筑质量标准外,还受材料供应、运输条件、施工水平等因素影响,并且不同地区之间的差异很大,所以只在相同的地区才有可比性。要精确计算单方造价较困难,通常在初步设计阶段可采用概算造价,在施工图完成后再采用预算造价。工程竣工后,根据工程决算得出的造价,是较准确的单方造价。

### 3. 建筑系数

(1) 面积系数。

常用的面积系数及其计算公式如下:

$$有效面积系数 = 有效面积(m^2)/建筑面积(m^2) \times 100\%$$
$$使用面积系数 = 使用面积(m^2)/建筑面积(m^2) \times 100\%$$
$$结构面积系数 = 结构面积(m^2)/建筑面积(m^2) \times 100\%$$

有效面积是指建筑平面中可共使用的全部面积。对于居住建筑,有效面积包括居住部分、辅助部分以及交通部分楼地面面积之和。对于公共建筑,有效面积则为使用部分和交通系统部分楼地面面积之和。户内楼梯、内墙面装修厚度以及不包含在结构面积内的烟道、通风道、管道井等应计入有效面积。使用面积等于有效面积减去交通面积。

民用建筑通常以使用面积系数来控制经济指标。使用面积系数的大小,同时也反映了结构面积和交通面积所占比例的大小。中小学建筑,使用面积系数约为60%,住宅则可达65%～85%。

提高使用面积系数的主要途径是减少结构面积和交通面积。减少结构面积,可以采取以下三种措施:一是合理选择结构形式,如框架结构的结构面积一般小于砖混结构;二是合理确定构件尺寸,在保证安全的前提下,尽量避免肥梁、胖柱、厚墙体;三是在不影响功能要求的前提下,适当减少房间的数量,减少隔墙。为了达到减少交通面积的目的,在设计中应恰当选择门厅、过厅、走廊、楼梯、电梯间的面积,切忌过大;此外,合理布局,适当压缩交通面积也是方法之一。

(2) 体形系数。

常用的体形系数及计算公式如下:

$$有效面积的体形系数 = 建筑体积(m^3)/有效面积(m^2)$$

$$单位体积的有效面积=有效面积(m^2)/建筑体积(m^3)$$

显然，即使面积系数相同的建筑，体形系数不同，经济性也不同。因此，合理进行剖面组合，恰当选择层高，充分利用空间，是有经济意义的。

4. 容量控制指标

(1) 建筑覆盖率，又称建筑密度，计算公式如下：

$$建筑覆盖率(\%)=建筑基地面积之和(m^2)/总用地面积(m^2)\times100\%$$

(2) 容积率计算公式如下：

$$容积率=总建筑面积(m^2)/总用地面积(m^2)$$

基地布置多层建筑时，容积率一般为 1~2；布置高层建筑时可达到 4~10。

(3) 人口密度计算公式如下：

$$人口毛密度(人/hm^2)=居住总人口数(人)/居住区用地总面积(hm^2)$$

$$人口净密度(人/hm^2)=居住总人口数(人)/住宅用地总面积(hm^2)$$

5. 高度控制指标

(1) 平均层数计算公式如下：

$$平均层数(层)=总建筑面积(m^2)/建筑基地面积之和(m^2)$$

$$平均层数(层)=容积率/建筑覆盖率$$

(2) 极限高度。

极限高度是指地段内最高建筑物的高度 (m)，有时也利用最高层数来控制。城市规划对此往往有控制要求。

6. 绿化控制指标

(1) 绿化覆盖率。

绿化覆盖率有时又称绿化率，指基地内所有乔、灌木和多年生草本植物所覆盖的土地面积（重叠部分不重复计算）的总和，占基地用地的百分比。一般新建筑物地基绿化率不小于 30%，旧区改扩建的绿化率不小于 25%。

(2) 绿化用地面积。

绿化用地面积指建筑基地内专门用作绿化的各类绿地面积之和，包括公共绿地、专用绿地、宅旁绿地、防护绿地和道路绿地，但不包括屋顶和晒台的绿化，面积单位为平方米。

7. 用地控制指标及有关规定

(1) 用地面积。

用地面积是指所使用基地四周红线框定的范围内用地的总面积，单位为公顷，有时也用亩或平方米。

(2) 红线。

红线可分为道路红线和建筑红线两种。道路红线是指城市道路（包括公用设施）用地与建筑用地之间的分界线。建筑红线是指建筑用地相互之间的分界线。红线由城市规划部门划定。

(3) 建筑范围控制线。

建筑范围控制线是指城市规划部门根据城市建设的总体需要，在红线范围内进一步标定可建建筑范围的界线。建筑范围控制线与红线之间的用地归地基执行者所有，可布置道路、绿化、停车场及非永久性建筑物、构筑物，也计入用地面积。

（4）征地线。

征地线表示建设单位（业主）需办理建设征用土地范围的控制线。征地线与红线之间的土地不允许建设单位使用。

**三、影响建筑技术经济的主要因素及提高经济性的措施**

1. 建筑物平面形状与建筑平面尺寸的影响

建筑物的平面形状与建筑物的平面尺寸（主要是面宽、进深和长度）不同，其经济效果也不同，主要表现在以下三个方面：

（1）用地经济性不同。

用地经济性可用建筑面积的空缺率来衡量。空缺率越大越不经济。建筑面积的空缺率计算公式如下：

$$建筑面积的空缺率＝建筑平面的长度(m)×建筑平面最大进深(m)/$$
$$底层平面建筑面积(m^2)×100\%$$

图 14-113 为两幢住宅单元组合示意。它们建筑面积相同，但显然图 14-113（b）所示建筑面积空缺率大。这表明，建筑平面越方正，用地越经济。

建筑物的进深也会影响用地经济性。建筑物的进深越大，越能节约用地。对居住建筑来说，每户面宽越小，用地也越省。

（2）基础及墙体工程量不同。

图 14-113　面积相同的两幢建筑占地的比较

基础及墙体工程量的大小，可用每平方米建筑面积的平均墙体长度来衡量。该指标越小越经济。考虑到内墙、外墙、隔墙造价不同，通常分别统计，以利于比较。由于外墙造价最高，因而缩短外墙长度对经济性影响最显著。一般来说，建筑物平面形状越方正，基础和墙体的工程量越小；建筑物的面宽越小，进深越大，基础和墙体工程量也越小。

（3）设备的常年运行费用不同。

方正的建筑平面，较大的进深和较小的面宽，可使外墙面积缩小，建筑的稳定性提高，这对减少空调与采暖费用是有利的。

综上所述，进行建筑平面设计时，应力求平面形状简洁，减少凹凸；适当增大建筑的进深与缩小面宽；另外，减少建筑幢数，增加建筑长度也可以节约用地。

低层住宅虽不需要高层住宅所必需的电梯，但上面楼层垂直交通会感不便。

2. 建筑层数与层高的影响

适当增加建筑层数，不仅可以节约用地，而且可以减小地坪、基础、屋盖等在建筑总造价中所占的比例，还可以降低市政工程造价。表 14-11 是对 1～6 层砖混结构住宅每平方米造价的比较。从表中可以看出，单层房屋最不经济，5 层最经济。层数更多时，虽可节省用地，但因公共设施增加和结构形式的改变而影响经济性。层高的增加，不但增加了房屋的日照间距，还增大了墙体工程量和房屋使用期间的能源消耗，增加了管线长度。分析表明，住宅层高每降低 100mm，大约可节约造价 1.2%～1.5%；层高由 2.8m 降低到 2.7m，可节约用地 7.7% 左右。

由此可见，在保证空间使用合理性的前提下，适当降低层高，选择经济的建筑层数，是降低建筑造价的有效措施。

| 层　　数 | 1层 | 2层 | 3层 | 4层 | 5层 | 6层 |
|---|---|---|---|---|---|---|
| 每平方米造价的相对比值 | 1.000 | 0.916 | 0.869 | 0.819 | 0.795 | 0.838 |

3. 建筑结构的影响

从上部结构来看，应选择合理的结构形式与布置方案。例如，对 6 层及其以下的一般民用建筑，选择砖混结构是经济合理的，但对需要大空间的建筑，则可能采用框架结构更经济合理。再如，在对住宅的厕所、厨房进行结构布置时，是采用小开间的墙支承小跨度板的方案，还是采用大跨度板支承隔墙的方案，应通过技术经济比较后确定。

对于基础，一是选择基础材料要因地制宜，二是要采用合理的基础形式，三是要确定安全而经济的基础尺寸与埋深，以降低造价。

4. 门、窗设置的影响

从单位面积来看，门、窗的造价大于墙体，特别是铝合金门、窗的造价高出墙体 10 余倍。据分析，在一套面积为 42m² 的住宅中，墙厚 240mm，如果将采光系数由 1/8 提高到 1/6，使用普通木窗，则每平方米造价将上升 0.5％ 左右。此外，门、窗的数量与面积还将影响采暖和空调系统的运行费用。因此，设计中应避免设置过多、过大的门窗。

5. 建筑用地的影响

增加用地，不但会增加土地征用费，还会增加道路、给水排水、供热、燃气、电缆等管网的城市建设投资。除上面已经提到的节约土地措施外，在建筑群体布置中，也应合理提高建筑密度，选择恰当的房屋间距，使建筑布局紧凑。

# 本 章 小 结

1. 民用建筑平面设计包括房间平面设计和平面组合设计。各种类型的民用建筑，其平面组成均可归纳为使用部分、辅助部分和交通联系部分三个基本组成部分。

2. 使用房间是供人们生活、工作、学习、娱乐等的必要房间。为满足使用要求，必须有适合的房间面积、尺寸、形状，良好的朝向、采光、通风及疏散条件。同时，还应符合建筑模数协调统一的要求，并保证经济合理的结构布置等。

3. 辅助房间的设计原理和方法与使用房间设计基本上相同，但是管线较多，设计中要特别注意房间的布置和与其他房间的位置关系，否则会造成使用不便和造价增加等缺点。

4. 建筑物内各房间之间以及室内外之间均要通过交通联系部分组合成有机整体。交通联系部分应具有足够的尺寸，流线简捷、明确，不迂回，有明显的导向性，有足够的亮度和舒适感，保证安全防火等。

5. 平面组合设计应遵循以下原则：功能分区合理，流线组织明确，结构经济合理，设备管线布置集中，体型简洁。

6. 民用建筑平面组合的方式有走道式、套间式、大厅式及单元式等。

7. 任何建筑都处在一个特定的建筑地段上，单体建筑必然要受到基地环境、大小、形状、地形起伏变化、气象、道路及城市规划等的制约。因此，建筑组合设计必须密切结合环境，做到因地制宜。

8. 建筑物之间的距离主要根据建筑物的日照通风条件及防火安全要求来确定，除此之外还应综合考虑防止声音和视线的干扰，兼顾绿化、室外工程等。

9. 剖面设计包括剖面造型，层数、层高及各部分高度的确定，建筑空间的组合与利用等。

10. 建筑物层数的确定应考虑使用功能的要求，结构、材料和施工的影响，城市规划及基地环境的影响，建筑防火及经济等的要求。

11. 层高与净高的确定应考虑使用功能、采光通风、结构类型等主要因素的影响。

12. 房间的剖面形状与使用要求、结构类型、材料和施工条件、采光通风要求等因素有关。大多数房间采用矩形，这是因为矩形规整，对使用功能、结构、施工及工业化均有利。

13. 在设计中充分利用空间，不仅可以起到增加使用面积和节约投资的作用，而且处理得好，还能丰富室内的空间艺术效果。一般处理手法有：利用夹层空间、房间上部空间、楼梯间及走道空间、墙体空间等。

14. 一幢建筑物从整体到立面均由不同部分、不同材料组成。它们是通过一定的规律组合成为一幢完整统一的建筑物。符合统一与变化、均衡与稳定、韵律、对比、比例和尺度等法则。

15. 建筑经济技术分析及建筑经济指标。

## 思 考 题

1. 平面设计包含哪些基本内容？

2. 民用建筑平面由哪几部分组成？各部分房间的主要作用和要求有哪些？

3. 确定房间的面积应考虑哪些因素？试举例说明。

4. 影响房间形状的因素有哪些？为什么矩形平面被广泛采用？

5. 什么是开间、进深？

6. 房间的尺寸指的是什么？确定房间尺寸应考虑哪些因素？

7. 如何确定房间的门窗数量、面积、尺寸、开启方向及具体位置？

8. 辅助房间设计有些什么要求？

9. 交通联系部分包括哪些内容？如何确定楼梯的位置、宽度和选择楼梯的形式？

10. 如何确定走道的宽度和长度？试说明走道的类型、特点及适用范围。

11. 说明门厅的作用及设计要求。如何确定门厅的大小及布置形式？

12. 影响平面组合的因素有哪些？如何运用功能分析法进行平面组合？

13. 大量性民用建筑常用的结构类型有哪些？说明其主要特点及适用范围。

14. 走道式、套间式、大厅式、单元式等组合形式的特点和适用范围是什么？

15. 基地的大小、形状、高低起伏对平面组合有什么影响？试举例说明。

16. 建筑物如何争取好的朝向？建筑物之间的间距如何确定？

17. 确定建筑物的层数应考虑哪些因素？试举例说明。

18. 什么是层高、净高？确定层高与净高应考虑哪些因素？试举例说明。

19. 如何确定房间的剖面形状？试举例说明。

20. 建筑物的空间利用有哪些处理手法？

21. 影响建筑体型及立面设计的因素有哪些？

22. 建筑构图中的统一与变化、均衡与稳定、韵律、对比与变化、比例、尺度等的含义分别是什么？试举例说明。

23. 简要说明建筑立面的具体处理手法。

24. 绘制一间普通教室的平面布置图，标注其开间、进深和课桌椅的布置尺寸，门窗的宽度和位置。

25. 建筑技术经济经济指标包括哪些内容？

### 实训设计作业 4：中小学教学楼设计

1. 教学目的

通过本课程的学习，初步了解建筑设计基本知识和一般建筑的设计原理。具体是：①掌握走道式建筑空间的组合特点、设计手法；②了解建筑设计的步骤和方法；③了解室内环境的处理常识以及建筑功能、技术和艺术的相互关系；④掌握调研的基本方法；⑤了解建筑基本构造特点。

2. 设计任务书

（1）设计地点：某高校附属小学和附属中学拟选址重新建设，地基平坦，可以根据各地区情况自定。

（2）建筑层数：≤4 层。

（3）结构类型：自定。

（4）空间组成及面积要求：

① 普通教室 24 班，70m²/班。

② 年级办公室 6 间，18m²/间。

③ 值班室 1 间，18m²/间。

④ 阅览室 2 间，60m²/间。

⑤ 教师休息室每层一个，18m²/间。

⑥ 中学加设理、化、生实验室，各 2 个共 6 个，60m²/间，考虑准备间。

⑦ 其他学生活动场所、门厅、卫生间、楼梯间、走廊等面积自定。

3. 设计内容及要求

（1）各层平面图：1：100～1：200。

（2）立面图（至少 2 个）：1：100～1：200。

（3）剖面图 1 个：1：100。

（4）屋面平面图：1：200。

（5）主要的节点详图：1：10～1：20。

（6）简要设计说明：包括技术经济指标（总建筑面积、平均每个学生所占的建筑面积）、门窗表、用料做法等。

4. 参考资料

（1）《城市普通中小学校校舍建设标准》2002 年 7 月 1 日实施。

（2）《中小学校设计规范》（GB 50099—2011）。

（3）《建筑设计资料集》（第二版第 3 集），中国建筑工业出版社。

（4）《中小学校建筑设计》，中国建筑工业出版社。

# 第十五章　住宅建筑设计

**学习目标**

通过学习住宅建筑设计的基本知识，掌握住宅的类型和设计要点，了解住宅的群体的组合方式。

**提示**

本章节的内容是对民用建筑设计原理的引用和补充，多层住宅施工图设计。

住宅是最基本的一种建筑形式，是人类为了满足家庭生活的需要所构成的物质空间，它是人类适应自然，并且随着人类的进步发展起来的。在当今高速发展的信息时代，人们利用因特网（Internet）技术实现办公自动化、家庭电脑化，现代人可以足不出户，在家里通过操作计算机便可"上班"、"购物"、"旅游"等，住宅的内容似乎在不断地延伸。

人们设计住宅建筑时，应首先研究家庭结构、生活方式、风俗习惯及地方特色，然后通过各种各样的空间组合方式设计满足不同功能要求的住宅。

## 第一节　住宅建筑的功能分析

住宅建筑应能提供不同套型居住空间供各种不同户型的住户使用。户型是根据住户家庭人口构成的不同划分的住户类型。套型则是指为了满足不同户型的住户生活需要而设计的不同类型的成套居住空间。住宅的功能分析要从套型的功能分析入手。

一套住宅需要提供不同的功能空间，满足住户的各种使用要求。它应包括睡眠、起居、工作、学习、进餐、炊事、便溺、洗浴、储藏及户外活动等功能空间，而且必须独门独户使用的成套住宅。所谓成套，就是指各功能空间必须齐全。这些功能空间可归纳为居

图 15-1　住宅主要的空间组合关系

367

住、厨卫、交通及其他三大部分（图 15-1）。

**一、居住空间**

居住空间是一套住宅的主题空间，它包括睡眠、起居、工作、学习、进餐等功能空间，根据住宅套型面积标准不同包含不同的内容。需要按不同的户型使用功能要求划分不同的居住空间，既要考虑家庭成员集中活动的需要，又要满足家庭成员分散活动的需要。根据不同套型的标准和居住对象，可划分为卧室、起居室、工作学习室、餐室等。

1. 卧室

卧室的主要功能是满足家庭成员睡眠休息的需要，是套内最主要的房间，一套住宅通常有一至数间卧室，根据使用对象在家庭中的地位和使用要求又可细分为主卧室、次卧室、客房以及保姆室等，有的卧室兼作工作学习空间。卧室之间不宜相互串通，其面积不宜小于下列规定：双人卧室 $10m^2$，单人卧室 $6m^2$，兼起居的卧室 $12m^2$。

卧室应有直接采光、自然通风。当通过走廊等间接采光时，应满足通风、安全和私密性的要求（表 15-1）。

居室的一般规模 表 15-1

| 空间 | 平面图 | 规模 | 说明 |
|---|---|---|---|
| 主卧室 | 4500 × 3300 | 13.93m² | 夫妇两人用或夫妇加婴儿用 |
| 次卧室 | 4500 × 2700 | 11.30m² | 两人用卧室 |
| 次卧室 | 3300 × 2100 | 6.30m² | 一个人卧室，成人或老人一人用 |
| 起居室套书房与餐厅的设计 | 5700 × 7400 | 31.14m² | 书房独立可不受干扰，需要时也可作为客厅的延伸 |
| 起居室与餐厅分设 | 6900 × 3900 | 22.75m² | 功能明确，互不干扰，较为理想，但需要面积大 |

| 空间 | 平面图 | 规模 | 说明 |
|------|--------|------|------|
| 起居室＋餐厅、厨房 | 3300<br>6600 | 20.61m² | 起居室与餐厅、厨房可分可合，灵活使用 |

### 2. 起居室（厅）

起居室（厅）主要功能是满足家庭公共活动，如团聚、会客、娱乐消遣的需要。在住宅套型设计中，一般均应单独设计成较大的空间。这对于提高住户家庭生活质量是至关重要的。当住宅面积标准有限而不能独立设置餐室时，起居室兼有就餐的功能。起居室应有直接采光、自然通风，其使用面积不应小于 12m²。起居室内的门洞布置应综合考虑使用功能的要求，减少直接开向起居室门的数量。起居室内家居布置的墙面直线长度不应小于 3m（表 15-1）。

### 3. 工作学习室

当套内面积允许时，工作学习室可以从卧室中分离出来单独设置，以满足住户家庭成员工作学习的需要。随着社会的发展进步，越来越多的社会家庭成员需要户内工作学习的空间。

### 4. 餐室

在标准较低的住宅套型设计中，餐室难以独立设置，就餐活动通常在起居室甚至在厨房进行。随着人民生活水平的提高，对就餐的质量要求也相应提高，独立设置餐室成为必要。

## 二、厨卫空间

厨卫空间是住宅设计的核心部分，它对住宅的功能与质量起着关键作用。厨卫内设备及管线多，其平面布置涉及操作流程、人体工效学以及通风换气等多种因素。由于设备安装后移动困难，改装更非易事，设计时必须精益求精，认真对待。

### 1. 厨房

厨房是居住者进行炊事活动的空间。家务劳动大部分是在厨房进行的，厨房又是产生油烟、水蒸气、一氧化碳等有害物质的场所。在住宅套型设计中，它的位置和内部设备布置尤为重要，而且应满足现代生活的要求。

（1）厨房的设备及操作流程。

厨房的主要功能是完成炊事活动，其设备主要有洗涤池、案桌、炉灶、储物柜、抽油烟机、冰箱、烤箱、洗碗机、消毒柜、微波炉电器等。

厨房的操作流程一般为：食物购入—贮藏—清洗—配餐—烹调—备餐—进餐—洗涤—贮藏。应按此规律根据人体功效学原理，分析人体活动尺度，序列化地布置厨房设备和安排活动空间。特备是洗涤池、案台和炉灶应按洗—切—烧的程序来布置，宜尽量缩短人在操作时的行走路线。

(2)厨房尺寸与设备布置形式。

厨房的平面尺寸取决于设备布置形式和住宅面积标准（表 15-2）。厨房炉灶上应预留排气罩位置。严寒和寒冷地区厨房内应设通风道或其他通风措施。

厨房和餐厅的一般尺寸表　　　　　　　　表 15-2

| 空间 | 平面图及规模 | 说　明 |
|---|---|---|
| 厨房 | | 家庭厨房的主要设备是炉灶、洗池、案桌三件。三件设备所占的面积为 1.3～1.4m²，加上碗柜、冰箱所占面积 0.6～0.8m²，容纳 1～2 人操作面积为 1.5～2.0m²，故厨房面积一般为 3.5～4.5m²，北方地区需要设贮藏间或服务阳台 |
| 厨房一角设小餐厅 | | 在厨房内设有小餐厅，家庭个人用餐的时间不必一致，家庭主妇的午餐，小孩就寝后夫妇团聚，接待客人等非常方便，这种方式的厨房面积为 5.5～7.2m²，较适合小型家庭 |
| 厨房和餐厅 | | 厨房内家庭成员用餐空间，可兼家事工作和家庭团聚活动，这种布置较符合公寓的要求，需要的面积为 7.0～10.2m² |

(3)带餐室的厨房。

这种厨房类型将就餐空间纳入厨房之内，面积见表 15-2。这种方式对节约空间并保持起居室的整洁有利，但文明就餐程度差。

2. 卫生间（含厕所、浴室和盥洗室）

卫生间是供居住者进行便溺、洗浴、盥洗等活动空间。在较高级的住宅还包括化妆功能在内。在我国，住宅卫生间从单一的厕所发展到包括洗浴、洗衣多功能卫生间。

(1)卫生间的基本设备与人体活动尺度。

卫生间基本设备有便器（蹲式、坐式）、淋浴器、浴盆、洗脸盆、洗衣机等。必须充分注意人体活动的空间尺度的需要，仅能布置下设备而人体活动空间尺度不足，将会严重影响使用功能。

卫生间的布置形式与尺寸，卫生间应按其使用功能适当的分离开来形成不同的使用空间，这样可以在同一时间使用不同的卫生设备，有利于提高功能质量。不同洁具组合的卫生间尺寸及布局形式（表 15-3）。标准较高的住宅，一户之内可以设置两个卫生间，即除一般成员使用的卫生间外，主卧室设专用卫生间。

卫生间的布置应注意以下要求：无前室的卫生间的门不应开向起居室或厨房；卫生间

不应布置在下层住户的卧室、起居室和厨房的上层。

（2）卫生间的细部处理。

卫生间的地面、墙面应考虑防水措施。地面应防滑和排水，墙面应便于清洗。内部设备应考虑镜箱、手纸盒、肥皂盒等的位置，还需考虑挂衣钩、毛巾架等。当卫生间不能直接对外通风采光时，应设排气井道，采用机械通风。

卫生间布局尺寸 表 15-3

| 空　间 | 平　面　尺　寸 | 说　明 |
|---|---|---|
| 厕所浴室盥洗 | | 设施齐全，一般标准住宅应达到标准；用墙分开沐浴、盥洗和便溺活动，使之互不干扰，更加舒适；增设净身器，使卫生设施齐全 |

### 三、交通及其他辅助空间

1. 交通联系空间

交通联系部分包括门斗或前室、过道、过厅及户内楼梯等，在面积允许的情况下入户设门斗或前室，可以起到户内外缓冲与过渡作用，对于隔声、防寒有利。同时可作为换鞋、存放雨具、挂衣等空间。门斗的设置尺寸其净宽不宜小于 1200mm，并注意搬运家具的可能性。图 15-2 为户外走廊和户内过道的尺寸。

门厅和过道是住宅套内使用的水平交通空间，起着联系起居室、卧室、避免房间穿套、调整室内小气候和隔绝噪声的作用。可以集中开门位置，减少起居室墙上开门的数量。当一户的住房分层设置时，垂直交通联系采用户内楼梯。户内楼梯既可以设置在楼梯间内，也可以与起居室或餐室结合在一起，即可节省空间，又起到美化空间的作用。

2. 贮藏空间

住户各种物品的储藏量会相当大，住宅必须有足够的储藏空间，否则其他空间会被占用，既不利于正常使用，也未充分利用空间。储藏间有壁柜、吊柜和独立小间等形式，住宅套内与墙壁结合而成的落地储藏空间称为壁柜；住宅上部的储藏空间称为吊柜。

图 15-2　户外走廊和户内过道

3. 室外空间

住宅的室外活动空间，包括多层和高层住宅中的阳台、露台以及低层住宅中户内庭院，在完善住宅功能中应该说是不可缺少。

(1) 阳台。

阳台是供居住者进行室外活动、晾晒衣物等的空间。阳台有生活阳台和服务阳台之分。

生活阳台一般与起居室相连，供生活起居用；服务阳台一般与厨房相连。从形式上分有凸阳台、半凸半凹阳台、转角阳台、封闭阳台等。阳台设计规定：低层、多层住宅的阳台栏杆的净高不低于 1.05m；中高层、高层层住宅的阳台栏杆的净高不低于 1.10m；一般不超过 1.20m。中高层、高层及寒冷严寒地区住宅的阳台宜采用实体栏板，阳台栏杆设置应防止儿童攀登，垂直杆件之间的净距不应大于 0.11m。在阳台放置花盆必须采取防坠措施。阳台处理排水问题，一般阳台地面标高宜低于室内标高 30～50mm，并有排水坡度引向地漏或排水管。

阳台除了供人们从事户外活动之外，兼有遮阳、防雨、防火蔓延的作用，同时可以丰富建筑外观的艺术效果。

(2) 露台。

露台是指其顶部无覆盖遮挡的露天平台。如顶层不设雨篷时即形成露台。在退台式住宅中，退台后的下层屋顶即形成上层露台。露台是多层或高层住宅中的特有室外空间形式。通常做花园式露台，覆土种植绿化，为住户提供良好的室外活动空间，既美化了环境，又加强了屋顶的隔热保温性能。

4. 其他设施

(1) 晾晒设施。

晾晒设施是住宅的必要功能部件。有阳台时，可设置在阳台上方，无阳台时，则需在窗户外墙上设置。

(2) 垃圾处理。

住宅内的垃圾处理是一个值得重视的问题，在我国，前一段多为设置垃圾井道，而垃圾井、垃圾倒灰口、垃圾掏灰口成为污染居住环境的主要部位，造成居住环境卫生恶劣。目前比较倾向于不设垃圾井道，而由各户袋装垃圾集中住宅外的垃圾收集点，再转送垃圾站处理。中高层以及高层住宅不设垃圾井道时，必须设置封闭的收集垃圾空间，以便采取其他措施清运垃圾，避免住户利用电梯搬运垃圾。

## 第二节　住宅建筑的类型

**一、住宅按层数划分**

（1）低层住宅一至三层；

（2）多层住宅四至六层；

（3）中高层住宅为七至九层（应设电梯）；

（4）高层住宅为十层及以上（应执行高层民用建筑的防火规范）。

**二、按住宅区位分**

根据区位的不同可分为严寒地区住宅、炎热地区住宅和坡地住宅等。

**三、按住宅性质分**

根据住宅性质的不同，可分为单一住宅和底层公共式住宅。

**四、按住宅建造方式分**

根据住宅建造方式的不同，可分为一般住宅和工业化住宅。

下面主要介绍低层住宅、多层住宅、高层住宅和住宅建筑首层类型。

## 第三节　低层住宅的设计

**一、低层住宅的类型**

低层住宅一般指一至三层的住宅。可分为以下几种类型：

1. 城市集合型低层住宅

指城市范围内以集中形式建造的低标准低层住宅，它所具有的"集合性"反映在统一的建造方式，较高的人口密度，以及在建筑群体中建筑之间有较明确的组合关系等方面。

2. 别墅

别墅的原本含义为："住宅以外的供游玩、休养的园林式住房。"由于交通的发展，别墅既是住户休养的住所，也可能是常年栖居的生活用房。

别墅可分为城市型别墅和郊野型别墅，前者指位于城市市区及近郊的别墅，后者指位于城市远郊或乡野环境的别墅，另外，近年还出现了一些其他类型的别墅，如商务型别墅、度假型别墅等，在设计上与通常的别墅有所区别。

城市集合型低层住宅和别墅在建筑标准（主要指建筑面积标准和建筑质量标准）和环境标准（主要指住宅周围的环境及服务设施）上有一定的差别，别墅的标准较高，城市集合型低层住宅标准型相对较低。

**二、低层住宅的特点**

（1）适应性强，既能适应面积较大、建筑标准较高的住宅，也能适应建筑标准较低的。

（2）平面布置紧凑，上下交通方便。容易满足住户的居住行为和心理方面的要求。低层住宅的低层数和小体量较容易形成亲切的尺度，住户的生活空间接近自然，符合人类回归自然的心理需要。

（3）一般组织有院落，使室内外空间相互流通，扩大了生活空间，便于绿化，能创造更好的居住环境。

（4）对基地要求不高，地基处理的费用较低，结构施工技术简单，土建造价相对较低，也便于住户参与，增加建房的自主性和可发展性。

（5）不足之处是占地面积大，道路、管网以及其他市政设施投资高。

### 三、低层住宅的组合形式及特点

低层住宅的组合方式有水平组合和垂直组合两种。

1. 水平组合

独立式住宅（独院式）建筑四面临空，平面组合灵活，采光通风好，建筑朝向相对灵活；环境安静，私密性好，院落组织和使用方便；但占地面积大，建筑墙体多，市政设施投资较高。城市中的低层住宅是在现代生活的基础上采用先进技术和现代建筑思想发展起来的高级住所，代表最高层次的居住模式，称为别墅。现代别墅讲究：①舒适、方便，即功能组织合理，布局灵活自由，空间层次丰富；②与自然景色有机结合，与周围环境相互协调，注重天人合一，环境优美；③特色突出，能反映居住者的个人风格和追求，也是建筑文化的体现。

（1）双联式住宅（毗连式）。

将两个独院式住宅拼联在一起，每户三面临空，平面组合较灵活，采光通风好，节约一面山墙和一侧院子，与独立式住宅相比，节约用地，减少了市政设施投资（图15-3）。

图 15-3 双联式住宅
(a) 双联式住宅平面之一；(b) 双联式住宅平面之二

（2）联排式住宅。

将独院式住宅拼联至三户以上。一般拼联不宜过多，否则交通迂回，干扰较大，通风也受到影响。拼联也不宜过少，否则对节约用地不利，联排长度以 30m 左右为宜，在拼联方式上，有横向联排、纵向联排、斜向联排、综合联排等形式。

（3）聚合式住宅（簇集式）。

多户住宅呈组团式或向心式组合，形成一栋建筑或一个有独立特征的建筑群体。其优点是易创造出亲切的居住气氛，有利于促进邻里交往；但注意如建筑之间的距离过小，会影响住宅的通风采光和居住私密性。

2. 垂直组合

垂直组合是指低层住宅各户之间在垂直方向上的组合。在组合方式上主要可分为叠加式和互补式两种。

（1）叠加式。

各层平面内容相同或相似，在垂直方向上进行重复性的叠加，通常采用的是全重式的叠加，部分叠加方式有退阶式叠加和悬挑式叠加。

（2）互补式。

不同户在垂直方向交叉组合，共同形成一个住宅单元体。

灵活的处理低层住宅的垂直组合，既可以丰富住宅的造型，还可以形成平台花园，改善上层住户的居住条件。

## 第四节　多层住宅的设计

**一、多层住宅的基本特点**

（1）从平面组合来说，多层住宅不是把低层住宅简单地叠加起来，它必须借助于公共楼梯解决垂直交通，有时还必须设置公共走廊解决水平交通。

（2）多层住宅用地较低层住宅节省，造价比高层住宅经济。

（3）多层住宅不及低层住宅与室外联系方便，居住环境没有低层住宅优越，虽不需要高层住宅所必需的电梯，但上面几层垂直交通仍感不便。

**二、多层住宅单元的划分与组合**

为了适应住宅建筑的大规模建设，简化和加快设计工作，方便施工，常将一栋住宅分为几个标准段，一般就把这种标准段称为单元，以一种或数种单元拼接成长短不一、体形多样的组合体。这种方法称为单元设计。单元的划分可大可小，多层住宅一般以数户围绕一个楼梯间来划分单元。将若干单元拼接起来就形成一栋住宅，单元组合应满足建筑规模及规划要求，应适应基地特点。

单元组合拼接的方式常见的有：

（1）平直组合：形体简单，施工方便，但不宜组合过长。

（2）错位组合：适应地形、朝向、道路或规划的要求，但注意围墙的周长及用地经济性。可用平直单元错拼，或加错拼的插入单元。

（3）转角组合：按规划要求，注意朝向，可用平直单元拼接，也可以插入单元或用转角单元。

（4）多向组合：按规划要求考虑，注意朝向和用地的经济性。可用具有多方向的一种单元组成，还可以套型为单位，利用交通联系组成多方向性的组合体（图 15-4）。

**三、多层住宅的设计要点**

1. 设计原则

（1）套型恰当。应具有组成不同户型的灵活性，满足居住者的实际需要。可组成单一户型和多户型的单元。单一户型的单元，其户型比一般在组合体或居住小区内平衡；多户型的单元则增加了在单元内平衡户型比的可能性。住宅应按套型设计，每套必须是独门独户，做到户门一关，各户互不干扰。每套内应有良好功能组合，设有卧室、厨房、卫生间

图 15-4　单元的组合方式

(*a*) 平直组合；(*b*) 错位组合；(*c*)、(*d*) 转角组合；(*e*) 多向组合

及贮藏空间等，具有居住的必要条件。

(2) 使用方便。平面功能合理，并能满足各户的日照、采光、通风、隔声、隔热、防寒等要求。保证每户至少有一间居室布置在良好朝向。

寒冷地区住宅朝向应争取南向，尽可能避免北向。加大建筑进深，缩短外墙长度，尽量减少每户所占的外墙面积，有利于保温和节能。

炎热地区必须注意减少东西向阳光对建筑物的照射，并能有夏季主导风入室。故朝向的选择十分重要。炎热地区住宅建筑选择朝向应依次为南向、南偏东 30°或南偏西 15°以内为佳，其次为东向、北向；西向一般最差，应尽量避免。

(3) 交通便捷。尽可能压缩户外交通面积，并避免公共交通对住户的干扰。进户门的位置便于组织户内平面。

(4) 经济合理。提高面积的使用率，充分利用空间；结构与构造方案合理；管线布置尽量集中；采取各种措施节约土地。

(5) 造型美观。能满足城市规划的要求，立面新颖美观，造型丰富多彩。

(6) 通用性强。住宅单元通常具有通用性，或作为标准设计在一定区域内大面积推广使用。这就要求用良好的使用条件及较好的灵活性、适应性，对构件统一化、规格化、标准化提出了严格的要求，并要建筑处理多样化，便于住户参与和适应今后住户的发展。

(7) 环境优美。住宅的环境包括室内空间环境和室外空间环境。它涉及物理环境、心理环境、社会环境、交通环境、绿化环境等方面。要考虑到邻里交往、居民活动、儿童游戏、老人休闲、安全防卫、绿化美化以及物业管理等各种需求。

2. 多层住宅的交通组织

多层住宅以垂直交通的楼梯间为枢纽，必要时以水平的公共走廊来组织各户。由于楼梯和走廊组织交通以及进入各户的方式不同，可以形成各种平面类型的住宅。

(1) 围绕楼梯间组织各户人口。这种平面类型不需要公共走廊，称为无廊式或梯间式，其布置套型数有限。

(2) 以廊组织各户人口。布置套型数较多，各户入口在走廊单面布置，形成外廊式；在走廊双面布置形成内廊式。随走廊的长短又分长外廊、短外廊、长内廊、短内廊。

(3) 以梯廊间层结合组织各户入口及隔层设廊，再由小楼梯至另一层就形成跃廊式。

楼梯服务户数的多少对适用、经济都有一定影响。服务户数少时较安静，但不便于邻里交往。服务户数增加则交往方便，但干扰大。为节省公共交通面积可适当增加服务户数，但若增加户数而过多地增长公共走廊，从经济上说并不划算。多层住宅常用的楼梯形式有双跑楼梯、单跑楼梯、三跑楼梯。

3. 采光与通风

保证每户有良好的朝向、采光和通风是住宅平面组合的基本要求。一般一户能有相对或相邻的两个朝向时，有利于争取日照和组织通风；一户只有一个朝向则通风较难组织，利用平面形状的变化或设天井，可增加户外临空面，有利于采光和通风。

4. 辅助设施的设计

厨房、卫生间最好能直接采光和通风，可将其布置在朝向和采光较差的部位。套与套之间的厨房、卫生间应尽量相邻布置，有利于设备管线集中，管道公用比较经济。

**四、多层住宅的平面类型及其特点**

1. 梯间式住宅

梯间式住宅是由楼梯平台直接进入分户门，一般每梯可安排二至四户。

（1）一梯二户：每套有两个朝向，便于组织穿堂通风，居住安静，套门干扰少，较宜组织户内交通，单元面宽较窄，拼接灵活，目前我国采用较广泛。

（2）一梯三户：每套均能有好朝向，但中间一套常是单朝向，通风较难组织。

（3）一梯四户：楼梯使用率高，每套有可能争取到好朝向，一般将少室户布置在中间，多室户布置在两侧。

户数越少，由公共楼梯间所引起的对住户的影响就越小。同时也能更好地保证住户的私密性和良好的通风采光条件。

2. 走廊式住宅

走廊式住宅是以楼梯通向各层廊道，由廊道进入各户。每层住户依公共走廊长度的增加而增多；此类住宅楼梯利用率高，户间联系方便，但相互之间有些干扰（图15-5）。

图15-5　走廊式住宅平面

## 3. 跃层式住宅

跃层式住宅俗称楼中楼，指一套住宅占有两个楼层高度，即占上下两层楼面。卧室、起居厅、客厅、卫生间、厨房及其他辅助用房可以分层布置，采用户内独用的小楼梯连接上下楼层。跃层式住宅由通廊进入各户后，再由户内小楼梯进入另一层，可以节省交通面积，增加户数又减少干扰，每户可争取两个朝向，采光、通风较好。一般在每户面积大、

图 15-6　跃层式住宅平面实例（一梯两户、两室两厅、一室一厅）

(a) 底层平面；(b) 二层平面；(c) 夹层平面

图 15-7　复式住宅

(a) 底层平面图；(b) 夹层平面图；(c) 1—1 剖面图；(d) 2—2 剖面图

378

居室多时较适宜（图15-6）。

4. 复式住宅

复式住宅是在住宅内部空间中巧妙地布置夹层，有两个楼层面，但只占用一个楼层的高度，两层合计的层高要大大低于跃层式住宅，上下层以室内楼梯相联系，下层供起居、炊事、进餐、洗浴之用，上层供休息、睡眠和贮藏用，户内设多处入墙式壁柜，形成空间的重复利用，省地、省工、省料又实用（图15-7）。

5. 集中式（点式）

集中式是数户围绕一个楼梯布置（图15-8），四面临空，皆可采光、通风，分户灵活，每户有可能获得两个朝向而有转角通风，外形处理也较为自由，可丰富建筑群的艺术效果，建筑占地少，便于在小块用地上插建，但节能、经济性比条式住宅差（图15-9）。每层联系的户型可多可少，一般在高层住宅中采用较多。

图 15-8　点式住宅平面示意图

（*a*）一梯两户；（*b*）一梯三户；（*c*）、（*d*）一梯四户；（*e*）、（*f*）一梯五户；（*g*）、（*h*）、（*i*）一梯六户

图 15-9　点式住宅平面实例

（*a*）工字形；（*b*）Y 形

除以上基本平面类型外，平面布局的变化还有两种情况：

（1）楼梯形式。除一般的双跑、单跑和三跑楼梯外，还有外凸楼梯、内楼梯、单跑横

向楼梯和直跑楼梯等。

（2）平面形式：包括平面形状的局部变化，增设天井、平面体形变化等。当进深较大时，其中房间的采光、通风采用内天井解决，则称为内天井式住宅。

## 第五节　高层住宅的设计

按照不同的使用功能，千姿百态的高楼大厦分为高层住宅、高层办公、高层旅馆和高层综合体建筑等多种类型。高层住宅在许多经济发达的国家和地区，特别是在人口稠密、用地紧张的大城市中大量地建造。据统计，我国高层建筑中数量最多的也是高层住宅，若按幢数计，高层住宅占高层建筑总数的80％以上。

目前，我国将10层及10层以上的住宅定为高层住宅。高层住宅除了具备各类住宅的许多特性外，还有其本身的特性。由于建筑高度的增加，就不能用步行来作为楼层间的联系，要以电梯作为主要的垂直交通工具。

美国和西欧是发展高层住宅最早的地区，但在20世纪60年代末至70年代初，城市居民纷纷外迁，使城市中心许多高层住宅无人居住，从而使高层住宅的发展受到了限制。长期以来，前苏联和东欧一直着力发展高层住宅。香港高层住宅的发展一直稳步向前，多采用高层塔式住宅的形式，高30～40层，每层6～8个单元，建筑造型丰富多彩。新加坡多建12～14层的板式高层住宅，底层架空，种植绿化和布置公共活动场地，供老人休息和儿童游戏，非常注意环境的质量。

### 一、高层位宅的基本特点

（1）可提高住宅的容积率（住宅容积率是指总建筑面积与居住区用地的比值），节约城市土地。

（2）可节省市政建设投资。

（3）可以获得较多的空间用以布置公共活动场地和绿化。

（4）用钢量较大，一般为多层住宅的3～4倍。

（5）对居民生理和心理会产生一些不利影响。

（6）设计原则与多层住宅相似。

### 二、高层住宅的平面类型

常见的高层住宅平面分为四种类型，即外廊式、内廊式、楼梯间式和核心式。

1. 外廊式

外廊式是以一条公共走廊串联各户，住户布置在公共走廊的一侧，电梯、楼梯与各户之间采用走廊联系。其优点是各户的居住条件基本一致，可以有良好的朝向和通风，因而在炎热地区多采用这种形式，如图15-10（a）所示。

2. 内廊式

内廊式是由一条公共走廊从两侧串联各住户的。由于各住户布置在走廊两侧，住户在走廊一侧不能开窗，使通风受到阻碍。在一些经济发达国家里，由于有良好的空调设备条件，因而多采用这种形式，如图15-10（b）所示。

3. 楼梯间式

楼梯间式是以设有走道的电梯、楼梯厅为公共交通中心，串联各住户。它的特点是电梯服务的户数较少，住户的通风、采光条件均较好。常见的形式有矩形、丁字形、十字形、Y 形等，如图 15-10（c）所示。

4. 核心式

核心式是以楼梯、电梯组成的交通中心为一个核心，所有的住户都布置在核心的四周。这种类型布置紧凑，体型丰富多变，但各住户居住条件不一致，有些具有良好的朝向，而另一些则不利，如图 15-10（d）所示。此外，还有跃层式、跃廊式等。

图 15-10　高层住宅平面类型
（a）外廊式；（b）内廊式；（c）楼梯间式；（d）核心式

图 15-11　塔式住宅

由于高层住宅外部体型的不同，高层住宅可分为塔式和板式两种类型。高层塔式住宅的高度、长度和宽度三个尺寸中，高度最大，体型挺拔而活泼，形如一座高耸的"塔"，故称为"塔式"（图 15-11）。高层板式住宅的进深、长度和高度三个尺寸中，进深远远小于长和高，而长与高之间又较为接近，因而体型较薄，像一块矗立在地面上的板，故称为"板式"（图 15-12）。

图 15-12　高层板式住宅平面

### 三、高层住宅的垂直交通

1. 电梯的设置要求

高层住宅中，电梯的设置首先要做到安全可靠，其次是方便，再次是经济。

（1）高层住宅的垂直交通是以电梯为主，以楼梯为辅进行组织。《住宅设计规范》规定，12 层以上住宅每栋楼设置电梯不应少于 2 台。其中宜配置一台可容纳担架的电梯。

（2）高层住宅电梯宜每层设站。当住宅电梯非每层设站时，不设站的层数不应超过两层。塔式和通廊式住宅电梯宜成组集中布置。单元式高层住宅每单元只设一部电梯时应采用联系廊联通。

（3）候梯厅深度不应小于多台电梯中最大轿厢的深度，且不宜小于 1.5m。

（4）楼梯应布置在电梯附近，但楼梯又应有一定的独立性。单独作为疏散用楼梯可设在远离电梯的尽端。

（5）电梯不宜紧邻居室，尤其不应紧靠卧室。必须考虑对电梯井的隔声处理。

2. 楼梯和电梯的关系

在高层住宅中虽然设置了电梯，但楼梯并不能因此而省掉，它可作为下面几层居民主要垂直交通工具，作为短距离的层间交通工具和作为非常情况下的疏散通道。因此，楼梯的位置和数量要兼顾安全和方便两方面。首先要符合《高层民用建筑设计防火规范》（以下简称"高规"）的要求。其次楼梯位置的选择及与电梯的关系要适当，作为电梯的辅助交通工具，应与电梯有机地结合成一组，以利相互补充。

### 四、高层住宅的消防疏散设计要求

1. 消防能力与建筑层数和高度的关系

防火云梯高度多在 30～50m 之间。我国目前高层住宅的高度即是参考这一情况而定的。高度 50m 相当于住宅 18 层，其防火要求是一个等级，超过 50m 即 18 层以上的住宅又是一个防火等级。如果超过100m，即相当于36层以上的住宅，防火要求更高，其防火设施应按《高层民用建筑设计防火规范》处理。

2. 防火措施

提高耐火极限，将建筑物分为几个防火分区，消除起火因素，安装火灾报警器。

3. 安全疏散楼梯和消防电梯的布置

长廊式高层住宅一般应有两部以上的电梯用以解决居民的疏散。有关安全疏散楼梯和消防电梯的布置以及安全疏散等问题应遵照"高规"等有关规定执行。

**五、小高层住宅**

小高层住宅是当前房地产市场较为畅销的一种户型。近些年，我国相继建设了框架结构、剪力墙结构、框架轻板结构的住宅，前两种形式多为高层建筑，其中框架轻板结构的特点，层数在7～12层最为经济。一般情况下，11～13层为跃层，电梯通至11层。这类住宅统称为小高层住宅。

小高层住宅设计体现了以人为本的指导思想，首层踏步旁坡道的电梯直达各层的无高差设计，体现了对老龄人及伤残人的关怀。平面多采用一梯4～8户，标准较高的采用一梯两户。各户入口处均设有门厅作为过渡，以确保住宅的私密性。一梯四户点式住宅标准层平面如图15-13所示。

小高层的整体投入低于高层，其中7～9层的小高层住宅的投入只略高于多层住宅，但因节约了土地，故减少了土地资源浪费，节省了大笔相关费用。现在北京、上海、广州、深圳、武汉、重庆等地小高层住宅商品房旺销的情景，与小高层住宅所形成的亲切、舒适、方便的居住环境和气氛及适中的价位是分不开的。所以，小高层和高层在中心城区占主导地位。

| 点式住宅标准层单位 | |
| --- | --- |
| 建筑面积(m²) | 364 |
| 使用面积(m²) | 283 |
| 使用面积系数 | 0.7775 |

注：点式住宅为13层。

图 15-13　点式住宅标准层平面（一梯四户）

# 第六节　住宅建筑首层类型

由于城市中心区人口密度高、建筑密度大，用地"寸土寸金"，所以在大城市某些中心城区或城市干道两旁，住宅建筑首层多为骑楼式商铺、银行、酒家或其他类公共用房。而在新建成的一些居住区，住宅建筑首层类型从工程实例看主要有住宅、贮物、车库、架空支柱层、商店等。

### 一、贮物、附属用房或设备用房

将住宅首层划分为若干个单间，提供给上部每家住户作为分户的储藏空间。此种做法常用于多层或中高层住宅，即4～9层住宅。当住宅楼首层作为贮物用途时，通常将首层层高设计在2.20m以下，不计入总建筑面积。这样既可方便楼上住户存放自行车、摩托车或其他杂物，又可在不增加建筑面积及容积率的情况下增加使用价值，以避免居室设在首层易受潮湿的影响。因此，首层贮物附属用房或设备用房，在南方地区的一些城市住宅中比较多见。

### 二、车库

随着人们生活水平的不断提高，在衣食住行方面，一经解决"衣与食"的温饱，人们开始注重"住与行"的舒适。其实，房地产业的发展与汽车工业的发展密切相关。久居喧闹尘嚣的都市居民，因大城市城区空气质量较差，污染指数偏高，均渴望在偏离市中心的城郊部甚至更远一些的小城镇，拥有一套商品住宅或乡村度假式别墅，以利在周末或节假日携妻带子或亲朋好友去小住消遣，领略与饱赏大自然的清新空气及田园风光。

小汽车作为人们普通的代步工具和消费商品已逐渐成为现实，房地产业的开发刺激了汽车工业的发展，反之亦然，汽车工业的发展又进一步促进了房地产业的繁荣。为了解决停车问题，住宅建筑首层作为车库的例子也不少见。当然汽车噪声、尾气排放等污染会对居住区环境及生活质量有所影响，所以在居住区规划设计时应注意如下两点：

（1）宜将首层建车库的居住建筑尽可能地设于居住区的外围或入口附近，不要放在居住区的中心或纵深地段，以减少对居住区环境的影响及避免人车互行之间的干扰。

（2）当住宅建筑首层作为车库停放汽车时，还需满足消防、疏散等要求。小汽车停放空间的容量指标应根据住宅所处的城市地段综合考虑，一般约每5户一个车位，每个车位停车面积按普通车型计算。

住宅建筑方便居民出行，住、行结合是当今我国大多数城市住宅区规划设计的重大研究课题之一。现行停车的场所有：地上停车楼（包含住宅建筑首层车库类）、地下停车库、室外停车场。而室外停车场所占用的场地本可以作为公共建筑、绿化或其他用途的，所以我们认为城市（特别是大城市）室外停车场不宜滥建。多层住宅的半地下车库如图15-14所示。

### 三、架空支柱层

住宅建筑首层作为支柱层架空，用于公共休闲和绿化空间，不仅颇受楼上居民的欢迎，而且也正逐渐被越来越多的房地产商所接受。尽管这样做会损失首层的可销售建筑面积，但都能使建筑内外空间延伸及绿化渗透，增加绿地率（可按楼层面积的30％左右计入绿化面积），美化居住环境及改善生活质量，最终导致该楼盘热销。

### 四、商店

住宅建筑首层用作商店时，主要是食杂百货或超市类，服务于该地段居住区，属于居住区公共建筑服务配套设施。一般商店门前都有几步台阶，以防潮湿与水浸。有时也会占据二、三楼成高层住宅的裙楼部分，甚至全部作为商业用途，人称商住综合楼。当商住综

图 15-14 多层住宅半地下车库

(a) 剖面图；(b) 平面

合楼的高层主体为住宅，而低层裙楼为商店时，应保持住宅楼主体出入口的独立性，其垂直交通系统、消防安全疏散系统以及管理系统均应独立设置，不与商店的功能空间相混合，即住宅与商店在首层应有各自独立、互不干扰的出入口。

居住区的公共服务设施除商业服务外，还有教育、医疗卫生、文体、金融、邮电、市政公用、行政管理和其他 8 大类。这些居住区配建设施有些附设于住宅楼的底层或裙楼，也有些与住宅建筑各成一区或独立设置。

此外，住宅建筑首层常设保安、值班、管理用房，三表（电表、水表、煤气表）房，高层住宅建筑首层还设有消防控制中心（或消防控制室）、闭路电视监控室等。

南方地区住宅在使用上应特别注意隔热、遮阳、通风、挡雨、防潮等，而住宅首层应特别重视防潮的问题。

近来，有的地方不仅将底层设计为半地下室，作为地下车库，还可每层设置晾衣兼休闲的挑台，利用 20m² 的房屋面积与挑台结合，成为"半含式空中花园"。优化了通风采光条件，可以栽种花卉、晾衣休闲，不仅为住户提供了生活便利，而且增添了一道亮丽的空中风景线。

由以上分述可知，底层为公共建筑的住宅特点是：

（1）底层公共建筑的性质和规模由城市规划决定，具有一定的经济性和实用性。

（2）底层公共建筑与楼层住宅的进深有相同的，也有的是底层公共建筑为后凹、前凸和底层前后都凸出，故在使用上彼此会有一定的干扰。

（3）这种综合性建筑在结构和设备处理上比较复杂。

## 第七节　小康住宅设计准则

### 一、住宅建筑设计

住宅建筑设计应遵照《住宅设计规范》（GB 50096—2011）和各省市自定的标准进

行。住宅建筑设计规范适用于全国城镇新建、改建、扩建的 30 层及 30 层以上的住宅建筑设计。

**二、设计原则**

为适应 21 世纪初期国家经济发展和居住生活水平的提高，有利于创建 21 世纪初期居住生活水准的文明居住小区，住宅设计应遵循的一般原则如下。

（1）住宅设计应满足居住生活行为需求，一切从人的生活需要出发，实现居民小型文明生活。

（2）住宅设计应建立在当地居住水平的实态调查、目标预测的基础上，并以不低于城市住宅建设标准规定的多元、多层次的面积标准、设备标准、性能标准为基准。

（3）住宅设计应采用新结构、新构造和新材料，实现住宅设计灵活性、多样性、适应性和可改性。

（4）住宅设计应合理安排各功能行为空间，实现公私分离、食寝分离、居寝分离。

（5）住宅设计采用地方的新技术、新材料和新产品，促进地方住宅产业的发展。

（6）住宅设计应采用统一协调模数，促进住宅产品标准化、系列化。

（7）小区工程的各类住宅产品，应首先选用已通过专门指定的机构进行审核和认定的产品，也可选用质量达到标准及经过审查许可应用的优良产品，以及结合国内实际需要引进的符合标准的产品。

（8）小区住宅建筑宜适当考虑老年住宅类型，适应人口老龄化的社会趋势。

（9）住宅设计应做到节地、节能、节材，具有良好的经济性。

（10）小区建成后，住宅工程应按规定项目和标准进行居住性能测试，开展专家评价和验收。

**三、套型设计**

（1）应体现以起居室为全家活动中心的原则，合理安排起居厅的位置，限制并减少直接开向起居室的门的数量。

（2）根据家庭生活行为特点，应合理组织各功能空间的平面关系，合理安排设备、设施和家具，并保证具有稳定的活动空间。

（3）应明确各行为空间的专用性，使各种居住行为各得其所，减少相互干扰，以满足不同功能的要求。

（4）各功能空间应有良好的空间尺度和视觉效果，避免相邻住户的视线干扰，起居室应有充足的光照和良好的视野，应不少于一间居室具有良好的朝向。

（5）套型设计应以组织良好的自然通风为前提，合理开设门窗洞口，窗料宜选择热工性能和密闭性能较好的塑钢复合材料等。

（6）应扩大贮藏面积，保证功能区有相应独立的贮藏空间。

（7）宜设置套内外过渡中间（门斗），用来换鞋、换衣、放置雨具等。

（8）应合理设置生活阳台和服务阳台，适当扩大阳台进深（阳台面积可按每套建筑面积的 8%～10%考虑），发挥阳台的多功能作用。

**四、楼梯和电梯的设计**

（1）楼梯间应有天然采光和自然通风，有利于节约能源，符合使用和防火疏散要求。当受平面布置限制而不能有天然采光和自然通风时，则应采取人工照明和通风排烟措施，并符合防火规范的有关规定。

（2）根据使用要求、模数制和防火规范的规定等综合因素，规定梯段净宽不应小于1.1m。在6层及6层以下单元式住宅中，一边设有栏杆的梯段净宽应不小于1.00m，能符合防火规范的要求。

（3）为了节省交通面积，增加室内使用面积，楼梯踏步的高宽比可以调整。但踏步高度不应大于0.18m，踏步宽度不应小于0.25m。

（4）楼梯平台净宽不应小于梯段净宽，为了符合防火疏散规定和搬运家具的要求，平台的净宽不得小于1.1m。楼梯平台的结构下缘至人行过道的垂直高度不应低于2m。

（5）楼梯井宽度大于0.20m时，必须采取措施防止儿童攀爬。

（6）7层及7层以上的住宅，或最高住户入口层楼面距底层室外设计地面的高度在16m以上的住宅，应没置电梯。综合消防、使用和管理几个方面的需要考虑，12层及12层以上的高层住宅，每栋楼设置电梯不应少于2部，其中1部应为消防电梯（或兼用）。

## 五、厨卫设计

（1）厨房、卫生间设计应达到小康居住水平目标，满足现代使用功能要求。厨房的净高不应低于2.20m，卫生间、厕所、贮藏室的净高不应低于2m。

（2）厨房、卫生间应采用综合设计的方法，综合考虑操作顺序、设备安装、管线布置以及通风的要求。

（3）厨房应具有良好的自然通风和直接采光。

（4）厨房、卫生间应有充足的面积和尺度，保证设备、设施、家具合理配置和备餐操作的需要。

（5）厨房、卫生间应配置配套化的设备、设施和配件，冰箱入厨。

（6）厨房与用餐空间应有便捷的联系。在没有条件设置独立餐厅时，应保证有相对完整的用餐空间。

（7）厨房、卫生间均应配置性能良好的通风机械和风道，应配置安装排油烟机和风机的设施和条件。风道应满足不串气、不传声、通畅无阻的要求。在有条件的地方，可采用直排风道。

（8）卫生间内便溺、洗浴、洗漱、洗衣等各种功能应适当分离与组合，以减少使用干扰。大套型住宅宜设双卫生间，占有二层以上的套型住宅应分层设置卫生间。

（9）有条件的套型，可设家务房或设备间，提供安装供热、热水、管道、洗衣等设备和家务活动的空间。

## 六、管线设计

（1）套型内供水、排水、供电、燃气、电信、供暖（北方地区）所需管线应采用综合设计，一次敷设。

（2）各类管线系统应相对集中布置。设立集中管井和水平管线区。各种管线系统应隐蔽和方便维修。推广应用户外计量（含水、暖、电、燃气表）技术。

（3）应采取有效措施综合解决管道系统的漏、臭、噪声问题。各住户的排水支管应以本户为界，不影响邻居。

（4）应合理配置电源装置，设置足够数量的电器插座和电话、电视等插口，安装位置应合理。应预留热水、空调设备等位置并为安装提供方便条件。

## 七、住栋设计

(1) 应设计多样化的住宅类型，丰富住栋形式和创造良好的艺术效果。

(2) 住栋设计应注意住宅群体规划的要求和建筑特征，应具有鲜明的地方特色和明显的识别性。

(3) 应设计有不同方位入口的住栋类型，以利于组织交通和室外空间环境。

(4) 充分利用、发挥底层、顶层和尽端、转角等特殊部位的特点，以丰富住栋的内、外空间形式和增加使用功能内容。

(5) 注意屋顶形式的功能和景观效果，当采用坡顶时要充分利用顶部空间。

(6) 住栋设计应安排好自行车的存放空间。底层设车库时，应符合有关规定的要求。此外认真考虑细部处理，如入口信箱、电表、垃圾道位置，阳台晒衣、花盆放置、厨房设施安排及空间利用等，以满足居民的各种生活需要。

## 八、结构设计

(1) 结构体系设计应满足安全性、耐久性、经济性和施工简便的规定与要求。

(2) 应采用新型结构体系，推广大开间结构体系，鼓励采用框架轻板墙等技术。

(3) 应使用新型墙体材料，限制使用或不用实心黏土砖。采暖地区应采用新型节能墙体，达到国家标准规定的节能50%要求。炎热地区应增加隔热、保温墙体构造，以改善热环境。

## 九、室内装修

(1) 应实行建筑主体初装修与家居装修两个阶段的营建方式，组织专业队伍实施成套供应和施工。

(2) 应实行"菜单式"住宅二次装修设计方法，建造样板间，供住户选择。

(3) 室内二次装修不得损伤承重结构和建筑外形，必须保证建筑的安全性和整体性。

## 十、技术经济指标

(1) 必须以使用面积和建筑面积并重的指标作为设计、定价和统计的主要参数。

(2) 应以总套数替代总户数作为统计指标，增加总套数作为建设统计量。

(3) 住宅设计应标注下列技术经济指标：

各用房使用面积、套使用面积、套建筑面积、使用面积系数、套均面宽，总套数、总建筑面积。

1) 居住面积系数（$K$）

$$K = 标准层的居住面积 \div 建筑面积 \times 100\%$$

居住面积系数反映居住面积与建筑面积的比例，$K > 50\%$ 为佳，$K < 50\%$ 为差。

2) 辅助面积系数（$K_1$）

$$K_1 = 标准层的辅助面积 \div 使用面积 \times 100\%$$

使用面积也称为有效面积，等于居住面积与辅助面积之和。辅助面积系数 $K_1$ 一般在 $20\% \sim 27\%$ 之间。

3) 结构面积系数（$K_2$）

$$K_2 = 墙体等结构所占面积 \div 建筑面积 \times 100\%$$

结构面积系数，反映结构面积与建筑面积之比，$K_2$ 一般在 $20\%$ 左右。

建筑面积系指建筑物外墙勒脚以上的外围水平投影面积乘以层数计算。

4) 每户面宽

$$每户面宽＝建筑物总长÷总户数(m/户)$$

5）平均每人居住面积

$$平均每人居住面积＝居住总面积÷总人数(m^2/人)$$

6）平均每户型居室数及户型比

$$户型比＝某户型的户数÷总户型$$

我国疆域辽阔，横跨寒带、温带、亚热带地区，各地地理气候、人文风俗习惯有明显差异，因此，住宅建筑风格各异、南北不尽相同。如我国北方地区住宅多以保温防寒冷为主，而南方地区则以隔热防潮湿为主。我们可以通过对一些地区住宅类型的分析，从而对住宅的内容及功能有所了解。图 15-15 为单元式住宅平面示例，供设计住宅时参考。

图 15-15　单元住宅平面实例

(a) 一梯四户，两室一厅；(b) 一梯两户，三室一厅；(c) 一梯三户，两室一厅；(d) 一梯四户，一室、两室一厅；

(e) 一梯两户，五室三厅；(f) 一梯两户，四室三厅

# 本 章 小 结

1. 住宅建筑的特点。住宅是供家庭居住使用的建筑。住宅建筑区别于其他建筑的主要特征是：

(1) 功能齐全：人们在住宅里度过一生中的大部分时间，在其里面生活、学习和休息。使住宅有寝（休息）、居（活动）、食（炊饮）等功能，兼顾使用上的私密性、共聚性和服务性等要求，而具有功能齐全的特点。

(2) 类型多样：人们的生活内客丰富多彩，住宅的类型具有多样性的特点。住宅设计不仅要满足功能的要求，还应适应不同的居住心里、居住行为及不断变化的生活模式，使住宅设计符合适用、安全、卫生、经济等要求。

(3) 灵活多变：这是人们对住宅的特殊要求。住宅的物质寿命一般在50年左右，在50年内，住宅的结构实体不易改动，但居住者的家庭生活会发生种种变化，随着居住模式、生活方式的变化，要求住宅也有尽可能的变更，具有"该分则能分，需合则易合"的灵活多变性。

(4) 面积偏小：住宅是小而复杂的生命圈，与其他建筑相比面积偏小，使住宅设计中的分与合，实用与经济，近期与远期等矛盾更加突出，处理难度较大。

2. 单元式多层住宅的设计思路：

(1) 设计方法："套—单元—幢"的设计方法是以套为基本组合单元，由几个相同或不同的套型，结合楼梯等交通组合成单元，再由几个相同或不同的单元组成一幢住宅。

(2) 套型设计：这是住宅设计的基本单元，以户为基础。由起居室和卧室、厨房和餐厅、门厅和过道、贮藏间、阳台等部分组成。

(3) 单元设计：是指以户外交通空间（楼梯或走廊）为纽带，将各种套型联系起来的建筑单元平面设计。其平面形式有梯间式、走廊式、跃层式、集中式。

(4) 楼幢设计：是将相同和不同的单元组合成一幢住宅。

3. 了解高层住宅的基本特点、平面类型，高层住宅的垂直交通设施及消防疏散的要求。

4. 了解住宅建筑首层的各种类型及其使用特点。

5. 为体现21世纪的居住要求，总结当地示范小区的主要特点，从中吸取经验教训，使设计和建设更加完善，以满足人们生活水平不断提高的要求。

## 思 考 题

1. 什么是现代住宅？其内容和功能如何？
2. 多层住宅按平面形式分为哪些类型？绘图予以说明。
3. 简述多层住宅设计的要点。
4. 现代住宅底层平面的功能有哪几种？结合你所在城市的住宅底层设计实例说明。
5. 小康住宅有哪些设计要点？

### 实训设计作业 5：单元式多层住宅设计

1. 目的、要求

通过理论学习，参观和设计实践，使学生初步了解住宅设计原理、方法及步骤，进一步提高和训练绘图技巧，为住宅的施工图设计打下基础。

2. 设计条件

(1) 本设计为城市住宅，位于城市某居住小区或工矿住宅区内。具体地点自定。

(2) 面积指标：平均每套住宅面积 70～120m²。

(3) 套型及套型比自定。

(4) 层数：5 层。

(5) 结构类型：自定。

(6) 房间组织及要求：

1) 居室：包括卧室和起居室。卧室之间不宜相互穿套，主卧室面积不宜小于 12m²，单人卧室不宜小于 6m²，兼起居室的卧室不宜小于 14m²。

2) 厨房：每户独用，内设案台、灶台、洗池。

3) 卫生间：每户独用，设蹲位、淋浴（或浴盆），也可以设洗手盆。

4) 阳台：每户设生活阳台和服务阳台各一个。

5) 储藏设施：按具体情况设搁板、吊柜、壁柜等。

3. 设计内容及深度要求

建议按初步设计深度要求设计。

(1) 单元底层平面图和标准层平面图：比例：1∶50 和 1∶100；

(2) 2～3 单元组合主要立面和侧立面图：比例：1∶100；

(3) 剖面图一个，比例：1∶100；

(4) 简要说明：技术经济指标（平均每套的建筑面积、使用面积系数等）、标高定位、用料做法等。

4. 参考资料

(1)《建筑设计资料集》(第二版)，中国建筑工业出版社出版。

(2)《住宅设计规范》(GB 50096—2011)，中国建筑工业出版社出版。

(3) 各地区及全国的住宅方案图集。

(4) 各地区通用建筑配件图。

# 附录 1　课程设计任务书

## 学时数：一周（共计 30 学时）

## 设计题目：21 世纪小康型住宅设计

### 一、课程设计的目的和要求

通过对本课程的学习和课程设计实践技能训练，让学生进一步了解一般民用建筑设计原理和方法，掌握建筑施工图设计的技能，培养学生综合运用设计原理去分析问题、解决问题的综合能力。

### 二、设计条件

1. 本设计为某城市型住宅，位于城市居住小区或工矿住宅区内，为单元式、多层住宅（4～6 层）或中高层住宅（7～9 层）。

2. 面积指标：参见建设部中国建设技术发展研究中心和日本国际协力事业共同对中国城市提出的一个多元层次的 2000 年小康居住目标，见下表。

**城市示范小区住宅设计建议标准**

| 一类 | 建筑面积 55～65m² | 使用面积 42～48m² |
|---|---|---|
| 二类 | 建筑面积 70～80m² | 使用面积 53～60m² |
| 三类 | 建筑面积 85～90m² | 使用面积 64～71m² |
| 四类 | 建筑面积 100～120m² | 使用面积 75～90m² |

3. 套型及套型比可以自行选定。

4. 层数：五～七层；耐火等级：Ⅱ级；屋面防水等级：Ⅱ～Ⅲ级。

5. 结构类型：自定（砖混或框架）

6. 房间组成及要求：功能空间低限面积标准如下：

起居室 18～25m²（含衣柜面积）、主卧室 12～16m²、双人次卧室 12～14m²、单人卧室 8～10m²、餐厅≥8m²、厨房≥6m²，包括灶台、调理台、洗地台、搁置台、上柜、下柜、抽油烟机等。

卫生间 4～6m²（双卫可适当增加），包括浴盆、淋浴器、洗脸盆、坐便器、镜箱、洗衣机位、排风道、机械排气等。

门厅：2～3m²；贮藏室：2～4m²（吊柜不计入）、工作室 6～8m²。

电气设备：包括用电量 80～120kW·h/月，负荷 1560～4000W（大套可增至 6000W）；电源插座大居室 2～3 组，小居室 2 组，厨房 3 组，卫生间 3 组，另设：公用天线、电话、空调线等。

### 三、课程设计内容及深度要求

本次设计在教师给定的住宅方案或学生自己设计构思的方案基础上按施工图深度要求进行，但因无结构、水、电等工种相配合，故只能局部做到建筑施工图的深度。设计内容如下：

1. 建筑平面图：包括底层平面和标准层平面图，比例 1：100 或 1：200，屋顶平面图，比例 1：100 或 1：200。

2. 建筑立面图：包括正立面及侧立面图，比例 1：100 或 1：200。

3. 建筑剖面图：1～2 个，比例 1：100。

4. 建筑详图：①表示局部构造的详图，如楼梯详图、外墙身详图；②单元放大图；表示房屋家具设备布置的详图。比例自定。

5. 设计简要说明、图纸目录、门窗表、装修表及技术经济指标等。

$$平均每套建筑面积＝总建筑面积(m^2)/总套数(套)$$

$$使用面积系数＝总套内使用面积(m^2)/总建筑面积(m^2)×100\%$$

$$住宅单方综合造价(元/m^2)$$

### 四、参考资料

1. 《房屋建筑学》教材，武汉理工大学出版社。

2. 新版《建筑设计资料集》第 3 集。

3. 《房屋建筑学》课程设计任务书及指导书。

4. 《建筑制图》教材的施工图部分。

5. 地方有关民用建筑构、配件标准图集。

6. 《房屋建筑制图统一标准》（GB/T 50001—2010）。

7. 《住宅设计规范》（GB 50096—2011）。

# 附录 2 课程设计指导书

住宅是供家庭日常居住使用的建筑物,是人们为满足家庭生活需要,利用自己掌握的物质技术手段创造的人造环境。因此,设计人员应首先研究家庭结构、生活方式、习惯以及地方特点,然后通过多种多样的空间组合方式设计出满足不同生活要求的住宅。

为保障城市居民基本的住房条件,提高城市住宅功能质量,应使住宅设计符合适用、安全、卫生、经济等要求。

本次课程设计是为了培养学生综合运用所学理论知识和专业知识,解决实际工程问题能力的最后一个重要教学环节,师生都应当充分重视。为了使大家进一步明确设计的具体内容及要求,特作如下指导。

## 一、目的与要求

1. 目的:①通过该次设计能达到系统巩固并扩大所学的理论知识与专业知识,使理论联系实际;②在指导教师的指导下能独立解决有关工程的建筑施工图设计问题,并能表现出有一定的科学性与创造性,从而提高设计、绘图、综合分析问题与解决问题的能力;③了解在建筑设计中,建筑、结构、水、暖、电各工种之间的责任及协调关系,为走上工作岗位适应我国安居工程建设的需要,打下良好的基础。

2. 要求:学生应严格按照指导老师的安排,有组织、有秩序地进行本次设计。先经过老师讲课辅导、答疑以后,学生自行进行设计,完成主要工作以后,在规定的时间内再进行答疑、审图后,每位学生必须将全部设计图纸加上封面装订成册。

## 二、设计图纸内容及深度

在选定的住宅设计方案基础上,进行建筑施工图设计,要求 2 号图纸 5 张左右,具体内容如下:

1. 施工图首页

建筑施工图首页一般包括:图纸目录、设计总说明、门窗表、装修做法表等。总说明主要是对图样上无法表明的和未能详细注写的用料和做法等的内容作具体的文字说明。

2. 建筑平面图

应标注如下内容:

① 外部尺寸:如果平面图的上下、左右是对称的,一般外部尺寸标注在平面图的下方及左侧;如果平面图不对称,则四周都要标注尺寸。外部尺寸一般分三道标注:最外面的一道是外包尺寸,表示房屋的总长度和总宽度;中间一道尺寸表示定位轴线间的距离;最里面一道尺寸,表示门窗洞口、门或窗间墙、墙端等细部尺寸。底层平面图还应标注室外台阶、花台、散水等尺寸。

② 内部尺寸:包括房间内的净尺寸、门窗洞、墙厚、柱、砖垛和固定设备(如厕所、盥洗、工作台、搁板等)的大小、位置及墙、柱与轴线的平面位置尺寸关系等。

③ 纵、横定位轴线编号及门窗编号:门窗在平面图中只能反映出它们的位置、数量

和洞口宽度尺寸，窗的开启形式和构造等情况是无法表达的。每个工程的门窗规格、型号、数量都应有门窗表说明，门代号用 M 表示，窗代号用 C 表示，并加注编号以便区分。

④ 标注房屋各组成部分的标高情况：如室内、外地面、楼面、楼梯平台面、室外台阶面、阳台面等处都应当分别注明标高。对于楼地面有坡度时，通常用箭头加注坡度符号表明。

⑤ 从平面图中可以看出楼梯的位置、楼梯间的尺寸，起步方向、楼梯段宽度、平台宽度、栏杆位置、踏步级数、楼梯走向等内容。

⑥ 在底层平面图中，通常将建筑剖面图的剖切位置用剖切符号表达出来。

⑦ 建筑平面图的下方标注图名及比例，底层平面图应附有指北针表明建筑的朝向。

⑧ 建筑平面中应表示出各种设备的位置、尺寸、规格、型号等，它与专业设备施工图相配合供施工等用，有的局部详细构造做法用详图索引符号表示。

3. 屋顶平面图和楼梯屋面图

应表明屋面排水分区、排水方向、坡度、檐沟、泛水、雨水下水口、女儿墙等的位置。

4. 建筑立面图

反映出房屋的外貌和高度方向的尺寸。

① 立面图上的门窗可在同一类型的门窗中较详细地各画出一个作为代表，其余用简单的图例表示。

② 立面图中应有四种不同的线型：室外地坪线用特粗线，整幢房屋的外形轮廓或较大的转折轮廓用粗实线表示；墙上较小的凹凸（如门窗洞口、窗台等）以及勒脚、台阶、花池、阳台等轮廓用中实线表示；门窗分格线、开启方向线、墙面装饰线等用细实（虚）线表示；室外地坪线可用比粗实线稍粗一些的实线表示，尺寸线与数字均用细实线表示。

③ 立面图中外墙面的装饰做法应用引出线引出，并用文字简单说明。

④ 立面图在下方中间位置标注图名及比例。左右两端外墙均用定位轴线及编号表示，以便与平面图相对应。

⑤ 表明房屋上面各部分的尺寸情况，如雨篷、檐口挑出部分的宽度、勒脚的高度等局部小尺寸；注写室外地坪、出入口地面、勒脚、窗台、门窗顶及檐口等处的标高。数字写在横线上的是标注构造部位顶面标高，数字写在横线下的是标注构造部位底面标高（如果两标高符号距离较小，也可不受此限制）。标高符号位置要整齐，三角形大小应标准、一致。

⑥ 立面图中有的部位要画详图索引符号，表示局部构造另有详图表示。

5. 建筑剖面图

要求用二个横剖面图或一个阶梯剖面图来表示房屋内部的结构形式、分层及高度、构造做法等情况。

① 外部尺寸有三道：第一道是窗（或门）、窗间墙、窗台、室内外高差等尺寸；第二道尺寸是各层的层高；第三道是总高度。承重墙要画定位轴线，并标注定位轴线的间距尺寸。

② 内部尺寸有两种：地坪、楼面、楼梯平台等标高；所能剖到的部分的构造尺寸。必要时要注写地面、楼面及屋面等的构造层次及做法。

③ 表达清楚房屋内的墙面、顶棚、楼地面的面层，如踢脚线、墙裙的装饰和设备的配置情况。

④ 剖面图的图名应与底层平面图上剖切符号的编号一致；和平面图相配合，也可以看清房屋的入口、屋顶、顶棚、楼地面、墙、柱、池、坑、楼梯、门、窗各部分的位置、组成、构成、用料等情况。

6. 外墙身详图

实际上是建筑剖面图的局部放大图，用较大的比例（如 1∶20）画出。可只画底层、顶层或加一个中间层来表示，画图时，往往在窗洞中间处断开，成为几个节点详图的组合。详图的线型要求与剖面图一样。在详图中，对屋面、楼面和地面的构造，应采用多层构造说明方法表示。

① 在勒脚部分，表示出房屋外墙的防潮、防水和排水的做法。

② 在楼板与墙身连接部分，应表明各层楼板（或梁）的搁置方向与墙身的关系。

③ 在檐口部分，表示出屋顶的承重层、女儿墙、防水及排水的构造。

此外，表示出窗台、过梁（或圈梁）的构造情况。一般应注出各部位的标高、高度方向和墙身细部的大小尺寸。图中标高注写有两个或几个数字时，有括号的数字表示相邻上一层的标高。同时注意用图例和文字说明表达墙身内外表面装修的截面形式、厚度及所用的材料等。

7. 楼梯详图

应尽可能将楼梯平面图、剖面图及踏步、栏杆等详图画在同一张图纸内，平、剖面图比例要一致，详图比例要大些。

① 楼梯平面图：要画出房屋底层、中间层和顶层三个平面图。表明楼梯间在建筑中的平面位置及有关定位轴线的布置；表明楼梯间、楼梯段、楼梯井和休息平台形式、尺寸、踏步的宽度和踏步数，表明楼梯走向；各层楼地面的休息平台面的标高；在底层楼梯平面图中注出楼梯垂直剖面图的剖切位置及剖视方向等。

② 楼梯剖面图：若能用建筑剖面图表达清楚，则不必再绘。

③ 楼梯节点详图：包括踏步和栏杆的大样图，应表明其尺寸、用料、连接构造等。

**三、几项具体意见**

1. 图纸一律用仪器绘制，2 号图纸不少于 6～8 张，3 号图纸不少于 12～16 张，均要求做成文本，图签规定如下：

| 学校名称 | | 项目名称 | | ××××住宅楼工程 | | |
|---|---|---|---|---|---|---|
| 班级 | | 图名 | | 图别 | 建施 | |
| 姓名 | | | | 图号 | | |
| 指导教师 | | | | 日期 | | |

2. 门窗统计表

| 类别 | 代号 | 标准图代号 | 洞口尺寸(mm) | | 数量(樘) | | 备　注 |
|---|---|---|---|---|---|---|---|
| | | | 宽 | 高 | 一层数量 | 合计 | |
| 门 | | | | | | | |
| 窗 | | | | | | | |

3. 装修部分除用文字说明外，也可采用表格形式填写相应的做法或代号，如下表所示。

装修统计表

| 类别 | 装修构造简图及做法 | 部位 | | | |
|------|----------|------|------|------|------|
| | | 起居室 | 卧室 | 厨房 | 卫生间 |
| 墙面 | | | | | |
| 地面 | | | | | |
| 楼面 | | | | | |
| 屋面 | | | | | |
| 顶棚 | | | | | |
| 墙裙 | | | | | |

4. 要进行合理的图面布置（包括图样、图名、尺寸、文字说明及技术经济指标），做到主次分明、排列均匀紧凑、线型分明、表达清晰、投影关系正确，符合制图标准。

5. 绘图顺序，一般是先平面，然后立面、剖面和详图；先用硬铅笔打底稿，再加深或上墨；同一方向或同一线型的线条相继绘出，先画水平线（从上到下），后画铅直线或斜线（从左到右）；先画图，后注写尺寸和说明。一律采用工程字体书写，以增强图面效果。

**四、设计图纸评分标准**

设计图纸评分标准共分为五级。

优：按要求完成全部内容，建筑构造合理，投影关系正确，图面工整，符合制图标准，整套图纸无错误。

良：根据上述标准有一般性小错误，图面基本工整，小错误在五个以内。

中：根据上述标准，没有大错误，小错误累计在八个以内，图面表现一般。

及格：根据上述标准，一般性错误累计九个以上者，或有一个原则性大错误，图面表现较差。

不及格：有两个以上原则性大错误，如：①定位轴线不对；②剖面形式及空间关系处理不对；③结构支承搭接关系不对；④建筑构造处理不合理；⑤图纸内容不齐全；⑥平、立剖面及详图协调不起来；⑦重要部位投影错误。

**五、使用说明**

课程设计工作量的多少建议由教师视学生专业水平而定，书后附录题目仅供参考。

1. 在教学条件受专业资料等多种因素所限的情况下，可以先给学生已附有的4张施工图，先将已有的4张施工图抄绘一遍，同时要求完成任务书上所规定的工作量，即：①设计说明。门窗表和图纸目录；②标准层平面图；③正立面图；④墙身节点详图；⑤楼梯详图；⑥厨、卫详图等。加上规定的统一封面，再装订成册，也可以达到所要求的教学效果。

2. 也可由教师给定其他方案或学生选定方案后，再进行施工图设计。

# 参 考 文 献

1. 刘建荣. 房屋建筑学. 武汉：武汉大学出版社，1991.
2. 颜宏亮. 建筑构造设计. 上海：同济大学出版社，1999.
3. 颜宏亮. 建筑构造. 上海：同济大学出版社，2010.
4. 孙礼军，蔡晓宝，王育武，赵伟成. 建筑的基本知识  天津：天津大学出版社，2000.
5. 舒秋华. 房屋建筑学（第三版）. 武汉：武汉理工大学出版社，2006.
6. 杨善勤，郎四维，涂逢祥. 建筑节能. 北京：中国建筑工业出版社，1999.
7. 《中国土木建筑百科辞典》总编委员会. 中国土木建筑百科辞典. 北京：中国建筑工业出版社，2006.
8. 《建筑设计资料集》编委会. 建筑设计资料 3、4、5 集. 北京：中国建筑工业出版社，1994.
9. 袁雪峰，王志军. 房屋建筑学. 北京：科学出版社，2001.
10. 袁雪峰，张海梅. 房屋建筑学（第三版）. 北京：科学出版社，2001.
11. 赵研. 建筑构造. 北京：中国建筑工业出版社，2000.
12. 刘建荣. 建筑构造（下册）. 北京：中国建筑工业出版社，2008.
13. 杨金铎，房志勇. 房屋建筑构造. 北京：中国建材工业出版社，2003.
14. 郑贵超. 建筑构造与识图. 北京：北京大学出版社，2009.
15. 李必瑜. 房屋建筑学. 武汉：武汉理工大学出版社. 2000.
16. 同济大学，西安建筑科技大学，东南大学，重庆建筑大学合编. 房屋建筑学（第四版）. 北京：中国建筑工业出版社. 2005.
17. 张璋. 民用建筑设计与构造. 北京：科学出版社. 2002.
18. 李必瑜. 建筑构造（第二版）. 北京：中国建筑工业出版社，2000.
19. 国家标准. 建筑模数协调统一标准 GBJ 2—86. 北京：中国计划出版社，2007.
20. 国家标准. 房屋建筑制图统一标准 GB/T 50001—2010. 北京：中国计划出版社，2010.
21. 国家标准. 建筑设计防火规范（2006 版）GB 50016—2006. 北京：中国计划出版社，2006.
22. 国家标准. 建筑制图标准 GB/T 50104—2001. 北京：中国计划出版社，2001.
23. 国家标准. 住宅设计规范 GB 50096—2011. 北京：中国建筑工业出版社，2011.
24. 国家标准. 高层民用建筑设计防火规范（2005 版）GB 50045—95. 北京：中国计划出版社，2005.